联合国世界水发展报告 2018

基于自然的水资源解决方案

联合国教科文组织 编著
中国水资源战略研究会（全球水伙伴中国委员会） 编译

中国水利水电出版社
www.waterpub.com.cn
·北京·

内 容 提 要

《联合国世界水发展报告》由联合国教科文组织发起的世界水评估计划牵头，联合国水机制的各成员机构及合作单位共同撰写，是联合国关于水资源的旗舰报告。报告每年出版一次，专注于和水相关的不同战略问题。2018年的报告围绕“基于自然的水资源解决方案”这一主题。基于自然的水资源解决方案对实现《2030年可持续发展议程》至关重要，对人类健康和生计、粮食和能源安全、可持续性经济增长、体面工作、生态系统恢复和维护以及生物多样性等方面具有社会、经济和环境的协同效益。这些协同效益的实质价值可以促使投资决策转向支持基于自然的解决方案。

图书在版编目（CIP）数据

基于自然的水资源解决方案. 联合国世界水发展报告: 2018 / 联合国教科文组织编著 ; 中国水资源战略研究会(全球水伙伴中国委员会)编译. -- 北京 : 中国水利水电出版社, 2019.9

书名原文: The United Nations World Water Development Report 2018: Nature-Based Solutions for Water

ISBN 978-7-5170-7669-8

Ⅰ. ①基… Ⅱ. ①联… ②中… Ⅲ. ①水资源开发—研究报告—世界—2018 Ⅳ. ①TV213

中国版本图书馆CIP数据核字(2019)第087680号

北京市版权局著作权合同登字号：图字 01－2019－1331

审图号：GS（2018）5256号

书 名	联合国世界水发展报告 2018 **基于自然的水资源解决方案** JIYU ZIRAN DE SHUIZIYUAN JIEJUE FANG'AN
原著编者	联合国教科文组织 编著
译 者	中国水资源战略研究会（全球水伙伴中国委员会） 编译
出版发行	中国水利水电出版社 （北京市海淀区玉渊潭南路1号D座 100038） 网址：www.waterpub.com.cn E-mail：sales@waterpub.com.cn 电话：(010) 68367658（营销中心）
经 售	北京科水图书销售中心（零售） 电话：(010) 88383994、63202643、68545874 全国各地新华书店和相关出版物销售网点
排 版	中国水利水电出版社微机排版中心
印 刷	北京博图彩色印刷有限公司
规 格	210mm×297mm 16开本 9.75印张 303千字
版 次	2019年9月第1版 2019年9月第1次印刷
印 数	001—600册
定 价	**88.00**元

原标题：The United Nations World Water Development Report 2018：Nature-Based Solutions for Water。2018 年由联合国教育、科学及文化组织出版（ISBN 978-92-3-100264-9）。

本报告由联合国教育、科学及文化组织代表联合国水机制出版。联合国水机制成员和合作伙伴的名单可见于：http//www.unwater.org。

译者序

《联合国世界水发展报告》是由联合国教科文组织编写，对全球水资源发展状况进行综合分析的权威年度出版物。报告关注全球日益严重的水问题，以及对水资源产生影响的能源、气候变化、农业和城市发展等跨学科问题，分析水资源的不同管理方式以及在世界不同地区的实践，探讨如何以更加可持续的方式管理水资源。

2018年世界水发展报告的主题为“基于自然的水资源解决方案”。报告提出解决水问题要与自然相互协作，而不是与之对抗，支持资源节约型和竞争性的循环经济。报告推崇绿色基础设施以解决水问题，采用更加整体性的方法，通过精心、自觉的努力，发挥生态系统的服务功能。报告就基于自然的解决方案应用于供水管理、水质管理，以及涉水风险、易变性和气候变化的管理等重点领域进行了探讨和分析，介绍和分析了国家和地区的实施案例，并指出方案对于实现联合国2030年可持续发展目标至关重要。

报告由构成联合国水机制（UN Water）的联合国机构与各国政府、国际组织、非政府组织和其他利益相关者共同努力完成。报告的目标读者是国家级决策者、水管理人员以及专业学者和更广泛的发展共同体。

本书由中国水资源战略研究会暨全球水伙伴中国委员会和中国水利水电出版社共同组织编译。参加编译的人员有（按姓氏笔画排序）：马依琳、马真臻、吴娟、沈大军、张代娣、张潭、杨朝晖、徐丽娟、贾玲、常远、蒋云钟、穆建新等，全文由蒋云钟、穆建新统稿。本书的编译得到了水利部国际合作与科技司的关心指导和大力支持，在此表示衷心的感谢！

序一

联合国教育、科学及文化组织总干事　奥德蕾·阿祖莱

由于人口增长和气候变化，水安全面临的诸多挑战日益严峻，为应对这些挑战，我们需要以新的解决方案来管理水资源。本报告建议的创新应对方式，事实上也是用了几千年的方式，这就是基于自然的解决方案。

今天，我们比以往任何时候都更应该与自然合作，而不是与之对抗。各个部门的用水需求都将增加。我们所有人必须面对的挑战是如何在满足这种需求的同时，采取合适的方式，从而不会加剧对生态系统的负面影响。

风险很高。目前的趋势表明，自 20 世纪初以来，大约 2/3 的森林和湿地已经消失或退化。土壤正在被侵蚀，而且土质不断恶化。自 20 世纪 90 年代以来，在非洲、亚洲和拉丁美洲，几乎所有河流的水污染状况都在恶化。

这些趋势带来了更广泛的挑战，包括洪水和干旱的风险不断增加，这反过来又对我们适应气候变化的能力产生了影响。我们知道缺水会导致内乱、大规模移民，甚至会引发国家内部和国家之间的冲突。

《2030 年可持续发展议程》目标 6 认识到确保人人获得清洁水和卫生设施及其可持续管理的重要性。基于自然的解决方案对于实现这一目标至关重要。

它们的影响是显著的：从印度拉贾斯坦邦的小规模集水设施，将水运到 1 000 个遭受旱灾的村庄，到约旦扎尔卡河流域传统的“hima”土地管理实践的复兴——不过度利用土壤都能获得更高质量的水。

这些解决方案还可以促进可持续发展的其他方面：从确保粮食安全和减少灾害风险到建设可持续的城市居住区，以及保障体面的就业。保证地球资源的可持续利用对于确保长期和平与繁荣至关重要。

《联合国世界水发展报告》并不认为基于自然的解决方案是灵丹妙药，但我们的结论很清晰——它是向更全面的水资源管理方法转变的许多重要工具之一。

本着这种精神，我要感谢意大利政府和翁布里亚地区对联合国教育、科学及文化组织的世界水评估计划的支持。在国际水文计划的协助下，世界水评估计划进行协调，本报告是联合国水机制成员和伙伴继续合作的成果。我要感谢所有参与者的投入和他们对促进可持续水安全的承诺，这种安全平衡着人类的需求和我们星球的未来。

Audrey Azoulay

奥德蕾·阿祖莱

序二

联合国水机制主席兼国际农业发展基金会总裁　吉尔伯特・洪博

超过20亿人无法获得安全的饮用水，而无法获得安全的卫生设施的人数是这一数字的两倍之多。随着全球人口的迅速增长，预计到2050年，对水的需求量将增加近1/3。面对水资源需求的日渐增长、日益严重的环境恶化和气候变化带来的多方面影响，我们显然需要采取新的方式管理宝贵淡水资源的竞争性需求。

《联合国世界水发展报告2018》表明，解决方案可能比我们想象的更接近。

自2003年第一版以来，世界水发展报告就展示了联合国系统在供水和卫生问题上的宏观视角。每份报告都将最新的知识和基于科学的内容与平衡的政策信息相协调。今年报告的发布，恰逢联合国水机制正式成立15周年，既回顾过去，又展望未来。

长久以来，我们首先希望借助人工或"灰色"基础设施以改善水资源管理，而将具有更为绿色方式的传统的且植根于当地的知识撇在一边。在《2030年可持续发展议程》实施三年之后，现在，正是我们重新审视基于自然的解决方案（NBS），以帮助实现水资源管理目标的时候了。

《联合国世界水发展报告2018》表明，与自然相互协作，而不是与之对抗，将提高自然调节能力，并支持资源节约型和竞争性的循环经济。基于自然的解决方案具有成本效益，同时可提供环境、社会和经济效益。这些好处相互交织，是可持续发展的本质，对实现2030年可持续发展议程至关重要。

这一旗舰出版物代表了联合国水机制对"借自然之力，护绿水青山（Nature for Water）"运动的最重大贡献，该运动于2018年3月22日"世界水日"启动。作为联合国水机制新任主席，我要感谢我的同事们作出的宝贵贡献。同时，我也要感谢联合国教育、科学及文化组织及其世界水评估计划在报告编写中所发挥的关键作用。

我相信，本报告将激发所有相关层面的讨论，并推动采取行动，以实现更可持续的水资源管理。

吉尔伯特・洪博

前言

联合国世界水评估计划协调员　斯特凡·尤伦布鲁克
主编　理查德·康纳

长期以来，需要保质保量地提供用水，支持和维护健康的生态系统。大自然在水循环各种特征值的调节中具有独特而重要的作用。大自然既是水的调节者，又是水的清洁者，同时还是水的供应者。因此，维持健康的生态系统将直接改善所有人的水安全。

作为一系列年度主题报告中的第五辑，《联合国世界水发展报告 2018》着重于利用自然过程来调节水循环的各个要素，这些进程统称为基于自然的水资源解决方案。基于自然的水资源解决方案不仅是个好理念，而且也是从长远上保障水资源可持续性和水资源所能提供多种效益可持续性的必由之路——从粮食和能源安全到人类健康，以及可持续的社会经济发展。

基于自然的水资源解决方案有几种不同类型，从个人（如干厕）到包括保护性农业在内的景观级应用，规模不等。有的基于自然的解决方案适用于城市环境（例如绿色墙壁、屋顶花园和植被渗透或流域盆地），也有的适用于占流域大部分地区的农村环境。

然而，尽管最近在采用基于自然的解决方案方面取得了进展，但水资源管理依然严重依赖人造“灰色”）基础设施。该理念不一定是采用绿色基础设施取代灰色基础设施，而是要考虑多重目标和收益，在灰色基础设施和基于自然的解决方案之间选择最合适的、最具有成本效益和可持续的平衡。

水资源管理有三大目标——提高水资源可利用量、改善水质和减少与水相关的风险。最大限度地发挥自然的潜力，有助于实现这三项目标。另外，需要创造一个有利的变革环境，包括建立适当的法律和监管框架、配套的融资机制并获得社会认可。我们相信，有了这样的政治意愿，可以有效克服目前诸如缺乏有关基于自然的水资源解决方案的知识、能力、数据和信息的障碍。

正如本报告所指，系统建立相关机制可以推动采取基于自然的水资源解决方案。实践已经表明，为环境服务计划和绿色债券付费可以产生有益的投资回报，同时降低水资源管理、供水和卫生服务所需的更大、更昂贵的基础设施的需求（和成本）。

基于自然的水资源解决方案对实现《2030 年可持续发展议程》至关重要，在人类健康和生计、粮食和能源安全、可持续经济增长、体面工作、生态系统恢复和维护以及生物多样性等多方面产生社会、经济和环境的协同效益。这些协同效益的实质价值可以促使投资决策转向支持基于自然的解决方案。

基于自然的解决方案的实施需要许多不同利益相关者群体的参与，鼓励建立共识，并有助于提高人们对基于自然的解决方案在改善水安全方面真正能够提供什么的认识。我们努力对目前的知识状况作出平衡、以事实为基础和中立的说明，涵盖与基于自然的水资源解决方案有关的最新发展情况，以及它们在改善水资源可持续管理方面提供的各种好处和机会。尽管本报告主要针对国家级决策者和水管理者，但希望它能吸引广大社区工作者以及学者、专业人士和有兴趣在基于自然的解决方案的支持下建立公平和可持续的水未来的人士的关注。

本书是联合国粮农组织、联合国开发计划署、联合国环境署、联合国教育、科学及文化组织-国际水文计划、联合国大学国际水、环境与健康研究所和世界水评估计划联合牵头，一系列机构协同努力的结果，联合国欧洲经济委员会、联合国拉丁美洲和加勒比经济委员会、联合国亚洲及太平洋经济社会委员会、联合国西亚经济社会委员会以及联合国教育、科学及文化组织驻阿布贾的多部门区域办事处提供了区域视角的材料作为补充。此外，本书还得益于下列机构和人士的投入和贡献：联合国水机制成员和合作伙伴、世界水评估计划技术咨询委员会成员以及众多科学家、专业人员和提供大量相关数据及信息的非政府组织。

我们谨代表联合国世界水评估计划秘书处向上述机构，联合国水机制成员和合作伙伴以及作者和其他贡献者致以最诚挚的谢意，他们共同编写了这份独特而权威的报告。我们相信本报告能在全球范围内产生重大影响。戴维·科茨（David Coates）在整个报告的编写过程中慷慨地分享了他的知识和智慧，尤其值得赞赏。

我们特别感谢意大利政府对本项目的资金支持，感谢翁布里亚区在佩鲁贾的拉克罗姆贝拉别墅为世界水评估计划秘书处提供办公场所。本报告的最终定稿离不开他们的协助。

我们特别感谢联合国教育、科学及文化组织总干事奥德蕾·阿祖莱女士，她为世界水评估计划和世界水发展报告的编写提供了重要的支持。我们还要感谢国际农业发展基金会总裁、联合国水机制主席吉尔伯特·洪博先生对本报告的指导。

最后，但同样重要的是，我们向世界水评估计划秘书处的所有同事致以诚挚的谢意，他们的名字已列在本报告编写团队中。如果没有他们的专业付出和奉献精神，本报告不可能完成。

斯特凡·尤伦布鲁克　　　　理查德·康纳

编写团队

出版负责人
Stefan Uhlenbrook

主编
Richard Connor

流程协调员
Engin Koncagül

出版助理
Valentina Abete

美术设计
Marco Tonsini

文字编辑
Simon Lobach

世界水评估计划技术顾问委员会
Uri Shamir (主席), Dipak Gyawali (副主席), Fatma Abdel Rahman Attia, Anders Berntell, Elias Fereres, Mukuteswara Gopalakrishnan, Daniel P. Loucks, Henk van Schaik, Yui Liong Shie, Lászlo Somlyody, Lucio Ubertini 和 Albert Wright

2018 年联合国世界水评估计划秘书处
协调人: Stefan Uhlenbrook
副协调人: Michela Miletto
项目组: Richard Connor, Angela Renata Cordeiro Ortigara, Engin Koncagül 和 Lucilla Minelli
出版: Valentina Abete 和 Marco Tonsini
沟通: Simona Gallese 和 Laurens Thuy
管理和支持: Barbara Bracaglia, Arturo Frascani 和 Lisa Gastaldin
信息技术和安全: Fabio Bianchi, Michele Brensacchi 和 Francesco Gioffredi

致谢

联合国世界水评估计划特别感谢联合国粮农组织、联合国开发计划署、联合国环境署、联合国教育、科学及文化组织-国际水文计划和联合国大学国际水、环境与健康研究院，感谢他们为编写联合国世界水发展报告做出的突出贡献。真诚感谢区域经济委员会（联合国欧洲经济委员会、联合国拉丁美洲和加勒比经济委员会、联合国亚洲及太平洋经济社会委员会、联合国西亚经济社会委员会）和联合国教育、科学及文化组织驻阿布贾的多部门区域办事处为第 5 章的国家与地区实施经验做出的贡献。我们还要感谢联合国水机制成员单位和合作伙伴以及所有其他组织和个人，他们在整个编写过程中提供了有益的贡献和意见。此外，《联合国世界水发展报告 2018》从联合国世界水评估计划技术顾问委员会的评审中受益良多。

我们对意大利政府的资金支持表示感谢，该项资金用于联合国世界水评估计划秘书处的运作和世界水发展报告系列的编写，也感谢翁布里亚区政府提供的设施。

我们感谢墨西哥全国水和卫生设施协会及其成员，本报告的西班牙文版本的问世成为可能。我们还要感谢位于阿拉木图、北京、巴西利亚、开罗和新德里的联合国教育、科学及文化组织驻外办事处将摘要翻译成俄文、中文、葡萄牙文、阿拉伯文和印度文。由于巴西国家水务局和联合国教育、科学及文化组织驻巴西办事处之间紧密的合作，葡萄牙语版本已被列入翻译计划。

目录

译者序

序一

联合国教育、科学及文化组织总干事　奥德蕾·阿祖莱

序二

联合国水机制主席兼国际农业发展基金会总裁　吉尔伯特·洪博

前言

联合国世界水评估计划协调员　斯特凡·尤伦布鲁克

主编　理查德·康纳

编写团队

致谢

执行摘要 …… 1

绪论 …… 9

第1章　基于自然的解决方案和水 …… 21

1.1　引言 …… 23

1.2　相容的概念、工具、方法和术语 …… 23

1.3　基于自然的解决方案如何发挥作用 …… 25

1.4 关注基于自然的解决方案 …… 34

1.5 在本报告的背景下评估基于自然的解决方案 …… 36

第2章 基于自然的解决方案应用于水资源开发利用 …… 39

2.1 引言 …… 41

2.2 基于行业和基于问题的案例研究 …… 42

2.3 水循环对水资源开发利用的影响 …… 49

2.4 基于自然的解决方案——水资源开发利用所面临的挑战 …… 49

2.5 基于自然的解决方案——水资源开发利用和可持续发展目标 …… 51

第3章 基于自然的解决方案应用于水质管理 …… 53

3.1 水质所面临的挑战、生态系统和可持续发展 …… 55

3.2 基于自然的解决方案——维持或改善水质 …… 55

3.3 基于自然的水质监测——生物监测 …… 61

3.4 基于自然的解决方案——管理水质的协同效益和局限性 …… 62

3.5 基于自然的解决方案为与水质相关的可持续发展目标做出贡献的潜力 …… 63

第4章 基于自然的解决方案应用于涉水风险管理 …… 65

4.1 在水的易变性、变化以及全球可持续发展协议背景下的基于自然的解决方案 …… 67

4.2 基于自然的解决方案用于缓解风险、易变性和气候变化的例证 …… 69

4.3 在易变性和降低风险方面，基于自然的解决方案面临的挑战 …… 79

第5章 国家与地区实施经验 …… 81

5.1 引言 …… 83

5.2 在流域层面实施基于自然的解决方案 …… 83

5.3 在城市地区实施基于自然的解决方案 …… 89

5.4 基于自然的解决方案的区域和国家框架 …… 90

第6章 促使基于自然的解决方案加快得到采纳 …… 97

6.1 引言 …… 99

6.2 利用融资 …… 99

6.3 创造有利的监管和法律环境 …… 102

6.4 加强部门间合作和协调政策 …… 103

6.5 更新知识库 …… 104

6.6 评估各选择方案的通用框架和标准 …… 107

第7章 认识基于自然的解决方案对水和可持续发展的潜力 …… 109

7.1 我们现在在哪里? …… 111

7.2　我们还能走多远? …… 112
7.3　我们怎么去那里? …… 113
7.4　通过基于自然的解决方案进行水资源管理，实现 2030 年可持续发展议程 …… 115
7.5　结语 …… 119
参考文献 …… 120
缩写和缩略词 …… 138
专栏、图片和表目录 …… 140
图片来源 …… 143

执行摘要

南旧金山湾湿地（美国）

受大自然启迪，基于自然的解决方案使用或模拟自然过程，改善水资源管理。基于自然的解决方案可保护或修复自然生态系统，也可在改造的或人工生态系统之中强化或创造自然过程。无论在微观层面（如干厕）还是宏观层面（如景观）均可适用。

近年来，基于自然的解决方案引起了人们的广泛关注。主要体现在将这种思路纳入政策制定的主流之中，包括水资源、粮食安全、农业、生物多样性、环境、降低灾害风险、城市居住地，以及气候变化等领域。这一可喜的趋势显示出，人们逐渐认识到需要建立共同目标，并围绕共同目标整合不同利益相关方；同时，需要开展相辅相成的行动。对此，最为贴切的例子就是《2030 年可持续发展议程》，其中的目标和子目标是相互联系、密不可分的。

推广基于自然的解决方案对于实现《2030 年可持续发展议程》至关重要。要实现可持续的水安全，仅靠墨守成规已不再奏效。基于自然的解决方案与自然是协作而非对抗的关系，因此为突破旧有思路，提升水资源管理的社会、经济、水文效益提供了重要方法。基于自然的解决方案在实现可持续粮食生产、改善人居环境、普及饮用水供应和卫生设施服务、降低涉水灾害风险等方面具有良好前景，还可以应对气候变化对水资源的影响。

基于自然的解决方案支持循环经济。循环经济具有恢复能力和再生能力，可提高资源生产率，可通过回用和循环使用减少消费、避免污染。基于自然的解决方案也支持绿色增长或绿色经济。这一概念倡导对自然资源进行可持续利用，通过自然过程实现经济发展。基于自然的水资源解决方案也能够产生社会、经济和环境方面的共同效益，包括改善人类健康和生计、可持续经济增长、体面就业、生态系统恢复和维持，以及保护或强化生物多样性。这些效益产生的价值可能十分巨大，并将有助投资决策向有利于基于自然的解决方案的方向倾斜。

然而，尽管基于自然的解决方案的应用历史由来已久，经验也日渐积累，但是水资源政策和管理中忽视基于自然的解决方案的情况仍屡见不鲜，即使这种方案既方便又高效。譬如，尽管针对基于自然的解决方案的投资日益增长，但有证据表明，这部分投资占水资源管理基础设施总投资的比例还不到 1%。

世界水资源：需水量、可利用量、水质和极端事件

由于人口增长、经济发展和消费方式转变等因素，全球对水资源的需求正在以每年 1%的速度增长，而且这一需求在未来 20 年还将大幅加快。尽管目前农业仍是用水大户，但未来工业和生活需水量将远大于农业需水量。对水资源需求的增长最主要来自于发展中国家和新兴经济体。

与此同时，气候变化正在加速全球水循环。其结果便是，湿润的地区更加湿润，干旱的地区更加干旱。目前，约有 36 亿人口（将近一半的地球人口）居住在缺水地区（一年中至少有一个月的缺水时间），而这类人口数量到 2050 年可能增长到 48 亿～57 亿。

自 20 世纪 90 年代以来，在拉丁美洲、非洲和亚洲，几乎每条河流的水污染状况都在恶化。未来数十年，水质还将进一步恶化，对人类健康、环境和可持续发展的威胁只增不减。全球看来，最为普遍的水质问题是营养负荷，这取决于地区差异，往往与病原体负荷有关。数百种化学物质都对水质有影响。据预测，低收入和中低收入国家受到污染物接触量增幅最大。造成这种现象的最主要原因是人口和经济的飞速增长，以及废水管理制度的缺位。

水量和水质的变化趋势与洪水和干旱风险息息相关。面临洪水威胁的人口数量预计将从现在的 12 亿增加到 2050 年的大约 16 亿（约占全球人口的 20%）。目前，受到土地退化、沙漠化和干旱影响的人口数量大约为 18 亿，从死亡率和相对于人均国内生产总值的社会经济影响的角度来看，这也使其成为最为严重的一类“自然灾害”。

生态系统退化

生态系统退化是水资源管理不断面临挑战的一个主要原因。尽管全球 30%的土地覆有植被，但其中至少 2/3 处于退化状态。全球绝大部分土地资源，特别是农田，处于一般、贫瘠或者非常贫瘠的状态，且根据目前的预测，这一状况还将不断恶化。蒸发速度变快、土壤蓄水能力变低、地面径流增多、土地侵蚀加剧，都将对水循环造成严重的负面影响。自 1900 年起，全球约有 64%～71%的自

然湿地面积因人类活动而消失殆尽。上述所有变化都已对地区、区域以及全球层面的水文状况造成严重的负面影响。

有证据表明，生态系统恶化在历史进程中造成了诸多古代文明的消亡。现在，人们自然会问，我们是否能避免重蹈古人覆辙。这个问题的答案必定和我们从对抗自然到顺应自然的转变能力挂钩——其方式之一，便是更好地利用基于自然的解决方案。

生态系统在水循环中的作用

某地区的生态过程影响水质以及水在系统中的流动方式，也影响土壤的形成、侵蚀、沉积物运输和沉积——这些都会对水文产生重大影响。尽管每当谈到土地覆盖和水文的时候，人们总是首先想到森林，但是草地、农田等的作用也不容忽视。土壤对控制水的运动、存蓄和转变至关重要。生物多样性在基于自然的解决方案中具有重要作用，它支撑生态系统的过程和功能，因此也支撑了生态系统服务功能的实现。

生态系统对本地乃至整个大陆的降水循环有着显著影响。植被不应被看作是水的“消费者”，称其为水的“循环者”可能更为恰当。在全球范围内，有大约40%的陆地降雨来自于迎风植物蒸腾以及其他陆地蒸发作用，而且这是很多地区绝大多数降雨的来源。因此，一个地方的土地利用决策可能会对相距很远某地的水资源、人口、经济和环境产生重大影响——这也凸显了将“流域”（相对于“降水区域”）作为管理单元的局限性。

绿色水基础设施使用自然或者半自然系统，如基于自然的解决方案，来提供水资源管理方法，其产生的效益与传统灰色（即人工建造的）水基础设施大抵相当。在某些情况下，基于自然的方法可以提供主要的或唯一可行的解决方案（例如，用于防治土地退化和荒漠化的景观恢复），但对于其他目的，有时只有灰色解决方案才有效（例如通过管道和水龙头向家庭供水）。然而，在大多数情况下，绿色和灰色基础设施可以并且应该一同加以利用。一些使用基于自然的解决方案的最佳案例就在于其对灰色基础设施的运行起到了改善作用。目前，世界范围内，灰色基础设施的老化、不配套和不足的状况为基于自然的解决方案创造了有利条件，使其成为将生态系统服务、增强复原力和提高民生福祉纳入水资源规划和管理的创新性解决方案。

基于自然的解决方案倾向于实现生态系统的综合功能——即使所采取的措施起初仅针对一个目标开展，这是这类解决方案的一个关键特征。因此，基于自然的解决方案通常会产生多重涉水效益，帮助应对水量、水质、涉水风险等一众问题。另一个重要优势是，这种解决方案有助于建立系统的整体恢复能力。

基于自然的解决方案——管理水资源开发利用

基于自然的解决方案处理供水问题的主要方式是管理降雨量、湿度、蓄水量、渗漏量和输配水量，以改善人类获取水的地点、时间和数量，从而满足需求。

由于泥沙淤积、有效径流减少、环境问题和一些限制因素，以及许多发达国家已经在最具成本效益且可行的地点建库，修建更多水库的选择日益受到限制。在许多情况下，比起传统的灰色基础设施（如水坝），生态系统友好型的蓄水方式（如自然湿地、改善土壤湿度和更有效地补给地下水），可能更具持续性和成本效益。

要满足预期的粮食需求增长，就必须提高农业资源利用效率，降低其外部足迹，而水是这一需求的核心。粮食生产“可持续的生态强化”是基于自然的解决方案的基石，通过改善土壤和植被管理以增强农业生态系统服务。“保护性农业”包含了降低对土壤的影响、保持土壤覆盖层、规范作物轮作等实践做法，是可持续生产集约化的典型案例。对生态系统进行修复或者保护的农业系统可以像集约化、高投入的系统一样高效，但是其外部性也大大降低。尽管基于自然的解决方案在灌溉方面取得了显著成效，但是提高生产率最主要的机遇仍存在于旱作农业，因为目前绝大部分的生产和家庭农业大多数是旱作农业（因此也最大程度提高了生活水平，减少了贫困）。在全球层面，理论上可节约的水量超过了预估的需水量，因此可降低竞争用途之间的冲突。

目前全球绝大部分人口居住在城市，基于自然的解决方案对于解决城市居住区水资源可利用量十分重要。包括绿色建筑物在内的城市绿色基础设施正在兴起，在其影响下新的基准和技术标准也正在建立，由此可有效推动基于自然的解决方案的广泛应用。为促成引人注目的商业案例，工商业界也正在大力推广基于自然的解决方案的应用，以改善其运行中的水安全。

基于自然的解决方案——管理水质

保护水源降低了城市供水企业的水处理成本，有助于农村社区获得安全饮用水。如管理方法得当，森林、湿地和草地以及土壤和农作物等均可通过减少含沙量、截留污染物以及回收养分，在调节水质方面发挥重要作用。针对受污染的水源，人工及自然生态系统均能帮助改善水质。

农业非点（扩散）源污染——尤其以营养物质为来源——仍是包括发达国家在内全球面临的棘手问题。这一问题也是基于自然的解决方案最可发挥作用的领域，因为该方案可修复生态系统，使土壤能够改善养分管理，从而降低对化肥的需求，并减少养分流失或渗入地下水。

城市绿色基础设施被越来越广泛地运用在管理和减少城市内涝及径流污染当中。具体案例包括，绿墙、屋顶花园以及覆有植被的下渗区或排水区，帮助处理废水和减少暴雨径流。湿地也被纳入城市环境中，用来降低暴雨径流和废水带来的影响。自然和人工湿地都可以生物降解或固定一系列新出现的污染物，包括药物，效果比灰色基础设施更好。而且对于某些化学成分来讲，这是唯一的解决方案。

当然，基于自然的解决方案也并非万能的灵丹妙药。譬如，该方案对于工业废水的处理就取决于污染物的类型和含量。对于很多受污染的水源来讲，灰色基础设施仍是不可或缺的处理方式。尽管如此，基于自然的解决方案在工业中的应用，特别是利用人工湿地处理工业废水的规模，正在飞速增长。

基于自然的解决方案——管理涉水风险

气候变化使水资源在时间上更具不确定性，它所引发的涉水风险和灾害（如洪水和干旱）导致全球范围内惨重的人类生命和经济损失，且有上升趋势。据估计，全球大约有30%的人口居住在经常遭受洪水或干旱影响的地区。生态系统退化是涉水灾害和极端事件不断增多的主要原因，也降低了充分发挥基于自然的解决方案的潜能。

绿色基础设施可明显降低风险。将绿色和灰色基础设施相结合可削减成本并大大降低风险。

基于自然的洪水管理解决方案可通过管理渗透和地表径流来保水，从而实现系统各部分和水的输送之间的水文连通。同时，通过洪泛平原等为水的储存开辟空间。“与洪水共存”的概念贯穿在许多工程和非工程措施中，目的是在洪水面前“有所准备”，这可促进基于自然的解决方案的应用，从而减少洪水造成的损失。更重要的是降低洪水风险。

有时，干旱并不只是发生在少雨地区，干旱在不缺水的地区也有可能造成灾害风险。针对减轻干旱灾害而设计的基于自然的解决方案组合，其本质与管理水资源开发利用的方案并无不同，目的同样也是增强土壤和地下含水层的蓄水能力，缓解极度干旱时期的用水压力。降雨量的季节性变化为储存水源提供了可能，在干旱时期也可为生态系统和人类供水。利用自然储水（特别是地下含水层）降低灾害风险的潜力还未充分得到发掘。流域和地区层面的储水规划应综合考虑地表和地下（或两者相结合的）蓄水方式，以便在水资源不确定性日趋凸显的情况下获得最佳环境和经济效益。

基于自然的解决方案——提高水安全：扩大效益

基于自然的解决方案通过改善水量和水质、降低涉水风险，创造额外的社会、经济和环境效益，从而提高整体水安全。此类解决方案可促使不同部门达成共赢。举例来讲，基于自然的解决方案在农业领域正在成为主流，因为该方案可提高可持续农业的生产率和盈利能力，同时还可提高整个系统的效益，包括提高水资源可利用量以及减少对下游的污染。目前，为快速发展的城市保障充足供水并降低风险，我们需要应对多重挑战，流域恢复和保护愈显重要。城市绿色基础设施可在确保水量水质、防洪抗旱方面产生积极效果。在水和卫生设施方面，为处理废水建造的湿地可以成为一种具有成本效益的自然解决方案，提供符合水质要求的再生水，供包括灌溉在内的诸多非饮用用途使用，同时还可产生包括能源生产在内的额外效益。

挑战和局限

要使基于自然的解决方案能够充分发挥潜力，在全球、区域或地区层面所面临的挑战，在各部门之间均有相同之处。由于灰色基础设施在各国现有的解决工具中——从公共政策到制定规则和规章——已然根深蒂固，长期以来人们总是倾向于排斥采用基于自然的解决方案。这种根深蒂固也存在于土木工程、市场经济工具、服务提供商等领域之中，存在于政策制定者和大众的脑海中。这些和其他因素共同催生了人们的认知，即相比人造（灰色）基础设施来讲，基于自然的解决方案是低效率的、有风险的。

基于自然的解决方案通常需要不同的机构和利益相关方协同合作，这是相当有难度的。现有的机构设置无法适应这种要求。

有关基于自然的解决方案到底能带来什么，从社区到地区规划者、国家政策制定者，自上而下各级仍缺乏足够认识、有效沟通和知识储备。使现状更为复杂的是，目前人们尚未充分理解如何将绿色和灰色基础设施成规模地相结合，也缺乏足够的能力在水资源领域充分应用这种解决方案。有关自然或者绿色基础设施如何运作、生态系统服务的实际意义何在的误区和不确定性仍然存在。有时，我们不甚了解基于自然的解决方案的组成部分是什么。目前，仍缺乏技术指导、工具和方法来确定基于自然的解决方案与灰色基础设施应当如何进行协调组合。我们对自然生态系统，如湿地、洪泛平原水文功能的了解，远不如对灰色基础设施的掌握。结果就是，基于自然的解决方案在政策评估、自然资源和开发规划管理中处于边缘地位。造成这种现状的部分原因在于相关研发不足，以及目前缺乏针对相关经验的公正、健全的评估，特别是在水文性能方面，以及与灰色解决方案比较或结构的成本效益分析方面。

生态系统的能力并非没有局限，我们应当认清这些局限。例如，关于生态系统的“临界点”，即生态系统发生不可逆转负面变化的点，目前已有大量理论研究，但鲜有定量研究。因此，有必要认识到生态系统承载能力的局限，并确定额外负面影响（如污染物和有毒物质的增加）将对生态系统造成不可逆转影响的临界值。

不同生态系统对水文产生的影响变化很大（取决于生态系统的类型或次类型、地点和条件、气候和管理方式）。这点就提醒我们，要避免对基于自然的解决方案一概而论。例如，类型、密度、地点、大小和树龄不同的树木对地下水补给量可能产生增加或降低的不同效果。自然系统是动态的，其作用和影响随着时间变化而发生变化。

基于自然的解决方案经常被夸大成为“具有成本效益”的方案，而这一点应当在评估时加以考虑，并考量所产生的协同效益。尽管有些小规模的基于自然的解决方案能够以较低或者零成本加以应用，但有些应用则可能需要巨额投资。举例来讲，每公顷土地生态系统修复的成本可能从几百美元到几百万美元不等。如何因地制宜应用基于自然的解决方案方面的知识非常重要但又相对匮乏。目前，人们对基于自然的解决方案的关注度越来越高，此领域的实践者需要大幅提高知识储备以支撑决策制定，避免夸大其作用，这样才能免遭挫败。

应对措施——创造有利条件，促使基于自然的解决方案加快得到采纳

对这些挑战所需的应对措施主要涉及为基于自然的解决方案创造有利条件，以便与其他水资源管理方案一起得到公平考虑。

利用融资

基于自然的解决方案不一定需要额外的财政资源，但通常涉及重新定向和更有效地利用现有资金。由于人们逐渐认识到生态系统服务具有提供全系统解决方案的潜力，长远来看可使投资更具可持续性、更加具有成本效益，因此，针对绿色基础设施的投资正在加以利用。评估基于自然的解决方案的投资回报通常未考虑正外部性，正如灰色基础设施有时不考虑对环境和社会的负外部性一样。

对环境服务进行付费可激励上游社区、农户、私有土地所有者行动起来，保护和修复自然生态系统，并采用可持续的农业和土地利用措施。这种激励既可以是货币形式的，也可以是非货币形式的。这些行动对下游用水户是有效益的，体现在水量调度、防洪、防止水土流失和泥沙沉积等方面，从而确保了不间断、高质量的供水，帮助降低水处理和

设备维护成本。

最近兴起的“绿色债券”市场显示出了利用基于自然的解决方案融资的潜力，尤其也显示出，即便用严格标准化的投资效益标准来衡量基于自然的解决方案，其表现依然出众。私营部门也可进一步接受指导并通过激励手段，推动基于自然的解决方案在相关领域的应用。建立专业知识储备工具、清楚地认识到基于自然的解决方案的有效性能够帮助推进这一工作。

转变农业政策为进一步推广应用基于自然的解决方案开辟了重要融资途径。目前，大部分农业补贴、公共基金和几乎所有私营部门针对农业研发的投资，都旨在加强传统农业，从而加剧了水的不安全。我们要努力突破这一现状，将农业生产可持续生态集约化的理念纳入主流，大力推广应用基于自然的解决方案（如改良土壤和景观管理技术）。这不仅是实现粮食安全，也是利用基于自然的解决方案推动水融资的必由之路。

评估基于自然的解决方案可产生的协同效益（使用更加全面的成本—效益分析）对于实现高效投资、在不同部门间灵活使用资金至关重要。不光是水文效益，产生的所有效益都应纳入对投资方案的评估当中。这需要制定详细全面的方案，且有证据表明，这一做法将大幅改进决策制定和整个系统的效能。

创建有利的监管和法律环境

目前，大部分水资源管理监管和立法都是基于灰色基础设施思路制定的。因此，将基于自然的解决方案融入进去可谓难上加难。然而，我们不必对监管体系进行大刀阔斧的改变，在现有法律法规框架下更加有效地使用基于自然的解决方案就可以产生我们所期待的转变。有些地区目前暂时尚未确立相关立法。对此，第一步须找出基于自然的解决方案在支撑现有各级规划思路方面能够在何处提供支持，以及如何提供支持。这可能是十分有用的一步。

推动基于自然的解决方案在地方层面应用的相关国家立法尤其重要。为数不多但数量渐增的国家已采取相关监管框架，促进基于自然的解决方案在国家层面的应用。例如，秘鲁通过了一项国家法律来监管和监督绿色基础设施投资。同样，区域框架也可催生相关转变。例如，欧盟通过协调其关于农业、水资源、环境的立法政策，已大幅增加应用基于自然的解决方案的机会。

在全球层面，基于自然的解决方案为联合国会员国提供了回应和落实诸多多边环境协定（特别是《生物多样性公约》《联合国气候变化框架公约》《拉姆萨湿地公约》《仙台减少灾害风险框架》《巴黎气候变化协定》和有关粮食安全已达成的协定）的途径，也有助于解决经济和社会问题。《2030 年可持续发展议程》及其可持续发展目标是推动基于自然的解决方案应用的一个总框架。

加强跨部门合作

相比灰色基础设施，基于自然的解决方案可能需要更高层次的跨部门和机构间合作，特别是在景观层面应用时。此外，它还能为上述机构在共同的思路或框架下通力协作提供机遇。

许多国家各领域的政策是高度割裂的。将经济、环境、社会等各领域政策进行更好地协调是一项总体要求。基于自然的解决方案不仅是这项工作的受益者，也是达成目的的途径。

基于自然的解决方案可产生多重、重要的效益，而不仅体现在水文领域。最高政策层面权责清晰可大幅加快该方案的推广应用，并改善部门间合作。

更新知识库

更新基于自然的解决方案的知识库，包括在某些情况下通过更严格的科学方法改进知识库，是一项基本的总体要求。已有的证据足以使决策制定者确信，基于自然的解决方案是有效可行的。例如，经常有人认为，基于自然的解决方案需要假以时日才能展现其效果，而灰色基础设施见效更快。然而，有证据显示，并非如此，其见效周期相比灰色基础设施可能更加有吸引力。

有关生态系统功能、自然—社会互动的传统或者本地知识是非常珍贵的资产。我们需要作出改进的是将这些知识纳入评估和决策过程。

一个重要方法便是制定和实施通行标准。这样，基于自然的解决方案和其他水资源管理的方案都可以据此进行评估。水资源管理方案评估的通行标准（如绿色和灰色方案）可通过具体案例进行制定。该标准关键在于，要将所有水文效益、其他相关效益、（任何方案的）生态系统服务的成本和效益全部纳入考量。这也就要求各利益相关方达成共识。

基于自然的水管理解决方案对实现《2030年可持续发展议程》的潜在贡献

基于自然的解决方案有助于实现可持续发展目标6（关于水的目标）的大部分子目标。其产生的积极作用可直接有助于其他可持续目标的实现，特别是针对水安全。对于实现可持续农业（目标2，特别是子目标2.4）、健康生活（目标3）、增强抵御灾难能力（涉水）的基础设施（目标9）、可持续城市居住区（目标11），以及降低灾害风险（目标11以及与气候变化有关的目标13），它均可提供助力。

基于自然的解决方案所产生的协同效益对于生态系统或环境相关的可持续发展目标尤其重要，包括降低土地利用对沿海地区以及海洋造成的压力（目标14），以及生态系统和生物多样性保护（目标15）。

在实现可持续发展目标方面，基于自然的解决方案的协同效益在其他一些领域也能得到特别高的回报，这些领域包括农业的其他方面、能源、包容和可持续的经济增长、为所有人提供充分的生产性就业和体面工作、使城市和人类住区具有包容性、安全性、适应性和可持续性，以及确保可持续的消费和生产模式，并应对气候变化及其影响。

不断前行

扩大基于自然的解决方案的应用对于应对当代水资源管理的挑战不可或缺，如确保和改善水量水质、降低涉水风险。如若不然，水安全将继续下降，状况将加速恶化。基于自然的解决方案是打破常规的一种重要手段。然而，利用基于自然的解决方案的必要性和机会并未得到充分重视。

《联合国世界水发展报告》自始至终强调应转变水管理思路。对生态系统在水资源管理中的作用认识不足更凸显了这种转变的必要性，而应用基于自然的解决方案为此提供了途径。这种转变不能仅停留在理想层面，我们应加速推进转变切实发生。更重要的是，要将其转化成为切实可行的政策，并在实地层面形成改良的实践行动。所制定的目标需将成本和风险降到最低，系统回报和健全度应达到最大化，实现最优、最“合乎目的”的效果。政策需要起到的一个重要作用就是在最基层形成正确的决策。虽然为时稍晚，但我们已经有了良好的开始。未来任重道远。

结语

随着人类在历史长河中不断前行发展，同时力争避免过去的悲剧重演，采用基于自然的解决方案不仅对改善水管理、提升水安全十分必要，对产生有利于可持续发展的各种效益也至关重要。尽管基于自然的解决方案并非万能灵药，但它对于为全人类创造一个更美好、更光明、更安全、更平等的未来至关重要。

绪论

基于自然的解决方案背景下的水资源状况

世界水评估计划｜David Coates 和 Richard Connor
参与编写者：国际应用系统分析研究所

攀牙湾的红树林（泰国）

目前水资源状况的趋势与已出版的《联合国世界水发展报告》所评估和确定的情况大体相同。未来的世界仍然面临着多重和复杂的水资源挑战，而且这一形势将会更加严峻。本绪论进一步阐述了水资源挑战与基于自然的解决方案关联尤其紧密的两个方面。首先，它包含一个全球层面的评估，内容包括需水量和可利用量的现状和趋势、与水有关的极端事件和水质问题，认识到粮食、能源和水资源的可持续管理是紧密相连的，而且对这些联系还需进行评估；其次，它描述了生态系统的变化如何影响了水资源，清晰地展示了需要将生态系统纳入粮食—能源—水的纽带关系之中。

对水的需求

在过去的 100 年中，全球用水量增加了 6 倍（Wada et al.，2016），并以每年约 1%的速度持续稳定增长（AQUASTAT，日期不详）。除其他因素外，由于人口增长、经济发展和不断变化的消费模式，预期用水需求还将在全球层面上持续增长。

世界人口预计将从 2017 年的 77 亿增加到 2050 年的 94 亿～102 亿，其中 2/3 的人口居住在城市。大概一半以上的增长将发生在非洲（增长 13 亿），亚洲（增长 7.5 亿）将成为未来人口增长的第二高点（UNDESA，2017）。在同一时期（2017—2050 年），全球国内生产总值预计将增长 2.5 倍（OECD，日期不详），尽管国家内部和国家之间差异较大。到 2025 年全球对农业和能源生产的需求（主要是粮食和电力）预计将分别增长 60%和 80%（Alexandratos 和 Bruinsma，2012；OECD，2012）。与此同时，由于气候变暖，全球水循环正在加速，湿润地区通常变得更加潮湿，而干旱地区变得更加干燥（IPCC，2014）。以上变化均表明，需要迅速规划和执行相关战略以及采取合理有效的管理措施，防止水安全的恶化❶（Burek et al.，2016）。

未来 20 年，全球需水量将持续大幅增长。

当前全球需水量每年约为 4.6 万亿 m^3，预计 2050 年将达到 5.5 万亿～6.0 万亿 m^3，增加20%～30%（Burek et al.，2016）。然而，“在全球范围内进行水资源评估是十分复杂的，因为现有的观测数据有限，以及重要的环境、社会、经济和政治因素相互作用，如全球气候变化、人口增长、土地利用变化、全球化和经济发展、技术创新、政治稳定和国际合作的程度。由于这些相互关联，区域水资源管理具有全球影响，而全球发展也会对局部产生影响。”（Wada et al.，2016，第 176 页）。

农业用水量约占全球用水总量的 70%，其中绝大部分用于灌溉。然而，全球年灌溉需水量的估算充满了不确定性。这不仅仅是由于缺乏对灌溉用水的监测和报告，还因为这种做法本身固有的不稳定性。在任何特定时间，用于灌溉的水量随作物类型和其不同的生长季节而变化，还取决于种植方式和当地土壤以及气候条件的变化，更不用说具备灌溉设施的土地面积发生的变化。不同灌溉技术的效率也将对整体用水量产生直接影响。这就是预测未来灌溉需水量如此困难的原因。例如，Burek 等（2016）预计 2050 年全球作物灌溉需水量将比 2010 年高出 23%～42%，联合国粮食及农业组织（FAO，2011a）估计，从 2008 年到 2050 年灌溉用水量将增加 5.5%。考虑到灌溉用水效率的提高，经济合作与发展组织（OECD，2012）预测 2000—2050 年期间灌溉用水量略有下降。

无论农业需水量如何增加，按照正常情况，满足粮食需求中 60%的增长就需要扩大耕地面积。在现行的管理实践中，生产的集约化包括增加对土壤的机械扰动和农用化学品、能源和水的投入。到 2050 年，与粮食系统有关的驱动因素占陆地生物多样性预测损失的 70%（Leadley et al.，2014）。然而，如果农业生产的进一步集约化是建立在生态集约化的基础之上的，包括改善生态系统服务以减少外部投入（FAO，2011b），那么可以基本避免这些影响，包括对更多土地和水的需求。

工业用水量占全球用水总量的 20%左右，主要用于能源生产，约占 75%，其余 25%的工业用水用于制造业（WWAP，2014）。Burek 等人的预测

❶ 水安全被定义为“对全人类而言，将保障持续获得可接受的水质且充足的水量，以维持生计、人类福祉及社会经济发展，并确保防止因水传播的污染及减少涉水灾害，以及保护生态系统处在政治和平与安定的氛围之下的能力”（UN-Water，2013）。

(2016) 表明，除北美、西欧和南欧以外，世界其他地区的工业需水量将增加。非洲西部、中部、东部和南部地区的工业需水量可能会增加 8 倍（相对而言），在这些地区，工业用水目前在全球总用水量中所占比例很小。南亚、中亚和东亚的工业需水量也将显著增加（最多 2.5 倍）(Burek et al.，2016)。根据经济合作与发展组织（2012）的数据，预计 2000—2050 年期间制造业需水量将增长 400%。预计全球能源生产用水量将在 2010—2035 年期间上升 1/5，而由于转向使用更高效的发电厂，采用更先进的冷却系统（减少了取水量，但增加了耗水量）和增加生物燃料的产量，耗水量将增加 85%（IEA，2012）。Chaturvedi 等（2013）提出，将生物能源生产限制在非灌溉耕地或废弃农田可能会缓解对粮食生产和价格、用水量以及生物多样性的负面影响。

全球几乎所有地区的生活用水量（大约占全球用水总量的 10%）预计将在 2010—2050 年期间显著增加，但西欧地区的用水量保持不变。相对而言，居民生活用水量增幅最大的地区应该发生在非洲和亚洲地区，可能增加两倍以上，在中美洲和南美洲可能会增加一倍以上（Burek et al.，2016）。这一预期的增长主要归因于城市居住区供水服务的预期增加。

图 1　2010 年实际水资源短缺和 2010—2050 年水资源短缺* 的预测变化——基于中间路线情景**

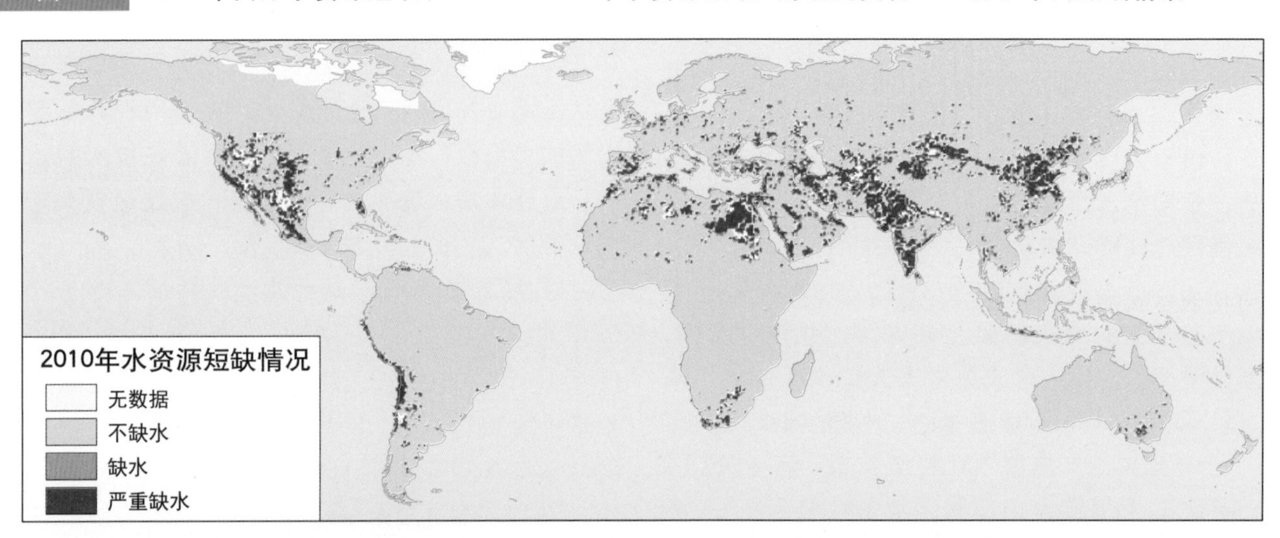

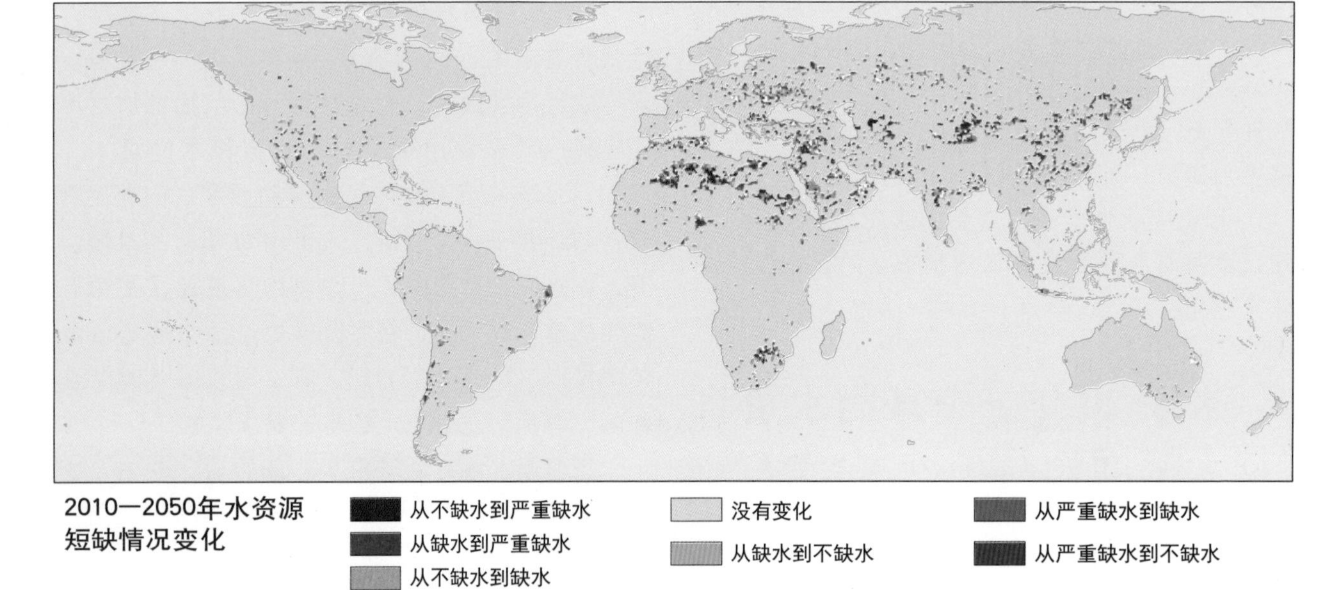

*当人类的年度总取水量占可再生地表水资源总量的 20%～40%之间时，该地区被认为水资源短缺，而当取水量超过 40%时被视为严重缺水。

**这个建模演习使用的场景是基于“水资源共享的社会经济路径”。中间路线情景假设世界正在沿着过去的趋势和范式发展，例如社会、经济和技术趋势沿袭历史模式，没有发生明显的转变（即“一切照旧”）。

资料来源：Burek et al.（2016 年，图 4-39，第 65 页）。中文版对地图进行了重绘。

总之，未来20年全球的需水量将持续大幅增长。尽管农业仍将是最大的用水户，但工业和居民生活对水的需求增长可能比农业快得多。Rosegrant等（2002）预测，非农业用水需求的绝对增长将在世界历史上首次超过农业需求的增长，因此，发展中国家农业在总用水量中的份额将从1995年的86%下降到2025年的76%。这些预测强调了解决农业所面临的水资源挑战的重要性，而农业对水的需求以及对水的竞争都将增加。人类所采用的农业发展方案将成为确定农业和其他部门未来水安全的最关键因素。

水资源可利用量

与人口、国内生产总值或需水量的发展相比，大陆层面的可利用地表水资源量保持相对稳定。在次区域层面，由于气候变化的影响，任何变化都很小，范围从－5%到＋5%不等，但是国家层面的变化可能更加明显（Burek et al.，2016）。许多国家已经处于普遍缺水状态，面临将在21世纪50年代应对地表水资源供应不足的问题（图1）。目前，北纬10°～40°范围内几乎所有国家，从墨西哥到中国和南欧的所有国家，以及澳大利亚，南半球的南美洲西部和非洲南部，都受到水资源短缺的影响（Veldkamp et al.，2017）。

在整个21世纪前10年的早期和中期，约有19亿人生活在潜在的严重缺水地区，占全球人口的27%，到2050年这一数字可能会增加到约27亿～32亿。如果考虑到月变化，全球有36亿人（近一半的人口）已经每年至少有一个月生活在潜在的缺水地区，到2050年，这个数字可能会增加到约48亿～57亿。大约有73%遭受影响的人口居住在亚洲（到2050年为69%）。考虑到适应能力，到21世纪50年代，将有36亿～46亿人（43%～47%）处于缺水状态，其中91%～96%居住在亚洲（主要分布在亚洲南部和东部），4%～9%居住在非洲，主要分布在非洲北部（Burek et al.，2016）。

21世纪初，全球主要用于农业的地下水取水量每年达到8 000亿m^3，印度、美国、中国、伊朗和巴基斯坦（按降序排列）共占全球取水总量的67%（Burek et al.，2016）。用于灌溉的取水量已被确定为全球地下水枯竭的主要诱发因素（图2）。到2050年，地下水取水量预计将增加到1.1万亿m^3，与目前的水平相比增加约39%（图3）。

图2　2010年全球作物对地下水的消耗

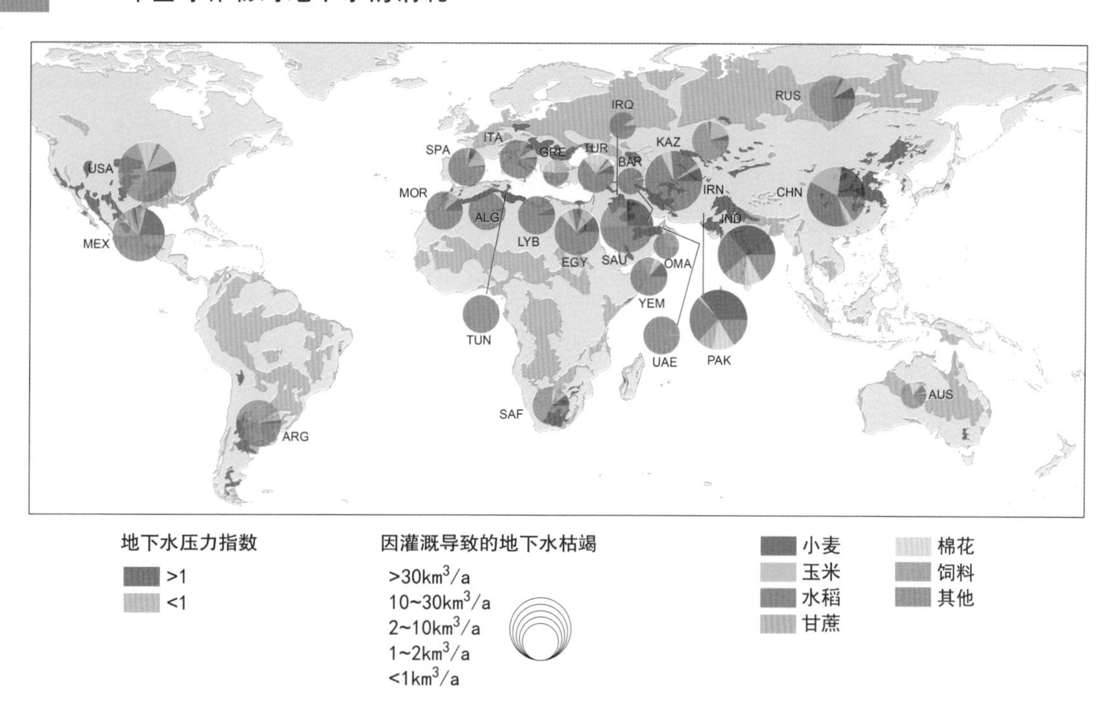

＊地下水压力指数是地下水足迹和含水层面积的比值。当其大于1时，表示该地区地下水消耗不可持续，可能影响地下水可利用量和依赖地下水的地表水和生态系统。

注：饼状图显示了各国用于灌溉主要作物的地下水水量消耗，其大小表示用于灌溉的地下水消耗总量。背景图显示主要含水层的地下水压力指数（大于1时对应过度开采）。有些国家过度开发含水层，但没有显示在饼状图上，因为地下水的使用并不主要与灌溉有关。灰色区域代表该地区没有主要依赖地下水的作物。

资料来源：Dalin等（2017年，图1，第700～704页）。© 2017 Macmillan Publishers Ltd. 许可转载。中文版对地图进行了重绘。

图 3 **2010 年地下水抽取量和 2010—2050 年地下水取水增加量将超过 2010 年水平——基于中间路线情景***

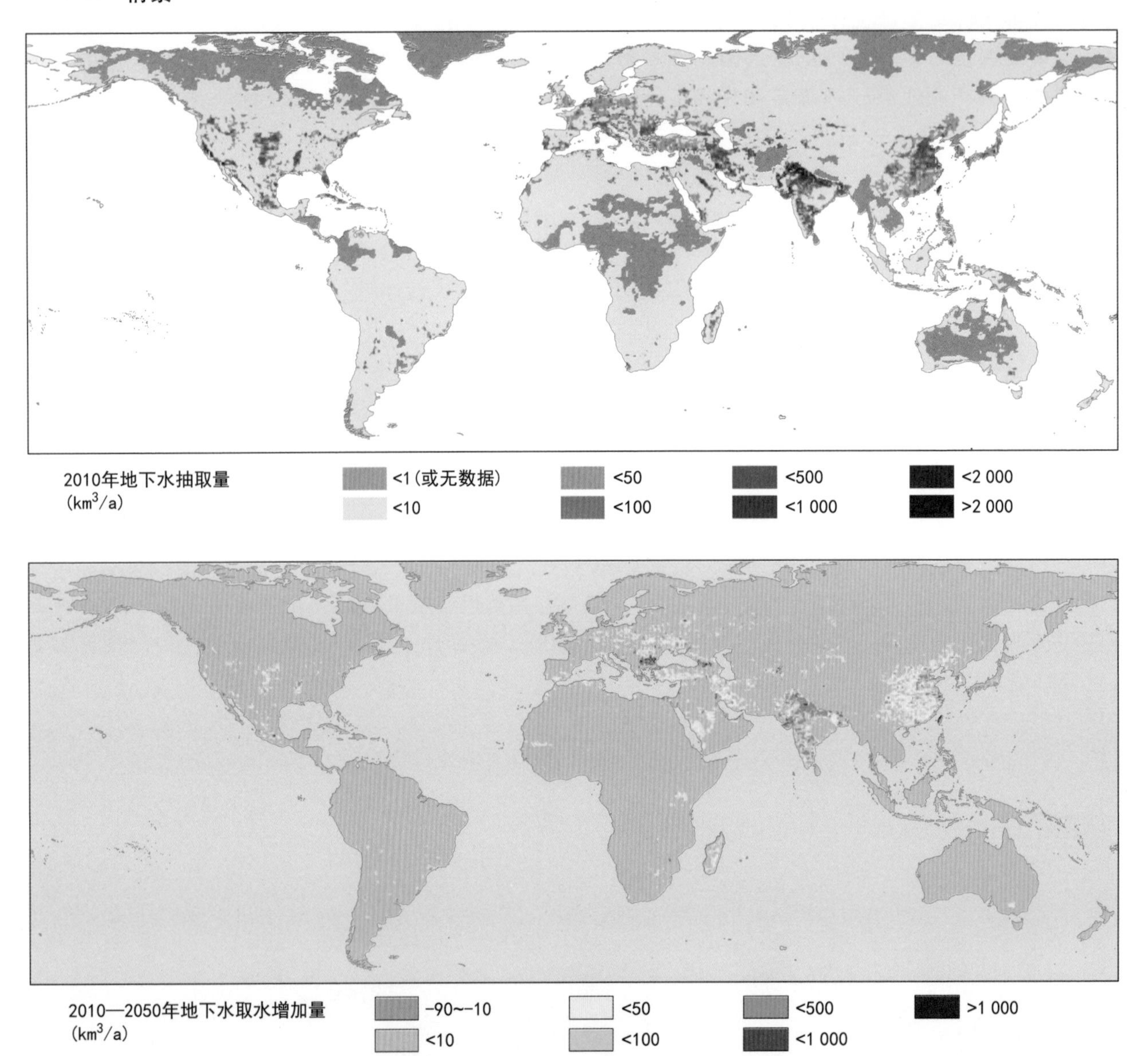

*这个建模演习使用的场景是基于"水资源共享的社会经济路径"。中间路线情景假设世界正在沿着过去的趋势和范式发展，例如社会、经济和技术趋势沿袭历史模式，没有发生明显的转变（即"一切照旧"）。

资料来源：Burek 等（2016 年，图 4-29，第 55 页）。中文版对地图进行了重绘。

通过比较取水量和最大可持续极限，才能充分理解当前水资源可利用量所面临的挑战何等严峻。每年约 4.6 万亿 m^3——目前全球的取水量已接近最大可持续利用极限（Gleick 和 Palaniappan，2010；Hoekstra 和 Mekonnen，2012），正如前几版《联合国世界水发展报告》所指出的那样，全球数字掩盖了区域和地区范围内更加严峻的挑战。世界上最大的地下水体系中有 1/3 已经陷入困境（Richey et al.，2015）。上述地下水趋势，还预计不可再生（深层）地下水开采量增加，这无疑是一条不可持续的道路。

在粮食生产、城市扩张和自然生态系统恢复方面，对边缘、退化和废弃农田的竞争很激烈，因此否定了这些土地为灌溉生物能源生产提供合理替代品的建议（SCBD，2014）。此外，通过增加作物的总蒸发量和减少回流量，提高灌溉用水效率，实际上可能导致流域水资源枯竭的总体加剧（Huffaker，2008）。因此，在提高灌溉用水效率的同时，还应对水的分配和灌溉区域采取监管措施（Ward 和 Pulido-Velazquez，2008）。《农业用水管理综合评估》(2007)已经指出，全球范围内扩大灌溉的范围有限（一些区域例外），需要将注意力从地表水配置转向改善雨养农业。由于河道淤积、有效径流有限、环境问题及其限制，以及发达国家大多数具有成本效益和可行的地点已被确定和使用——这些事实限制了修建更多水库的做法。在某些领域，与传统基础设施（如水坝）相比，更具生态友好型的蓄水形式（如天然湿地、土壤含水量和更有效的地下水补给）可能更具可持续性和成本效益(OECD，2016)。

水质

受水质威胁影响的主要地区主要与人口密度和经济增长领域相关，未来的情况在很大程度上取决于相同因素（图 4)。自 20 世纪 90 年代以来，非洲、亚洲和拉丁美洲几乎所有河流的水污染情况都有所恶化（UNEP，2016a)。水质恶化预计将在未来几十年内加剧，这将增加对人类健康、环境和可持续发展的威胁(Veolia/IFPRI，2015)。

图 4　2000—2005 年基本周期与 2050 年主要流域的水质风险指数对照图

(CSIRO* 预测中等情景** 下的氮指数)

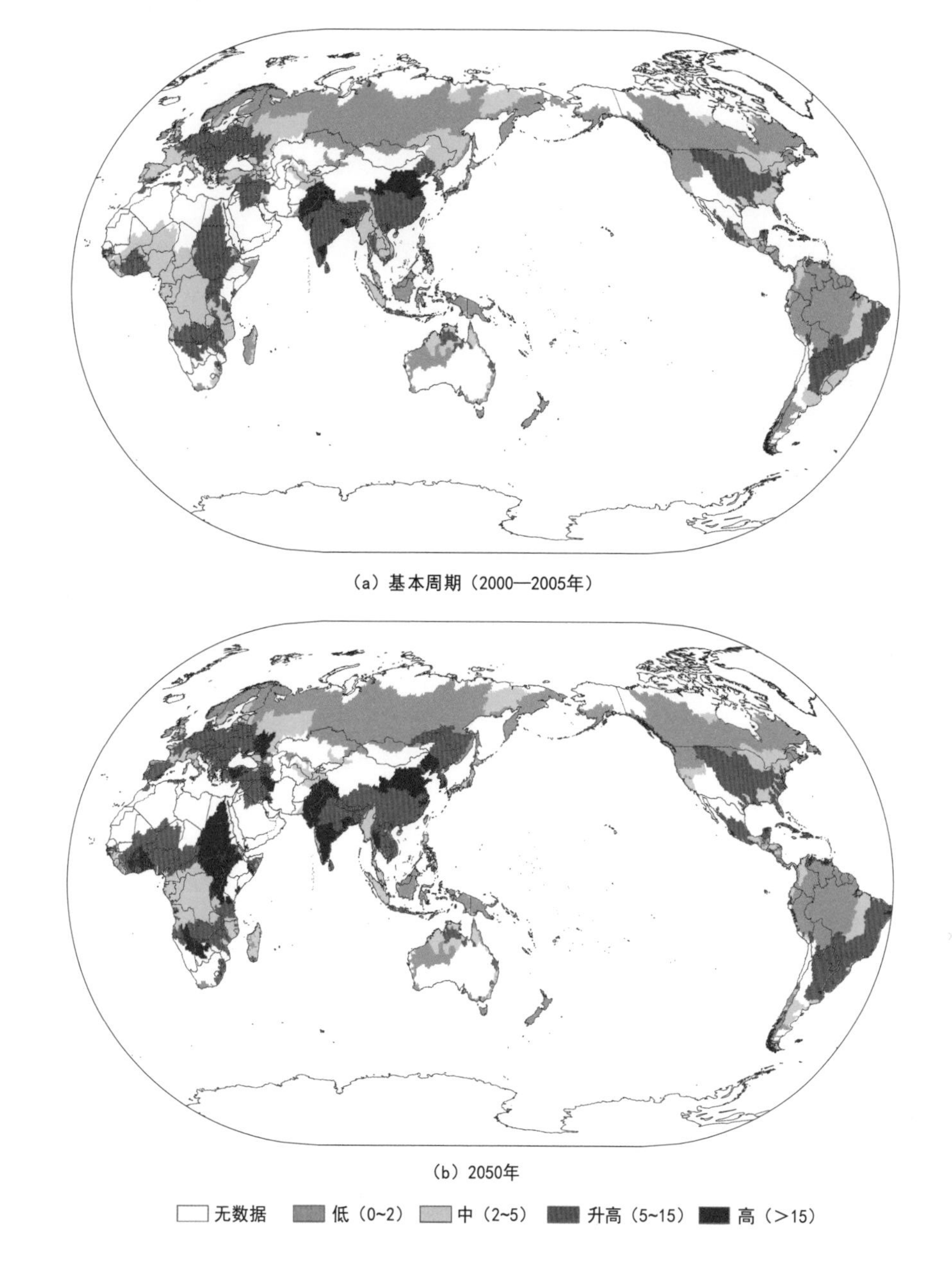

* 澳大利亚联邦科学与工业研究组织。

** 这种情景考虑到更加干燥的未来（如澳大利亚联邦科学与工业研究组织气候变化模型预测）和中等水平的社会经济增长。

资料来源：Veolia/IFPRI(2015 年，图 3，第 9 页)。中文版对地图进行了重绘。

据估计，所有工业和城市污水中有80%未经任何预处理就排放到环境中，导致河流整体水质恶化，并对人类健康和生态系统产生有害影响(WWAP，2017)。

在全球范围内，最普遍的水质挑战是营养负荷，这取决于地区情况，通常与病原体负荷有关(UNEP，2016a)。点源污水与扩散污染源的营养物质的相对作用因地区而异。尽管数十年来，为了减少点源水污染，发达国家加强了监管并投入了大量资金，但是由于污染源管制不善，导致水质问题仍然存在。管理来自农业（包括流入地下水）过量的养分负荷径流被视为全球最普遍的与水质相关的挑战（UNEP，2016a；OECD，2017)。农业仍然是排入环境的活性氮的主要来源，也是磷的重要来源(图5)。仅靠经济发展并不能解决这个问题。欧洲近15%地下水监测站的监测记录显示，饮用水中硝酸盐的含量超出了世界卫生组织制定的标准。并且，监测数据还显示出：2008年至2011年，大约30%的河流和40%的湖泊为富营养型或超富营养型(EC，2013a)。

图5　2000—2009年经济合作与发展组织国家农业在硝酸盐和磷排放总量中所占的百分比

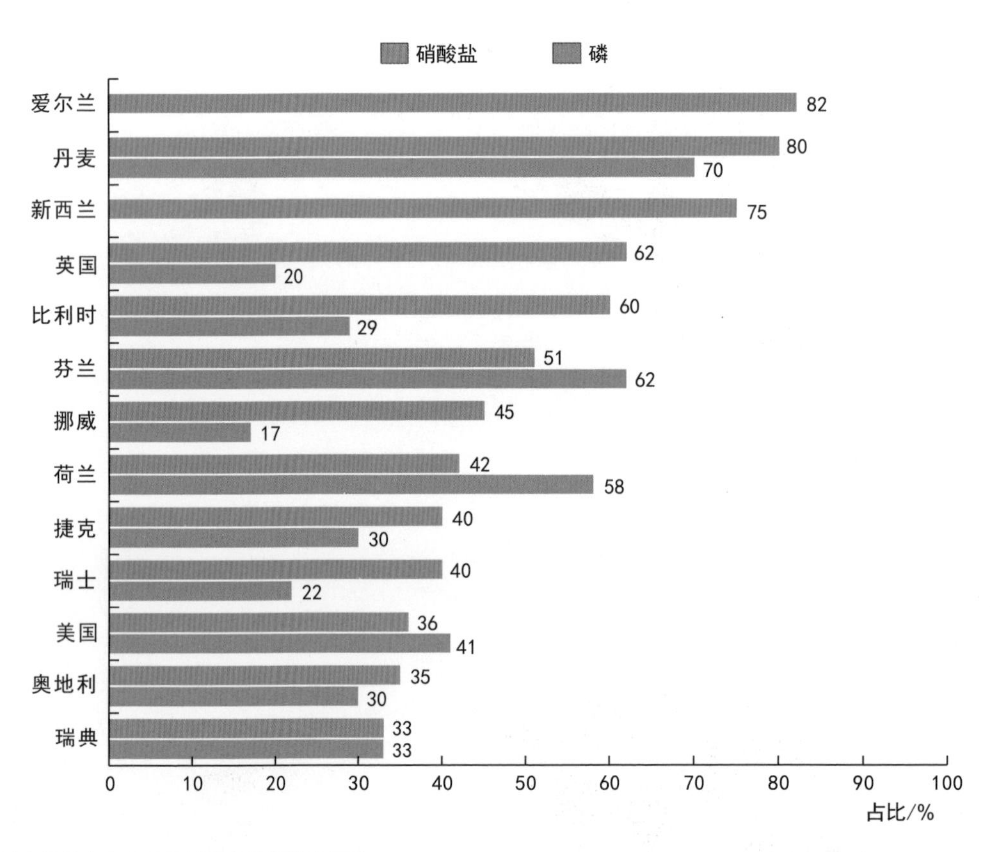

注：国家按地表水中硝酸盐最高份额降序排列。
对于硝酸盐，显示的数据与2000年奥地利、捷克、新西兰、挪威、瑞士和美国，2002年丹麦，2004年芬兰和爱尔兰，2005年比利时（瓦隆），2008年英国以及2009年荷兰和瑞典的公布数据对应。
对于磷，显示的数据与2000年奥地利、捷克、挪威、瑞士和美国，2002年丹麦，2004年芬兰，2005年比利时（瓦隆），2009年荷兰、瑞典和英国的公布数据对应。
资料来源：OECD(2013年，图9.1，第122页)。

除营养物质外，数百种化学物质也影响着水质。农业集约化已使全球化学品使用量增加到每年约200万t，其中除草剂占47.5%、杀虫剂占29.5%、杀菌剂占17.5%、其他占5.5%（De et al.，2014)。这种趋势的影响很大程度上是无法量化的，并且存在严重的数据缺口：例如，Bünemann等（2006）发现，在澳大利亚注册的380种农药活性成分中，有325种没有关于首次接触的非目标生物对土壤生物区系产生影响的数据。联合国粮食权特别报告员(UNGA，2017）最近在一份报告中，提请注意改进农药使用政策的紧迫性。新出现的污染物不断发展和增加，并且检测到的浓度数值通常高于预估(Sauvé 和 Desrosiers，2014)。其中包括药物、激素、工业化学品、个人护理产品、阻燃剂、清洁剂、全氟化合物、咖啡因、香料、蓝藻毒素、纳米材料和抗微生物清洁剂及其转化产物。其对人类和生物多样性的影响主要通过水源传播，并且基本不为人所知（WWAP，2017）。

在全球范围内，最普遍的水质挑战是营养负荷。

气候变化将以各种方式影响水质。例如，降水的时空模式以及降水量的变化会影响地表水流量，从而影响稀释效应，而温度上升会导致开放的地面和土壤的蒸发量增大、植被的蒸腾增加，可能会降低可利用水量（Hipsey 和 Arheimer，2013）。

由于水温较高，溶解氧会消耗得更快，并且可以预计，在极端降雨事件之后，更高含量的污染物将流入水体（IPCC，2014）。

在低收入和中低收入国家，预计污染物接触量的增幅最大，这主要是因为这些国家、尤其是非洲国家的人口和经济增长较高（UNEP，2016a），以及缺乏废水管理系统（WWAP，2017）。鉴于大多数流域具有跨界性质，区域性合作对解决预计的水质挑战至关重要。

极端事件

水资源可利用量变化与洪水和干旱风险的预测变化并行。一个特别令人关注的问题是，在一些传统上缺水的国家和地区（例如智利、中国和印度以及中东和北非），洪水风险日益增加，而当地应对洪水事件的措施很可能不够完善。过去几十年来，与水有关的灾害造成的经济损失大大增加。自 1992 年以来，洪水、干旱和风暴已经影响了 42 亿人（占所有受灾人口的 95%），造成了 1.3 万亿美元的损失——占全球灾害相关损失的 63%（UNESCAP/UNISDR，2012）。

据经济合作与发展组织称，“受洪水威胁的人数预计从目前的 12 亿增加到 2050 年的约 16 亿（约占全球人口的 20%），而面临风险资产的经济价值将在 2050 年达到 45 万亿美元，比 2010 年增长超过 340%”（OECD，2012，第 209 页）。自 1995 年以来，洪水占所有与天气有关灾害的 47%，总共影响到 23 亿人。在 2005—2014 年期间，洪水次数从过去 10 年的平均每年 127 次上升到平均每年 171 次。例如，洪水造成的损失分别占朝鲜民主主义人民共和国和也门的国内生产总值的 39% 和 11%（CRED/UNISDR，2015）。

目前受土地退化或荒漠化以及干旱影响的人口估计有 18 亿人，相对于人均国内生产总值而言，这是人口死亡率和影响社会经济最大的“自然灾害”类别（Low，2013）。与洪水的短期影响相比，干旱是一个长期的慢性问题，可以说是气候变化最大的单一威胁。未来降雨分布的变化将影响干旱的发生、改变世界许多地区土壤的含水量进而影响植被（图 6）。可通过扩大基础设施的投资增加蓄水，以缩短干旱持续的时间并降低其破坏程度，这些投资可能会对社会和环境产生重大的平衡效益。因此，环境中的蓄水（“绿色基础设施”）必须成为特定地点解决方案中的一部分。随着用水需求的增加，干旱的影响将因取水的增加而恶化。

影响水资源的生态系统变化趋势

所有主要陆地和大多数沿海生态系统类型或生物群落都影响着水量、水质和涉水风险（见第 1 章）。因此，这些生态系统的发展趋势与本报告关系密切，因为它们表明生态系统的保护和（或）恢复在多大程度上有助于应对水资源管理挑战。

全球约 30% 的土地面积是森林，其中至少有 65% 已经处于退化状态（FAO，2010）。然而，在过去的 25 年里，森林净流失率减少了 50% 以上，而且，在一些地区，种植业正在抵消天然林的流失（FAO，2016）。草原是世界上最广泛的生物群落之一，当农田和有树木但以草为主的地区也计入其中时，它们的面积超过了森林面积。草原自然出现在气候条件对于森林等其他植被类型而言过于干燥或寒冷的地区，但大面积的森林和湿地也已转化为草原，尤其是牲畜放牧或作物生产地区。同样，大片的天然草地也得到了“改善”（即为了牲畜放牧而改变）。因此，对其面积和状况的发展趋势更难以量化。

湿地（包括河流和湖泊）只覆盖了 2.6% 的地表，但在单位面积的水文中发挥着超越其所占比例的巨大作用。人类活动造成的全球自然湿地面积流失中，估计值平均在 54%～57% 之间。但自 1700 年以来，流失可能高达 87%，在 20 世纪和 21 世纪早期，湿地流失率增加了 3.7 倍，相当于 1900 年以

图 6　1980—1999 年和预测 2080—2099 年 10cm 地层土壤含水量变化情况

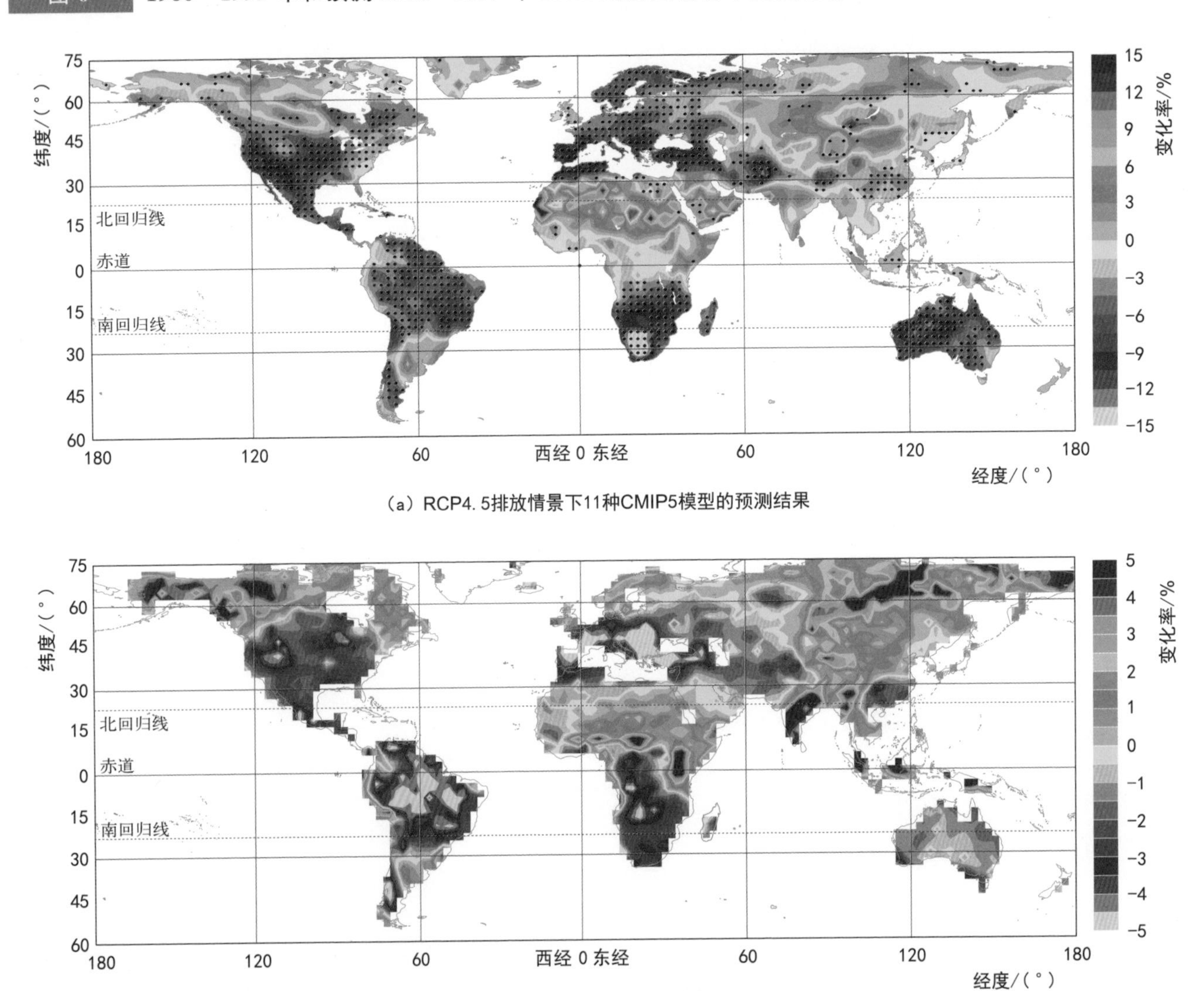

(a) RCP4.5排放情景下11种CMIP5模型的预测结果

(b) RCP4.5排放情景下14种CMIP5模型的预测结果

资料来源：Dai（2013 年，图 2，第 53 页）。© 2013Macmillan Publishers Ltd. 许可转载。中文版对地图进行了重绘。

来湿地面积减少了 64%～71%（Davidson，2014）。天然湿地在内陆比沿海流失面积更大、速度更快。尽管欧洲的湿地流失速度已经放缓，而且自 20 世纪 80 年代以来，北美地区的流失率一直处于低位，但亚洲的流失率依然很高，其沿海和内陆天然湿地的大规模快速转变仍在继续。人工或管理湿地（主要是水库和稻田）的扩张抵消了其中一些流失。绝大多数评论认为，湿地要么增加、要么减少水循环的特定组成部分（Bullock 和 Acreman，2003）。因此，它们的流失程度对水文有着重大影响。然而，不同的湿地具有不同的水文特性，量化全球变化对水资源的影响具有相当大的挑战。

直接由人类驱动的土地利用和土地利用变化对地区、区域和全球层面的水文产生重大影响（见第 1 章，第 1.3.3 节）。令人信服的证据表明，土地利用和土地利用变化的趋势已经影响了流域层面的水量平衡，例如密西西比河上游流域（Schilling 和 Libra，2003；Zhang 和 Schilling，2006）或黄河流域中游（Sun et al.，2006；Zhang et al.，2015）。由于植被在“水循环”中的作用以及大气环流的作用，土地利用和土地利用变化除了影响流域内的水量平衡动态变化外，还会影响其他流域的降水和径流模式。

导致草原水文发生变化的人类活动现在仍普遍存在（Gibson，2009）。过度放牧、土壤退化和表面压实导致蒸发率升高、土壤储水量减少和地表径流增加，所有这些都被认为不利于草原的供水服务质量包括降低水质（McIntyre 和 Marshall，2010）以及增加洪水和干旱风险（Jackson et al.，2008）。当草地管理与常规焚烧相关时，其影响的重要性更突显，植被的再生增加了用水量，减少了产水量(Sakalauskas et al.，2001)。文献(Bilotta et al.，2010)记录了越来越多的土壤压实和放牧引起土壤渗透能力降低。全球约有7.5%的草地因过度放牧而退化(Conant，2012)。

在土壤或土地退化领域，就生态系统变化及其对水资源影响的现状和趋势已开展广泛的研究，土壤—植被层是水、生态系统和人类需求之间最重要的界面(见第1章，第1.3.2节)。政府间土壤技术小组对2015年世界土壤资源状况进行评估(FAO/ITPS，2015a)其结论为，世界大部分土壤资源处于一般、差或极差的状态，而这种状况将会进一步恶化。表1总结出十大土壤功能受威胁的状况和趋势。全球范围内土壤自然资本面临的最严重威胁是土壤侵蚀、土壤有机碳损失、养分不平衡和生物多样性丧失。这些威胁相互作用影响水资源。

土地退化与生态系统服务功能受损和水生产力低下有关(Bossio et al.，2008)，在灌溉系统中就有表现(Uphoff et al.，2011)。农田土壤侵蚀每年带走250亿～400亿t表土，显著降低了作物产量和土壤调节水分、碳和养分的能力，并从土壤中运走2 300万～4 200万t氮和1 500万～2 600万t磷进入水体，对水质造成了重大负面影响(FAO/ITPS，2015a)。估计自1850年以来全球土壤有机碳的损失量约为660亿t±120亿t；这是大气中温室气体浓度增加的重大来源，也是影响作物水分供应的主要因素(FAO/ITPS，2015b)。在灌溉和非灌溉地区，土壤盐碱化在世界范围内已成为一个重大问题，估计每年有30万～150万hm^2的农田停产，另有2 000万～4 600万hm^2生产潜力降低(FAO/ITPS，2015a)。估计6 000万hm^2的灌溉土地(或总数的20%)受到土壤盐碱化的影响(Squires和Glenn，2011)。

全球约30%的土地被森林覆盖，但其中至少65%的区域已经处于退化状态。

有充分的证据表明，生态系统变化增加了风险和脆弱性，并且在很多情况下它是确定风险水平的主要因素(Renaud et al.，2013)。土地利用变化、土壤退化和侵蚀以及湿地减少都将增加灾害风险(Wisner et al.，2012)。在气候变化影响下，生态系统退化和与气候有关的灾害风险增加之间存在恶性循环(Munang et al.，2013)。扭转生态系统退化的趋势是防止气候变化、确保粮食安全的关键政策性应对措施(FAO，2013a)。已得到确定的是，完整的沿海湿地(比如，红树林)可以保护沿海地区免受极端天气事件(和海平面上升)的影响，而其的减少却会增加风险和脆弱性。虽然泥沙负荷增加是世界范围内水质变化的一个问题，但当泥沙淤积在大坝后面时，下游的泥沙输送自然水平可能会中断，从而破坏了维持沿海湿地完整性所需的泥沙流动。例如，在密西西比河三角洲，由于修建大坝和上游运营导致的泥沙输入减少，湿地面积减少，以及防风暴潮和洪水的功能减弱是导致2005年卡特里娜飓风严重影响的主要因素之一(Batker et al.，2010)。很多主要的城市居住区和大多数特大城市位于三角洲，采用类似(错误)的土地和水资源管理方法，风险水平即使不是更高，也与之持平。问题不在于大多数情况下“是否”会受到类似的影响——而是“何时”会受到影响。

表1 **土壤受威胁的全球状况和趋势(除南极以外)**

对土壤功能的威胁	状况和趋势				
	很差	差	一般	好	很好
水土流失	↙近东和北非	↙亚洲 ↙拉丁美洲和加勒比地区 ↙撒哈拉以南非洲地区	↗欧洲 ↗北美 ↗西南太平洋		
有机碳变化		↓↑亚洲 ↓↑欧洲 ↙拉丁美洲和加勒比地区 ↙近东和北非 ↙撒哈拉以南非洲地区	↗北美 ↓↑西南太平洋		

续表

对土壤功能的威胁	状况和趋势				
	很差	差	一般	好	很好
营养不平衡		↙亚洲 ↓↑欧洲 ↙拉丁美洲和加勒比地区 ↙撒哈拉以南非洲地区 ↙北美	↙西南太平洋	↓↑近东和北非	
盐碱化		↓↑亚洲 ↙欧洲 ↙拉丁美洲和加勒比地区	↙近东和北非 ↓↑撒哈拉以南非洲地区	↗北美 ↓↑西南太平洋	
土壤密封和土地占用	↙近东和北非	↙亚洲 ↙欧洲	↓↑拉丁美洲和加勒比地区 ↙北美	=撒哈拉以南非洲地区 ↙西南太平洋	
土壤生物多样性丧失		↙近东和北非 ↙拉丁美洲和加勒比地区	↓↑亚洲 ↙欧洲 ↙撒哈拉以南非洲地区	↓↑北美 ↓↑西南太平洋	
污染	↙近东和北非	↙亚洲 ↙欧洲	↓↑拉丁美洲和加勒比地区	↙撒哈拉以南非洲地区 ↗北美 ↗西南太平洋	
酸化		↙亚洲 ↓↑欧洲 ↗撒哈拉以南非洲地区 ↙北美	↓↑拉丁美洲和加勒比地区 ↙西南太平洋	↓↑近东和北非	
夯实		↙亚洲 ↙拉丁美洲和加勒比地区 ↙近东和北非	↓↑欧洲 ↓↑北美 ↓↑西南太平洋	=撒哈拉以南非洲地区	
洪涝			↙亚洲 ↓↑欧洲 =拉丁美洲和加勒比地区	↓↑近东和北非 =撒哈拉以南非洲地区 ↓↑北美 ↓↑西南太平洋	

稳定=　　变化↓↑　　改善↗　　恶化↙

资料来源：FAO/ITPS（2015b，表8，第67页）。

1 基于自然的解决方案和水

世界水评估计划（WWAP）| 大卫·科茨（David Coates）和理查德·康纳（Richard Connor）
供稿：Giuseppe Arduino（联合国教育、科学及文化组织国际水文计划）和 Kai Schwaerzel（联合国大学流动物质与资源综合管理研究所）❶

红树林造林

❶ 本章表达的观点是作者的观点。将其纳入本报告并不意味着联合国大学的认可。

1.1 引言

基于自然的解决方案（NBS）取灵感于自然，获支撑于自然，是使用或模仿自然过程，致力于改善水资源管理的解决方案。因此，基于自然的解决方案定义的特征并不是所用的生态系统是否是“自然”的，而是是否主动管理自然过程，以实现与水有关的目标。基于自然的解决方案运用生态系统服务改善水资源管理，可保护或修复自然生态系统，也可在人工生态系统之中强化或创造自然过程。无论在微观层面（如干厕）还是在宏观层面（如景观）均适用。

在本报告中，以自然为基础的方法被称为“解决方案”，以标示其对解决或克服当代主要水资源管理问题或挑战所起的促进作用或潜在促进作用——这是《联合国世界水发展报告》系列重点关注的内容。然而，即使没有重大的当地水资源问题或挑战，它也可以发挥效用，例如通过提供改进的水资源管理协同效益，或者仅仅作为一种审美的选择，即使在生产力增长微乎其微的情况下，同样可以发挥效用。

无论是对生态系统作用的认可还是对在水资源管理中基于自然的解决方案的概念及其应用的承认，都不是什么新生事物。几十年来，生态系统在现代水文科学中的作用已经深入人心。基于自然的解决方案这一术语大概出现在 2002 年左右（Cohen-Shacham et al.，2016），但是应用自然过程进行水资源管理可能已有跨越数千年的历史。先前版本的《世界水发展报告》系列只是简单介绍了基于自然的解决方案（通常使用替代术语）。事实上，基于自然的解决方案在政策论坛和技术文献中的关注度正在迅速提高，部分原因是因为人们已经认识到，它们的潜力被低估了。

《2030 年可持续发展议程》及其可持续发展目标已通过采纳目标 6.6（“到 2020 年，保护和恢复与水有关的生态系统，包括山地、森林、湿地、河流、地下含水层和湖泊”）反映了这一点，以支持实现可持续发展目标 6（“确保人人获得清洁水和卫生设施并对其进行可持续管理”），包括关于饮用水、卫生设施、水质、用水效率和水资源综合管理（IWRM）的其他目标。作为回应，2018 年版的《联合国世界水发展报告》将致力于研究基于自然的解决方案，并特别关注解决方案在推动这一议程方面发挥的作用。

我们可从古代历史中获取重要的经验教训，帮助构建本报告的背景。生态系统、水文学和人类福祉之间的关系具有不稳定性，例如，底格里斯—幼发拉底河、尼罗河、印度河—恒河和黄河流域早期“大河文明”的瓦解就证明了这一点（Ito，1997）；这些是由水文变化引起的，而且从欧洲延伸到印度河流域，降雨量锐减了 30%（Cullen et al.，2000；Weiss 和 Bradley，2001）。在某些情况下，由于移民寻求更有利的农业条件，土地利用变化（包括过度放牧）可能加速了由水文气象变化引发的荒漠化的进程（Weiss et al.，1993）。类似的历史可以追溯到中美洲的玛雅文明（250-950 AD）（Peterson 和 Haug，2005）。当然，在过去的两三千年里，人类改变环境的主要原因是为了发展农业；但代价是自然资本基础的退化，并导致土地生产能力的丧失，以及土地的荒漠化和被遗弃（Montgomery，2007）。今天也可以找到类似的例子。越来越多的证据（如绪论部分中所讨论的）表明，随着人类开始在人类世（Anthropocene）中展开行动，地球的系统状态和功能发生了根本转变，开始超过全新世（Holocene）经历的变化范围（Steffen et al.，2015）。

1.2 相容的概念、工具、方法和术语

在不同的利益相关方团体中使用着与基于自然的解决方案相同、相似或相容的概念、工具、方法和术语。所有这些用法，旨在通过认识到生态系统在水资源管理中发挥的主导作用，来平衡技术统领和基建先行。生态水文学是一门综合性科学，侧重于研究水文与生物群之间的相互作用（专栏 1.1）。生态系统方法是解决生态系统问题的概念框架，在《生物多样性公约》（CBD，1992）中获得通过，并与《拉姆萨尔湿地公约》（1971）中明智使用湿地的概念相一致。基于生态系统的管理和基于生态系统的适应或减缓涉及生态系统保护、可持续管理和恢复。环境流量描述了维持淡水和河口生态系统及其提供生态系统服务所需的水流量、质量和模式。生态修复、植物修复和生物修复是指利用生态系统恢复的概念来恢复特定植物群落的多样性系统，从而增强其缓冲或修复能力。与基于自然的解决方案部分相关的其他概念、

工具和方法有：生态恢复、生态工程、森林景观恢复、绿色或自然基础设施、基于生态系统的减少灾害风险（DRR）和气候适应生态系统服务（Cohen-Shacham et al.，2016）。

基于自然的解决方案支持循环经济，旨在通过再利用和循环利用，提高资源生产力，减少浪费和避免污染，并且通过设计实现其恢复性和再生性，与经由“生产、使用、最后丢弃”流动模式的线性经济形成对照。基于自然的解决方案还支持绿色增长或绿色经济，促进自然资源的可持续利用，利用自然过程来巩固经济。

基于自然的解决方案将生态系统视为自然资本，包含众多可再生和不可再生的自然资源（如植物、动物、空气、水、土壤和矿物质），它们组合在一起，为人类带来各种利益（改编自 Jansson et al.，1994；Atkinson 和 Pearce，1995）。自然资本协议[1]正在逐渐受到包括企业在内的利益相关者的广泛认可，它通过强调使用自然可以带来的利益流来支持使用基于自然的解决方案。该框架通过一个强有力的结构化过程，来帮助组织、识别、衡量和评估对自然资本的影响和依赖，促进对基于自然的解决方案的投资。

基于自然的解决方案还与许多宗教、文化或图腾信仰（如果不是必不可少的）相一致，强调关于自然的概念，而不是仅有科学技术驱动的管理决策。基于自然的解决方案反映了世俗和精神领袖采用的一种全球范式，他们通常认为侵犯自然界是一种罪过（或类似概念）。例如，包括伊斯兰教、佛教、琐罗亚斯德教、犹太教和基督教在内的大多数宗教中，其价值观主张人与自然之间的平等和适度的使用，而不是过度使用和过度使用后的净化（Taylor，2005）。同样，将地球及其生物圈称为“地球母亲”或“自然母亲”的隐喻也很常见，因为它是生命的赐予者和支持者。这些概念在地区、国家或区域都可能十分重要，可以作为超越科学和技术驱动的方法。本报告认为，基于自然的解决方案也应该建立在合理的科学和经济基础之上，作为连接传统和现代范式的桥梁。除此之外，这可以使宗教、文化和图腾领导者成为部署基于自然的解决方案的强大盟友。

专栏 1.1　生态水文学

生态水文学是一门综合性科学，侧重于研究水文和生物群之间的相互作用。它力图在经过改造的环境中加强生态系统服务，减少人为影响。综合管理水文和生物群的方法旨在实现生态系统和人口的可持续，并改善水资源综合管理。生态水文学为实现水的可持续发展目标 6 提供了基本知识和应用工具。

生态水文学推动将流域及其生物群落整合为一个单一实体，生态系统属性的使用成为了一种管理工具。通过该工具，生态水文学可以解决水资源管理的基本问题，为将流域作为基本规划单位提供了良好的科学依据。通过将改进的生态系统恢复能力这一概念作为一种管理工具，生态水文学强化了对流域采取预防性和整体性措施的根据——与现有水资源管理实践中的事后反应性、部门性和特定地点方法完全不同。同时，生态水文学强调生态技术措施是水资源管理不可或缺的组成部分，是标准的工程方法的补充，非常重要（Zalewski，2002）。此外，Mitsch 和 Jørgensen（2004）开发了应用生态工程，例如，基于生态学理论和数学模拟，从富营养化中管理湿地以净化水资源。

生态水文学是从描述性生态学、限制性保护和过度设计的水生生态系统管理到分析/功能生态学以及淡水资源的创造性管理和保护（Zalewski et al.，1997）的过渡因素。

自 2011 年以来，联合国教育、科学及文化组织国际水文计划（UNESCO-IHP）推动在世界各地建立各种示范点，以便在所有规模的流域内应用系统性生态水文学解决方案。示范点将生态水文学应用

[1] 关于自然资本和自然资本协议的更多信息，请见 naturalcapitalcoalition.org/protocol/。

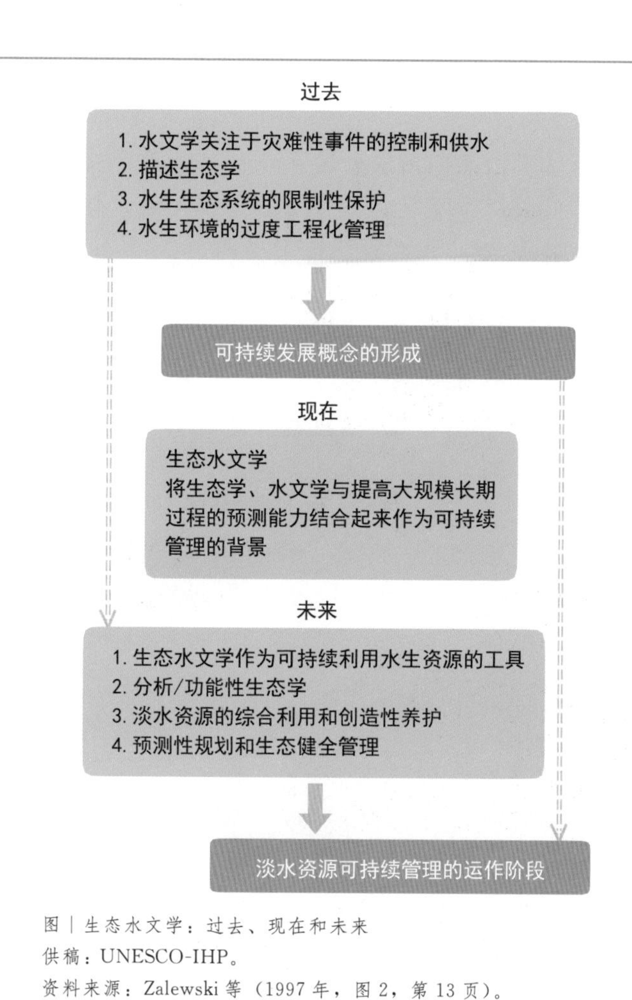

图｜生态水文学：过去、现在和未来

供稿：UNESCO-IHP。

资料来源：Zalewski 等（1997 年，图 2，第 13 页）。

于处理污染物和养分含量、水质改善、防洪、植被保水能力丧失等问题。湿地、沼泽、红树林、流域的上游平原和沿海地区，我们对这些水生生境中的分子（微生物过程）到流域层面的水文和生态过程进行了研究，以寻求整合社会成分的长期解决方案。示范点通过应用生态水文战略，增强生态系统的潜力，以实现与水有关的生态系统的可持续性，从而改善水资源综合管理。这被称为 WBSRC（W—水，B—生物多样性，S—生态系统服务，R—恢复能力，C—文化或社会维度），其中包含在加强修复环境的承载能力时应考虑的五个要素。

基于自然的解决方案倾向于与习惯作法和当地重要的传统或地方知识保持一致。基于人权的水资源管理和治理方法也可以与基于自然的解决方案保持一致，特别是在侧重于习惯作法的情况下更是如此。需要考虑的其他权利问题还包括承认土著人民对土地和领土的集体权利、他们历来占据和使用的自然资源、发展权以及适应和减缓气候变化的影响(《联合国土著人民权利宣言》)。

1.3 基于自然的解决方案如何发挥作用

1.3.1 生态系统在水循环中的作用

生态系统的物理、化学和生物特性影响着水循环中的所有水文途径（图 1.1)。环境中，特别是土壤中的生物进程会影响通过系统的水的质量，还会影响土壤形成、侵蚀、泥沙迁移和沉积——所有这些都可能对水文产生重大影响。与自然驱动循环相关的能量流也很大，例如：与蒸发相关的潜热可以产生冷却效应，这是基于自然的解决方案调节城市气候的基础。

1.3.2 涉及的生态系统主要组成部分

所有主要陆地和大多数沿海生态系统类型或生物群落都影响着水体。包括城市景观在内，基于自然的解决方案的系统应用，主要涉及对植被、土壤和/或湿地（含河流和湖泊）的管理。

植被

植物覆盖全球陆地面积中大约 72% 的部分(FAO/ITPS，2015a)。植物茎和叶拦截降水（雨或雪）或云中的水分。植物通过蒸腾作用影响水的可利用量和气候，从土壤有时也从地下水中吸取水分。植物根系对土壤结构和健康做出贡献，并因此影响土壤蓄水量或可利用量、入渗量和地下水深层渗漏量。在除干旱或冻土之外的环境中，天然植物的衰老残败会形成一层有机物质覆盖土壤，从而调节土地的侵蚀和蒸发作用。

环境中往往包括各种植被覆盖类别，其中的每一类都可能对水循环具有不同程度的影响，同时受管理制度的影响。例如，森林在土地覆盖和水文方面经常受到关注，但草地和农田也非常重要。尽管

图 1.1 自然景观和城市环境中的广义水文途径

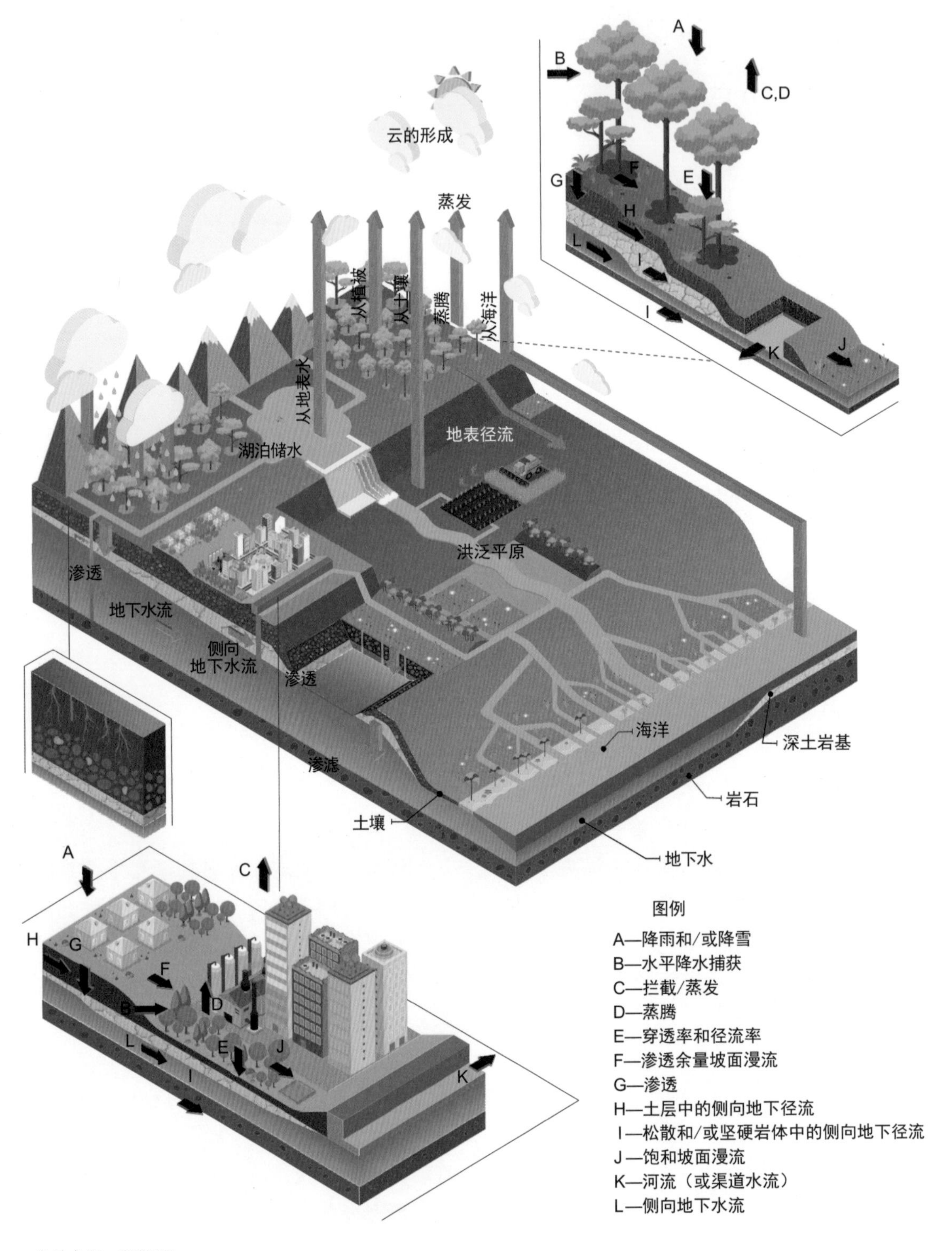

资料来源：WWAP。

森林被广泛地用作恢复方案，但我们在中国黄土高原发现，较之在该地区进行再造林，草地和灌木的恢复在土壤含水量存蓄和土壤保持方面起更显著的改善作用（Chen et al.，2010；Zhang et al.，2015）。天然草地往往也能生产优质的水。然而，就草地而言（例如在西欧和美国），地表径流中氮和磷负荷的增加是一个主要问题（Hahn et al.，2012）。这需要采取水文景观方法，其中土地覆盖和管理是关注的焦点，且两者都考虑到所需的景观性能。最重要的是，要避免出现裸地（除非是自然的，例如沙漠或冰盖），因为这是土壤或土地退化的重要原因，会导致侵蚀加剧和水生产力下降

(FAO/ITPS，2015a)。

土壤

土壤在水的运动、储存和传输过程中扮演着重要的角色，但却经常被低估。土壤涉及复杂的生命系统，水生生物过程与其生态健康息息相关。从土地渗透、蒸发或渗滤的水量，不仅取决于植被和气候，还取决于土壤孔隙空间的几何形状，因此也取决于土壤结构。此外，土壤表面的条件（植被覆盖、土壤结构等）决定了降雨分配到地表径流和渗透的比例。在根区，渗透的水一方面在蒸发和蒸腾之间分配，另一方面在深层渗漏之间分配。众所周知，管理和土地覆盖的变化会影响土壤结构，从而改变土壤性质。例如，在极端情况下，城市道路和其他基础设施造成的土壤封闭完全破坏了土壤水文学，导致渗透减少，因此降水被转移为地表径流，常常导致洪水泛滥。此外，土壤的健康状况，特别是支持养分循环的能力，对水质有着重大影响，特别是在农业系统中尤其如此（FAO，2011b）。

土壤植被系统是陆地上降水和能量的第一个接收器。地下水位（或基岩）上限与土壤-植被层上限之间的地带是控制陆地水量和质量的关键(FAO/ITPS，2015a)。陆地上大约有65%的降水储存在土壤和植物中，或从土壤和植物中蒸发(Oki和Kanae，2006)。在陆地上储存的水中，除保存在冰川中的水以外，95%以上储存在土壤的包气带（浅层）和饱和带（地下水）中（Bockheim和Gennadiyev，2010)。虽然上层生物活性更高的土壤中的土壤水仅占世界淡水储量的0.05%(FAO / ITPS，2015a)，但水和能量通过土壤的向上和向下通量巨大，而且密切相关。这些数字清楚地表明了土壤水对维持地球水、土和能量平衡的重要性，包括土壤水与降水的蒸腾交换，以及未来气候变暖的潜在正反馈（Huntington，2006)。

湿地

尽管内陆水体只覆盖约2.6%的土地（FAO/ITPS，2015b)，包括河流和湖泊在内的湿地[1]，但在水文单位面积上发挥着巨大的作用。湿地保护的案例通常涉及水文过程，包括地下水补给和排放、洪水流量变化、泥沙稳定和水质（Maltby，1991)。沿海湿地在减少与水有关的灾害风险中也发挥着重要作用，例如，红树林和较小程度的盐碱滩可以减少海浪和海流的能量、稳定沉积物的底部并降低风暴潮时的洪水风险。

1.3.3 土地利用和土地利用变化

直接由人类引发的土地利用和土地利用变化(LULUC) 考虑了生态系统的陆地组成部分（包括土地覆盖——例如天然林与农田）以及在某些情况下湿地对水文的影响。土地利用和土地利用变化是地区、区域和大陆范围内水循环的重要决定因素。

生态系统为从当地到大陆范围内的降水再循环做出了重要贡献。全球范围内，多达40%的陆地降水来自迎风向陆地蒸发，这个来源在一些地区占降雨量的一半以上；其余的陆地降水则来自海洋(Keys et al.，2016)。植被对当地降水的贡献可能更大。甚至在一些地区，植被是当地地表水的主要来源或唯一来源，例如在季节性缺水的情况下，只有靠植被从云层捕获水分（Hildebrandt 和 Eltahir，2006)。植被可能更适合被视为水的“回收者”，而不是水的“消费者”(Aragão，2012)。

在地区范围内，田间作物和土壤管理对当地农田水文学有着重要影响（FAO，2011b)。值得注意的是，除范围因素以外，所有的农田和牧场都处于积极的且通常是密集的管理之下。影响农田水文学的因素包括作物类型和使用的农药、作物间距、作物轮作，特别是通过耕作对土壤进行干扰等干预措施。这些都可以调整和管理作物水分供应、地下水补给、蒸发率、地表径流、侵蚀和植物养分可利用性等因素，并对农场内和农场外的水量和水质产生重大影响，包括景观尺度（FAO，2011b)。

图1.2显示了陆地范围内的降水循环。其中选取的案例包括刚果河流域（这是萨赫勒地区的主要

[1] 《拉姆萨尔湿地公约》(1971) 采用了极为广泛的湿地定义，即“沼泽、泥炭沼泽、泥炭或水的区域，无论是天然的还是人造的，永久的还是临时的，也无论水是静止的还是流动的，淡水、咸水还是盐水，包括退潮时深度不超过6m的海水区域”(第1条)。《生物多样性公约》(CBD，1992) 也采纳了这一定义，因此也是本报告中使用的定义。“湿地”包括河流、湖泊、水库、红树林和永久饱和的土壤（尤其是泥炭地）等。然而，各国和使用群体之间采用的术语不尽相同，许多人认为湿地只是天然形成的浅的植被密集沼泽地区，例如“沼泽”“泥潭”和“泥炭沼泽”等。如果一般性地提及“湿地”或湿地的一部分，则需要注意适当的限定条件。

降雨来源）以及乌拉圭和阿根廷的拉普拉塔盆地的蒸发，当地70%的降雨来自亚马逊森林的蒸发（Van der Ent et al.，2010）。因此，森林砍伐和影响亚马逊水循环的其他土地利用和土地利用变化威胁着亚马逊河以外的农业生产（Nobre，2014）。同样，几内亚湾和来自中非各地的水分在通过埃塞俄比亚高地时在尼罗河产生水流方面发挥了重要作用（Viste和Sorteberg，2013）。在干旱地区，清除植被可能对降雨产生最严重的影响，导致这些地区水资源短缺、土地退化和荒漠化加剧（Keys et al.，2016）。

图 1.2　**1999—2008 年陆地降水再循环**

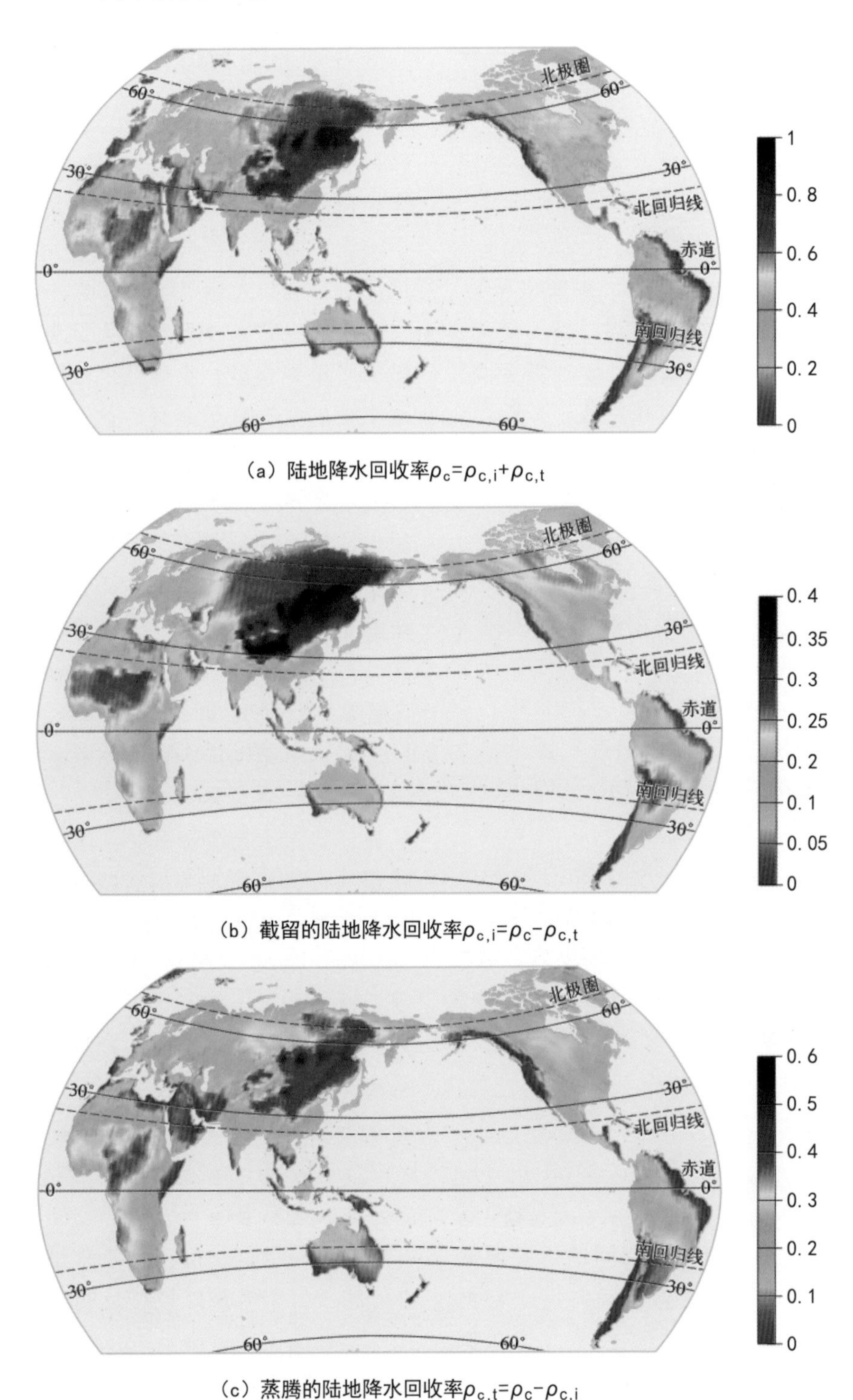

（a）陆地降水回收率$\rho_c=\rho_{c,i}+\rho_{c,t}$

（b）截留的陆地降水回收率$\rho_{c,i}=\rho_c-\rho_{c,t}$

（c）蒸腾的陆地降水回收率$\rho_{c,t}=\rho_c-\rho_{c,i}$

注：（a）中的箭头表示垂直整合的水分通量；（b）的色标结束于0.41，这是直接蒸发通量（拦截）的全球平均分数；（c）的色标结束于0.59，这是延迟蒸发通量（蒸腾）的全球平均分数。

资料来源：Van der Ent 等（2014年，图2，第477页）。中文版对地图进行了重绘。

因此，一个地区的土地利用决策可能对其他地区的水资源、人口、经济和环境产生重大影响。降水循环促使各国相互依赖，这些国家不一定相互毗邻，也不一定处在同一个流域（图1.3）土地利用和土地利用变化对水分运移和随后的降水产生影响，挑战了将“流域”作为常见的管理单元这一理念。流域作为一个单元最适用于地表水和地下水管理，但水文学的最新进展揭示了“大气流域”——也被称为“降水流域”（Keys et al.，2017）。

图1.3 萨赫勒地区的降水来源

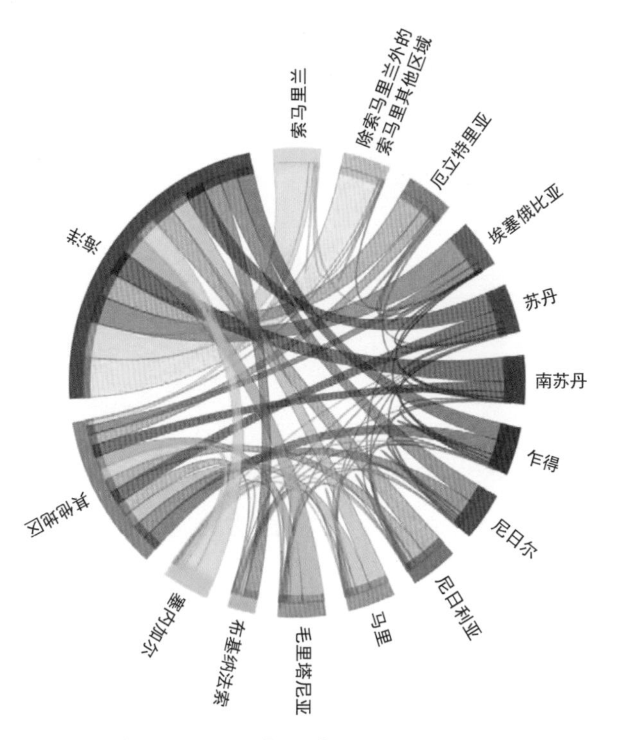

注：流线的宽度对应于国家/［地区］得到的降水比例。流线的颜色与水分流量随着降水而下降的国家/［地区］对应。当两个国家/［地区］互相交换水分时，该流线的颜色对应于得到较大比例（净）降雨量的国家。从海洋开始，国家/［地区］从东到西顺时针列出。

资料来源：Keys等（2017年，图6，第18页）。© 2017 经 Elsevier 许可转载。

1.3.4 生态系统类型内部和相互之间的水文变化

生态系统对生态系统类型或亚类、位置和状况、气候和管理内部以及生态系统之间的水文影响存在高度差异。这就提醒我们注意避免对基于自然的解决方案进行一般性假设，因为需要具备有关其现场部署的特定场所知识。例如，可根据树木类型、密度和位置增加或减少地下水补给（Borg et al.，1988；Ilstedt et al.，2016）。树木—土壤以及湿度—地下水的关系也取决于相应树木的尺寸和树龄（Dawson，1996）。在降雨量超过2 000mm/a的地方，森林的蒸发率通常比草地要高得多；但在降雨量小于500mm/a的地方，其蒸发率大体相当（Zhang et al.，2001）。据报道，湿地“像海绵一样发挥作用”，从而发挥了防洪和抗旱的作用，但是一些水源湿地可能会增大下游发生洪水的可能性（Bullock和Acreman，2003）。土壤的水文性能会随着土壤类型、土壤条件、管理的不同而不同（FAO/ITPS，2015a）。不应该认为“自然”生态系统在水文方面必然更好。这在很大程度上取决于某个地区或景观需要什么，包括非水文效益以及如何使这些效益达到总体管理成本。

1.3.5 生物多样性的作用

生物多样性的两个方面与基于自然的解决方案有关。首先，生物多样性在基于自然的解决方案中具有功能性作用，从而支撑着生态系统的过程和功能，并因此促进了生态系统服务的提供（Hooper et al.，2005）。例如，土壤生物群构成土壤系统中重要的生物群落，通过代谢能力和土壤功能提供广泛的基本土壤服务（Van der Putten et al.，2004）。土壤生物多样性的减少往往与对土壤有机碳、土壤湿度和渗透的负面影响有关，因此会改变径流、侵蚀和地下水补给（FAO，2011b）。总的来说，这些因素影响水质，特别是与养分载荷和沉积有关（FAO/ITPS，2015a）。同样，自然状态下的森林、草地和湿地往往更具生物多样性，具有不同的水文特征，并且能提供优于管理和干扰状态下的整体生态系统服务。生物多样性还可以提高复原力，或系统从干旱或管理失误等外部压力中恢复的能力（Fischer et al.，2006）。

其次，就实现生物多样性“保护”目标而言，生物多样性与基于自然的解决方案相关，无论其在水资源方面的作用如何。由于基于自然的解决方案的基础是扩大生态系统的范围、优化其条件或健康，因此通常倾向于将生物多样性保护作为重要的协同效益。但是，情况并非总是如此。例如，使用现有的天然湿地来处理过量的养分载荷肯定会改变其生态特征，从而影响其支持的生物多样性。是否应该这样做取决于湿地的潜在承载能力、可能的生态系统临界点以及湿地的理想特征和用途（WWAP，2017）。在欧洲，将未利用的农田恢复成更为自然的区域，例如保护河流或改善流域服务的河岸带，可能会导致在需要耕种来维持生物多样性的情况下丧失独特的生物多样性（CBD，2015）。此类意见谨慎地将生物多样性酌情纳入基于自然的解决方案的影响评估，并在应用基于自然的解决方案中提供生物多样性保障措施。

1.3.6 生态系统的功能、过程和对人类的效益（生态系统服务）

生态系统中与水有关的过程和功能，经管理后可为人类提供"生态系统服务"的效益。所有生态系统服务都依赖水，但是一些特定的生态系统服务直接影响水的可利用量和质量，这些服务被称为流域服务（Stanton et al.，2010）、水服务（Perrot-Maître 和 Davies，2001）或与水有关的生态系统服务等（Coates et al.，2013）。表 1.1 列出了一些关键的服务。

为了简单起见，与水有关的生态系统服务可以分为与水的流动有关的（例如蒸发、地表径流和入渗）、与水的存储有关的（主要在土壤中、地下和湿地）或者与水的转化有关的，包括水的质量（Acreman 和 Mountford，2009）。

表 1.1　生态系统服务及其执行的一些功能示例

生态系统服务类别	生态系统功能和效益示例
与水有关的生态系统服务*	
供应服务——从生态系统获得的产品	
淡水供应	提供淡水，供人类消费并满足人类需求
调节服务——从调节生态系统过程中获得的收益	
水调节	随时间和空间调节水的存在形式——地表水和地下水的排放或补给
侵蚀调节	土壤稳定（与自然灾害管理相关联并支持供应服务）
泥沙调节	调节通过该系统的水驱地层和泥沙流动，包括保持沿海湿地和建造土地的泥沙沉积
水净化和废物处理	营养物和污染物的提取、处理和保留、颗粒沉积
自然灾害管理	减少与水有关的灾害风险
- 海岸保护	- 减弱或驱散海浪，缓冲风
- 防洪	- 储存水或减缓水流量，削减洪峰
- 抗旱	- 在干旱期间提供水源
气候调节/水分循环	通过蒸发影响局部和区域降水和湿度以及局部或区域降温效应
依赖水的生态系统服务（其他服务或协同效益）**	
供应服务——从生态系统获得的产品	
食物和纤维	渔业、农产品、非木材森林资源
能源	水电和生物能源
遗传资源	遗传材料的来源，例如用于农业、药品
生化药品、天然药物、药品	来自生物群的化学品、药物和药品
调节服务——从调节生态系统过程中获得的收益	
空气质量监管	二氧化碳和氧气循环，控制大气污染
气候调节	碳固存——调节温室气体排放和大气负载
病虫害管理	影响人类、动植物病虫害的存在、范围和严重程度 加强天然害虫调节的病虫害综合管理可以减少农药的使用 - 改善水质和土壤状况及其在水循环中的作用
授粉	维持植物的动物授粉以支持作物生产和生物多样性
支持性服务——提供所有其他服务所必需的服务	
营养循环	保持生态系统整体功能

生态系统服务类别	生态系统功能和效益示例
初级生产	维系地球上的所有生命
土壤形成	保持土壤的正常生产，以支持大多数其他陆地生态系统服务
文化服务——人们可以从生态系统中获得的非物质利益	
精神，宗教和图腾价值	依存于生态系统或自然的信仰
审美价值	通过生态系统获得美好的、吸引人的或可作为视觉欣赏的效益。
休闲和生态旅游	以旅游和休闲为基础的社会经济效益（如生计），包括体育活动（如休闲钓鱼）

* 与水有关的生态系统服务是那些直接影响水量和水质的系统服务，因此是基于自然的解决方案的基础。

* * 依赖水的生态系统服务是那些依赖水的系统服务，在水的数量或质量方面不起作用或作用有限，并且是基于自然的解决方案的协同效益。

资料来源：基于《千年生态系统评估》(2005 年) 和 Russi 等 (2012 年)。

以上对应了水资源挑战的三个维度，即使未涵盖所有部门和问题，它们也普遍存在于大多数情况之中，分别是：可利用水量（供应或数量）、水质和减缓风险以及极端事件的影响（包括与水有关的灾害风险）。因此，本报告第 2 章、第 3 章和第 4 章将探讨基于自然的解决方案如何提供生态系统服务，帮助管理这三个维度的水问题，并对应对水资源管理挑战做出重大贡献，挑战主要来自于饮用水质量；水、卫生设施和个人卫生；粮食安全中的水安全和可持续农业；建设可持续的城市居住区；管理废水；减少与水有关的灾害风险；土地退化、干旱和荒漠化；以及气候变化适应（和减缓）。

依赖水的生态系统服务包括直接从生态系统获得的产品（如食物、纤维和能源）、从生态系统过程中获得的利益（如空气质量和气候调节）、支持服务（如养分循环和土壤形成）和文化服务（如休闲娱乐）。

生态系统服务所处的社会和经济背景至关重要，它会直接影响此方案是否满足社会需要并得以有效实施。例如，在提出修复生态系统以纠正以前生态系统服务损失所导致的问题时，必须了解直接和间接造成这种损失的驱动因素。只有解决了这些驱动因素，基于自然的解决方案才有可能成功。

1.3.7 绿色基础设施

绿色基础设施（用于水）指的是提供水资源管理选项的天然或半天然系统，具有与传统灰色（建筑或物理）水利基础设施同等或相近的效益。绿色基础设施是基于自然的解决方案的应用。“生态基础设施”和“自然基础设施”两条术语通常用于描述类似的资产。一般来说，绿色基础设施解决方案经过深思熟虑并且有意识地加以利用生态系统服务，使用更全面的方式提供主要的水资源管理效益和广泛的次生协同效益（UNEP-DHI/IUCN/TNC，2014）。绿色基础设施越来越被认为是应对水资源管理复杂挑战的重要机遇，可用于支持多个政策领域的目标（表 1.2）。如果部署在更广的区域，绿色基础设施可以提供环境效益（图 1.4）。

表 1.2　　绿色基础设施对于水资源管理的解决方案

水资源管理问题（提供的主要服务）	绿色基础设施解决方案	位置				相应的灰色基础设施解决方案（主要服务级别）
		流域	洪泛平原	城市	海岸	
供水管理（包括抗旱）	再造林和森林保护	■				大坝和地下水抽取配水系统
	重新连接河流与洪泛平原		■			
	湿地恢复或保护	■	■	■		
	建设湿地	■	■	■		
	集水*	■	■	■		
	绿色空间（生物滞留和渗透池）			■		
	透水路面*			■		

续表

水资源管理问题（提供的主要服务）		绿色基础设施解决方案	位置				相应的灰色基础设施解决方案（主要服务级别）
			流域	洪泛平原	城市	海岸	
水质管理	净水	再造林和森林保护	■				水处理厂
		河岸缓冲区		■			
		重新连接河流与洪泛平原		■			
		湿地恢复或保护	■	■	■		
		建设湿地	■	■	■		
		绿色空间（生物滞留和渗透池）			■		
		透水路面*			■		
	侵蚀控制	再造林和森林保护	■				斜坡加固
		河岸缓冲区		■			
		重新连接河流与洪泛平原		■			
	生物控制	再造林和森林保护	■				水处理厂
		河岸缓冲区		■			
		重新连接河流与洪泛平原		■			
		湿地恢复或保护	■	■	■		
		建设湿地	■	■	■		
	水温控制	再造林和森林保护	■				大坝
		河岸缓冲区		■			
		重新连接河流与洪泛平原		■			
		湿地恢复或保护	■	■	■		
		建设湿地	■	■	■		
		绿色空间（水道遮阳）			■		
应对极端事件（洪水）	河流防洪	再造林和森林保护	■				大坝和堤坝
		河岸缓冲区		■			
		重新连接河流与洪泛平原		■			
		湿地恢复或保护	■	■	■		
		建设湿地	■	■	■		
		修建溢洪道		■			
	城市暴雨径流	绿色屋顶			■		城市雨水基础设施
		绿色空间（生物滞留和渗透）			■		
		集水*	■	■	■		
		透水路面*			■		
	沿海洪水（风暴）控制	再恢复红树林，沿海沼泽和沙丘				■	防波堤
		保护或恢复珊瑚礁（珊瑚或牡蛎）				■	

* 建立与自然特征相互作用的元素，加强与水有关的生态系统服务。

资料来源：UNEP-DHI/IUCN/TNC（2014 年，表 1，第 6 页）。

图 1.4 天然或绿色基础设施解决方案——用于整个景观的水资源管理

资料来源：《水资源管理的自然基础设施》信息图，© IUCN Water 2015。

有关绿色或灰色基础设施谁是首选解决方案的问题一直存在争议（Palmer et al.，2015）。"灰色"支持者认为，灰色水利基础设施与经济发展之间的广泛联系已经确立，在灰色基础设施不足以管理水资源的国家，社会经济发展受到限制，许多发展中国家因此被"水文学挟持"，所以需要更多的灰色基础设施（Muller et al.，2015）。我们采纳基于自然的解决方案，部分原因是因为大规模的灰色基础设施造成了不利于环境和社会的影响。在这种情况下，我们提出需要对传统方法进行重新设计，采取与自然系统协同工作而不是与之对抗的方法。基于自然的解决方案为灰色基础设施提供替代或补充，因为它们的成本效益等同甚至更高，且基于自然的解决方案还会提供更多协同效益；但当过于狭隘地定义和实施水资源管理时，往往会忽视这些协同效益（Palmer et al.，2015）。

基于自然的解决方案的大部分应用，包括城市景观，主要涉及植被、土壤和/或湿地（包括河流和湖泊）的管理。

然而，就绿色与灰色基础设施展开的辩论陷入了错误的二分法（McCartney 和 Dalton，2015），仅选择其一。而实际上，两种相结合、分别以何种规模结合的方法才是最恰当的。有些例子表明，基于自然的方法是主要或唯一可行的解决方案（例如，景观恢复可防止土地退化和荒漠化），也有只有灰色解决方案才能起作用的例子（例如通过管道和水龙头向家庭供水），但在大多数情况下，绿色和灰色基础设施可以而且应该协同工作。无论如何，水资源管理已经以绿色和灰色基础设施的协同工作为基础，因为生态系统始终是水的来源，随后通过灰色基础设施加以管理。部署基于自然的解决方案的一些最好的例子是用它来改善灰色基础设施的运行。例如，通过改善流域内的景观管理和耕作方式，减少了水库沉积，同时提高了农业生产率和农民收入，使巴西和巴拉圭境内的伊泰普水电站（世界上最大的水电站之一）的经济寿命比预期增加了六倍（Kassam et al.，2012）。

1.3.8 基于自然的解决方案的协同效益

基于自然的解决方案的一个主要特点是它倾向于同时提供多组生态系统服务（表 1.1）—— 即使其中只有一个是管理目标。基于自然的解决方案通常提供多种与水有关的效益，并经常能为同时解决水量、水质和水风险问题提供帮助。此外，除了与水有关的生态系统服务之外，基于自然的解决方案通常还会提供一些协同效益。例如，用于处理废水的人工湿地可以为生产能源提供生物质（Avellán et al.，2017）。生态系统的建立或恢复可以创造或改善渔业、木材和非木材森林资源，增加生物多样性、景观价值和休闲服务，这些反过来又可以增加社会经济效益，包括改善生计和减贫、创造新的就业机会和体面就业（WWAP，2016）。其中一些效益的价值可能是巨大的，并且会为基于自然的解决方案的投资决策提供支持。基于自然的解决方案的另一个关键优势是它们能有助于建立系统的整体恢复能力。

1.4 关注基于自然的解决方案

1.4.1 环境、发展和水

在现代发展进程的早期阶段，发展与环境之间的关系倾向于被描述为一种利益权衡，特别是在水方面。环境影响众所周知，但它被看作是一项可接受的发展成本。最近，关于水和环境的对话方式已经明显转向通过管理环境以满足人类用水需求（图 1.5）。企业界和各种政治对话也表现出类似的转变。此改变在近期，特别是在过去 10 年中表现得尤为明显。

图 1.5 不断演变的水生态系统连接方法
（重点已从对生态系统的影响转向管理生态系统以实现水管理目标）

老方法：

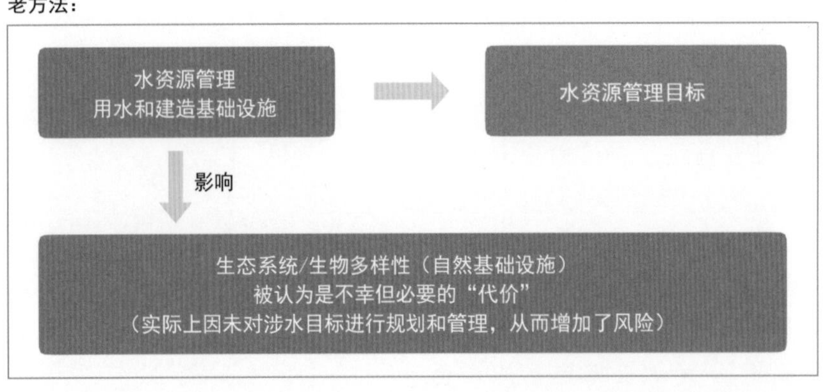

新范例：

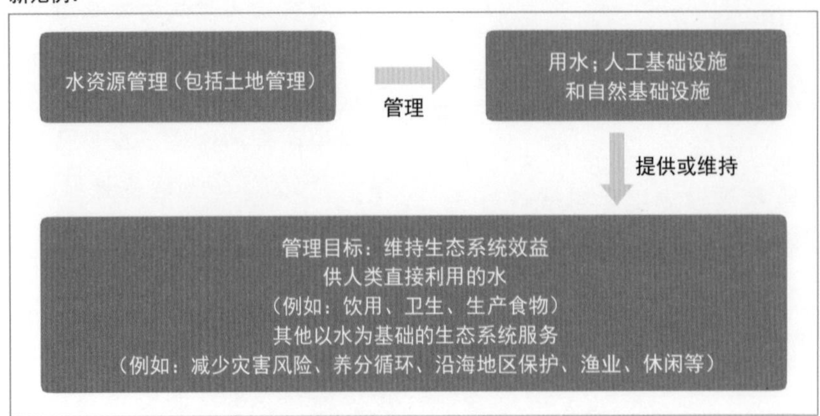

资料来源：Coates 和 Smith（2012 年，图 2，第 171 页）。

1.4.2 基于自然的解决方案的商业案例

在令人信服的商业案例的启示下，企业对于投资自然资本和基于自然的解决方案越来越感兴趣[1]。基于自然的解决方案的商业驱动因素包括：资源限制，监管要求，气候变化和极端天气事件，利益相关方关注，直接经济利益，环境协同效益带来的运营、财务和声誉收益，社会协同效益带来的运营、财务和声誉收益。

1.4.3 关于粮食安全、减少灾害风险和气候变化的多边环境协定和全球框架

在研究议程的过程中可以梳理出发展的时间轴，从1990年左右人们开始关注基于自然的解决方案或渗透了此概念的类似术语，与1992年联合国可持续发展大会相吻合。自此，出现了《生物多样性公约》(CBD，1992)，《联合国防治荒漠化公约》(UNCCD，1994)和《联合国气候变化框架公约》(UNFCCC，1992)，2000—2005年其关注度逐步升级（图1.6）。从大约2000年开始，人们越来越多地关注“生态系统服务”的概念，并通过种种努力加强了对这一概念的重视，从而更好地让政策制定者参与进来；这是很关键的一个因素。《千年生态系统评估（2005)》的发布是一个里程碑。

图1.6 1980—2014年研究论文中提及基于自然的解决方案及相关方法的数量趋势图

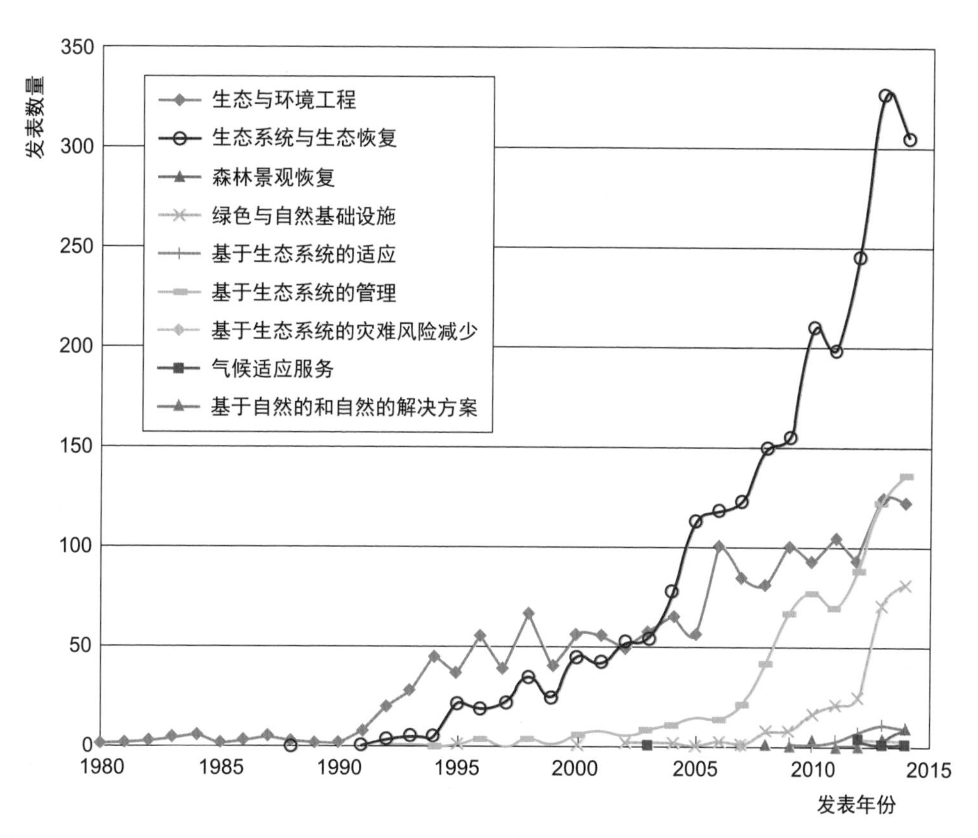

注：“基于自然的”和“自然的”解决方案并非学术界广泛使用的术语，因此其使用趋势没有得到很好的反映。
资料来源：Cohen-Shacham等（2016年，图8，第23页，基于Web of Science综合性学术信息资源数据库数据）。

在2010年之前，《生物多样性公约》主要通过减轻水资源管理对生物多样性的影响来解决淡水问题。但与此同时，在更广泛的努力下，将生物多样性与发展相连的重要的里程碑是：在《爱知生物多样性》目标14中引用与水有关的生态系统服务——“到2020年，提供基本服务，包括与水有关的服务，

[1] 关于商业案例的详细概述，请访问“商用自然基础设施”平台，网址为：www.naturalinfrastructurefo-rbusiness.org。

并有助于健康、生计和福祉的生态系统将得到恢复和保障……”（CBD，2010，第13款）。以此为前奏，2012年联合国可持续发展大会（“里约+20”峰会）（UNCSD，2012）的成果文件《我们憧憬的未来》第122款首次明确阐述了全球可持续发展议程中生态系统与水之间的积极关系：“我们认识到生态系统在维持水量和水质方面发挥的关键作用，为各个国家保护和可持续管理生态系统提供支持。”

基于自然的解决方案在其他论坛也越来越得到明确承认。它是联合国防治荒漠化公约中土地退化预防性和恢复性措施的核心：2015年，其第12次缔约方大会将实施与可持续发展目标联系起来，特别是目标15.3：“到2030年，防治荒漠化，恢复退化土地和土壤，包括受荒漠化、干旱和洪水影响的土地，并努力实现土地退化中立”。基于自然的减少灾害风险的方法早已得到认可（Renaud et al.，2013）。然而，生态系统在减少灾害风险方面的作用最近才在全球框架中得到重视，正如《2015—2030年仙台减少灾害风险框架》与其前身《2005—2015年兵库行动框架》相比，人们对生态系统的关注有所增加（UNEP，2015）。目前的粮食安全全球议程也进一步体现了基于自然的解决方案的核心作用，例如：联合国粮食及农业组织大会在2013年6月批准的《联合国粮食及农业组织2010—2019审议战略框架》（FAO，2014a）。2014年10月世界粮食安全委员会批准的“农业和粮食系统负责任投资自愿原则”也吸纳了类似基于自然的解决方案的方法，例如：其原则6“保护和可持续管理自然资源，增强韧性，减少灾害风险”（CFS，2014）。

基于自然的解决方案对于应对气候变化至关重要。联合国水机制强调：气候变化所产生的影响多是对水文和水资源的影响（UN-Water，2010）。对于生态系统和人类福祉中与气候变化有关的大多数变化，以及生态系统变化引起的气候变化的影响，不断变化的水循环是中心问题（SEG，2007；IPCC，2014）。这就意味着基于生态系统的管理应该是适应气候变化的主要手段，而其中主要涉及使用基于自然的解决方案应对水资源问题。基于自然的解决方案已经在气候变化议程中得到认可。《联合国气候变化框架公约》下的国家适应行动计划经常强调基于生态系统的适应方法。碳和水循环之间存在强烈的相互依赖性，也在减缓和适应气候变化之间产生了显著的协同作用。

例如，减少因毁林和森林退化引起的温室气体排放（《联合国气候变化框架公约》）应用基于自然的方法管理全球气候，主要是为了减缓气候变化，但树木在水文中的作用与适应形成了实质性联系。此外，大约25%的温室气体排放来自土地利用的变化（FAO，2014b），土地退化的许多趋势中也包含了水流失。例如，泥炭地在地方水文中发挥着重要作用，但这类湿地的储碳量是全世界森林产碳总量的两倍；干涸时，泥炭地是大量温室气体排放的来源（Parish et al.，2008）。

1.4.4 将基于自然的解决方案与《2030年可持续发展议程》及其可持续发展目标联系起来

基于自然的解决方案体现了实施可持续发展目标的三个基本原则：不可分割性（实现一个目标不能以牺牲任何其他目标为代价）、包容性（一个目标也不能落下）和加速性（关注具有多重发展红利的行动）。

《爱知生物多样性》目标14和“里约+20”峰会的成果（如上所述）认可生态系统在实现总体水目标（SDG 6）及其他目标中的作用，通过目标6.6将生态系统纳入可持续发展目标6（“到2020年，保护和恢复与水有关的生态系统，包括山脉、森林、湿地、河流、含水层和湖泊”）。除目标6.6、可持续发展目标14（海洋）、特别是可持续发展目标15（陆地生态系统）外，有关粮食安全的可持续发展目标在目标2.4中也提及了生态系统，还提及了水资源问题（“到2030年，确保可持续粮食生产系统，实施有恢复能力的农业实践，以提高生产力和产量，帮助维持生态系统，加强适应气候变化、极端天气、干旱、洪水和其他灾害的能力，并逐步改善土地和土壤质量”）。即使在可持续发展目标14和目标15中，只有目标15.3具体说明了为什么生态系统应该得到保护或恢复，并且再次提到了水（土地退化、干旱和洪水）。即使目前没有明确提及，基于自然的解决方案还可以帮助实现许多其他可持续发展目标。这些联系在后续章节中会作进一步探讨，并在第7章中进行总结。

1.5 在本报告的背景下评估基于自然的解决方案

很显然，水资源议程对基于自然的解决方案的认可度日益提高。本报告第 2 章、第 3 章和第 4 章分别考虑了将基于自然的解决方案应用于管理水资源开发利用、水质和风险。第 5 章介绍了基于自然的解决方案在区域层面的经验实例。每一章都提供了更多关于基于自然的解决方案的细节，包括基于行业的示例。

基于生态系统的管理应成为适应气候变化的主要手段——这主要涉及将基于自然的解决方案应用于处理水问题。

然而，尽管基于自然的解决方案的应用历史悠久，而且应用经验不断丰富，但很多情况下，在水资源决策和管理中仍会忽视这项备选方案——即使它们成效显著而且已被证明是有效的。在另外一些情况下，基于自然的解决方案是在不确定的科学基础上部署的，没有起到其所声称的作用。因此，基于第 2 章至第 5 章的评估经验，加上其他信息来源，应用基于自然的解决方案还存在一些已知的限制因素。第 6 章详述了这些限制，并列出了克服这些障碍的方法和手段。所有这些障碍基本上都集中在：为基于自然的解决方案在水资源议程中创造一个更加公平的竞争环境，与其他选项一同被公平评估。第 7 章得出结论，总结了可能得到的回应，特别关注基于自然的解决方案可帮助会员国（和其他利益相关方）实现水资源管理和相关可持续发展目标（包括《2030 年可持续发展议程》）。

从历史教训中引出了一些相关的问题：这些灾难曾经阻扰了早期文明，现在，是否可以避免同样的问题？21 世纪的社会比几千年前更好吗？生态系统的现状（如绪论所述）当然不是什么好兆头。对于如何管理水—粮食—能源—生态系统的纽带关系，人们掌握的知识仍然不完整，尤其对于其如何对社会政治变革驱动因素产生影响更是知之甚少。其中，在很大程度上取决于一种平衡——如何平衡与水有关的生态系统的退化与保护和恢复，以及如何更好地管理生态系统水文过程，从而帮助实现多个水资源管理目标。无论灾难是否迫近，都必须提升水资源管理中社会、经济和水文效率的收益，其中，基于自然的解决方案一定会发挥重要作用。本报告旨在评估其如何做到这一点。

2 基于自然的解决方案应用于水资源开发利用

联合国粮食及农业组织｜Amani Alfarra 和 Antony Turton
参与编写[❶]：David Coates 和 Richard Connor（世界水评估计划）；Marlos De Souza 和 Olcay Ünver（联合国粮食及农业组织）；联合国工业发展组织资源效率司和 John Payne（John G. Payne & Associates Ltd）；Matthew McCartney（国际水资源管理研究所）；Ben Sonneveld（阿姆斯特丹自由大学世界粮食研究中心）；Rebecca Welling（世界自然保护联盟）；Tatiana Fedotova（世界可持续发展工商理事会）；Daniel Tsegai（《联合国防治荒漠化公约》）

潘塔纳尔湿地（巴西）

❶ 作者要感谢 WWF-US 的 Sarah Davidson 提供了有用的意见。

2.1 引言

大多数会员国都面临着水资源短缺的挑战，如果不是在全国范围内缺水，至少是当地缺水，而未能加快以政策为导向的解决办法又加剧了这一挑战。水资源短缺受供需双方的影响。虽然已有一些例子可以说明基于自然的解决方案如何影响需水(例如减少灌溉中的作物需水量)，但它主要处理供水问题，其方式是管理储水量、渗漏量（及附性）和输配水量，以改善人类获取水的地点、时间和数量，从而满足需求。在通过供应方管理解决水资源短缺的方法中，采用基于自然的解决方案是一种关键手段，这不仅仅是因为该方法被认为是实现农业可持续用水的主要解决方案（见第2.2.1节）——在实现水资源可持续的总体过程中，目前这是最为重要的需求，因为它在当前的用水需求和应对未来的挑战中都占据了主导地位（见绪论）。

可利用水资源量（特别是水资源短缺）受水质影响。例如，水质改善后可再利用。灾难性的洪水和干旱代表了可利用水资源中极端的变化。本章重点讨论基于自然的解决方案如何帮助会员国应对其国家水资源开发利用方面所面临的挑战；尽管还是存在相关联系性，但第3章和第4章分别涉及的水质和极端事件相关的挑战除外。

生态系统在时间和空间上对可利用水资源量产生重大影响（见第1章)。最值得注意的是：土壤—植被界面是影响降水命运的关键决定因素，它影响陆地表面的渗透，从而影响植物根区的地下水补给、地表径流和土壤水分保持（对农业特别重要)，最后通过蒸发通量将水循环进入大气。

无论是在较小范畴或者景观尺度上，还是在城市或农村地区，基于自然的解决方案管理这些途径的方法基本上涉及通过生态系统保护或修复，或者通过各种土地利用和管理方法。此外，还涉及景观物理变化的结构性方法，例如，人们已提出在景观中创造小的洼地用以集水或开采未充分开发的水(见专栏2.1)，已被提出作为基于自然的解决方案，尽管其中一些可能仅仅发挥了小规模灰色基础设施的功能。这里包括结构性方法，特别是在部署相应方案，管理景观中生命体组成部分时更为明显。根据不同的解释，它们可以被视为基于自然的解决方案的例子，也可被视为是（小规模）绿色和灰色基础设施组合使用方法的示例。

专栏 2.1 非洲干旱河流中以自然为基础的水存储

许多季节性（也称为间歇性）河流和溪流的河床纵横交错分布在干旱和半干旱地区，形成浅层地下水，每当河流流动时都会为河床补给水分。在干旱季节，社区可以采用各种简单的手段从这些冲积含水层抽水。然而，尽管存储潜力巨大，但这种存储解决方案目前在非洲许多地区尚未得到充分利用，特别是未用于农业等生产性用途（Lasage et al.，2008；Love et al.，2011）。

津巴布韦南部干旱地区的沙什、图利和萨萨内河显示出这种储水的巨大潜力。即使是在雨季异常干燥的2015—2016年间，这些季节性河流的河床上也存储着充足的、可用于灌溉的水。然而，如何将这种资源用于生产目的，仍然是一项重大挑战（Critchley 和 Di Prima，2012）。

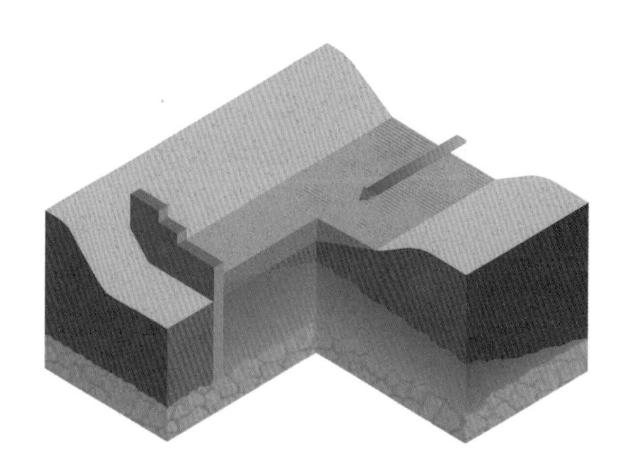

图｜沙坝示意图

资料来源：基于 www.metameta.nl。

津巴布韦南部的 Sashane 灌溉花园使用“沙坝”(即沙中的河流隔墙)，与低成本、低扬程的太阳能泵配合使用。“沙坝”通过分阶段加高大坝逐渐增加了河流沉积层的厚度，从而提高了蓄水量及其可利用量。该技术有助于农民获得补充灌溉用水，缓解与水资源供应有关的风险；还有助于延长作物季节到旱季，收获第二季作物（经济作物或主要作物），为增加收入和改善生计提供了机会。

社区监测设备可支持这种基于自然的蓄水方式可持续利用。该设备确保所有的用水户都掌握实际地下水位的正确和对称的信息——这是可持续管理这种公共水资源的关键要素（Ostrom，2008）。

鉴于非洲1/5的面积处于干旱和半干旱地区，假设1%的土地适合农业生产，而这些土地又恰好位于沙河附近，沙河可能会为非洲多达6万km^2的灌溉土地提供蓄水。与2010年统计的13万km^2的灌溉土地相比，这一贡献相当惊人（You et al.，2010）。地区面临的重大挑战正是供水不足。

供稿：Annelieke Duker（代尔夫特国际水教育学院）、Eyasu Yazew Hago（默克莱大学）、Stephen Hussey（Dabane水工作组），Mieke Hulshof（Acacia Water）、Ralph Lasage（阿姆斯特丹自由大学环境研究所）、Moses Mwangi（东南肯尼亚大学）和Pieter van der Zaag（代尔夫特国际水教育学院）。

以印度拉贾斯坦邦的Tarun Bharat Sangh（当地的一个非政府组织）为例，通过结合土壤、植被和结构（物理）干预的管理，低成本社区主导的景观方法可以提高地下水补给量和地表水供应量，这是一个很好的干预示例。基于自然的解决方案为多个部门和利益群体提供了重要的社会经济收益，同时也说明了景观管理如何改善当地气候，包括降水模式（专栏2.2）。

专栏2.2 基于自然的解决方案的规模效益——印度拉贾斯坦邦为提高水安全恢复景观

1985—1986年的降雨量异常低，再加上过度砍伐，导致拉贾斯坦邦历史上最严重的干旱。阿尔瓦尔是该邦最贫穷的地区之一，受灾严重。地下水位已降至临界水平以下，国家宣布划定该地区的部分区域为“暗区”，这意味着情况危急，必须限制地下水的进一步开采。一家名叫Tarun Bharat Sangh的非政府组织支持当地社区对当地水循环和水资源开展景观尺度的修复。由通常负责为家庭成员提供安全淡水的妇女组织，聚集村民共同商议森林和水资源的管理问题，恢复了传统的地方用水倡议。行动的重点是建设小型集水设施，结合特别是上游流域森林和土壤的恢复，以帮助改善地下水资源的补给。

此举产生的影响很大。例如，全邦1 000个村庄恢复了用水；往年在季风季节过后都会干涸的5条河流再次流淌，渔业重新建立；地下水位上升了约6m；生产性农田占流域面积的比例从20%增加到80%；包括农田在内森林覆盖率增加了33%，有效保持了土壤的完整性和保水能力；据观察，羚羊和豹等野生动物已回归。Everard（2015）对该行动进行了科学的评估，确认了其声称的社会经济效益。

这些创新的水问题解决方案提高了印度农村地区的水安全（SIWI，2015）。

资料来源：Singh（2016年）。

有少数几个例子，基于自然的解决方案或灰色（人造）基础设施是改善水资源可利用量的唯一选择。但通常应该同时考虑在设计和运行中两种方法的协调一致。每种方法都应利用另一种方法的优势，以便在提高系统整体性能方面发挥协同作用（图2.1）。

2.2 基于行业和基于问题的案例研究

2.2.1 农业

鉴于水对粮食安全、可持续农业和营养的重要性（HLPE，2015），为不断增长的人口提供食物的挑战将日益成为大多数国家发展政策中的核心问题。目前有近8亿人正在挨饿，到2050年，为了满足地球上超过90亿人口的生存，全球粮食产量需要增加50%（FAO/IFAD/UNICEF/WFP/WHO，2017）。现在我们已经认识到，通过“一切照旧”的方式无法实现这种增长，需要对生产粮食的方式进行转型变革（FAO，2011b；2014a）。要提高粮食产量，就必须提高农业资源利用效率，降低其外部占地面积，而水在其中发挥着核心作用。对此主题已作了相当深入的分析。粮食生产“可持续的生态强化”是基于自然的解决方案的基石，通过改善土壤和植被管理增强农业生态系统服务

图 2.1 基础设施与生态系统服务之间的关系

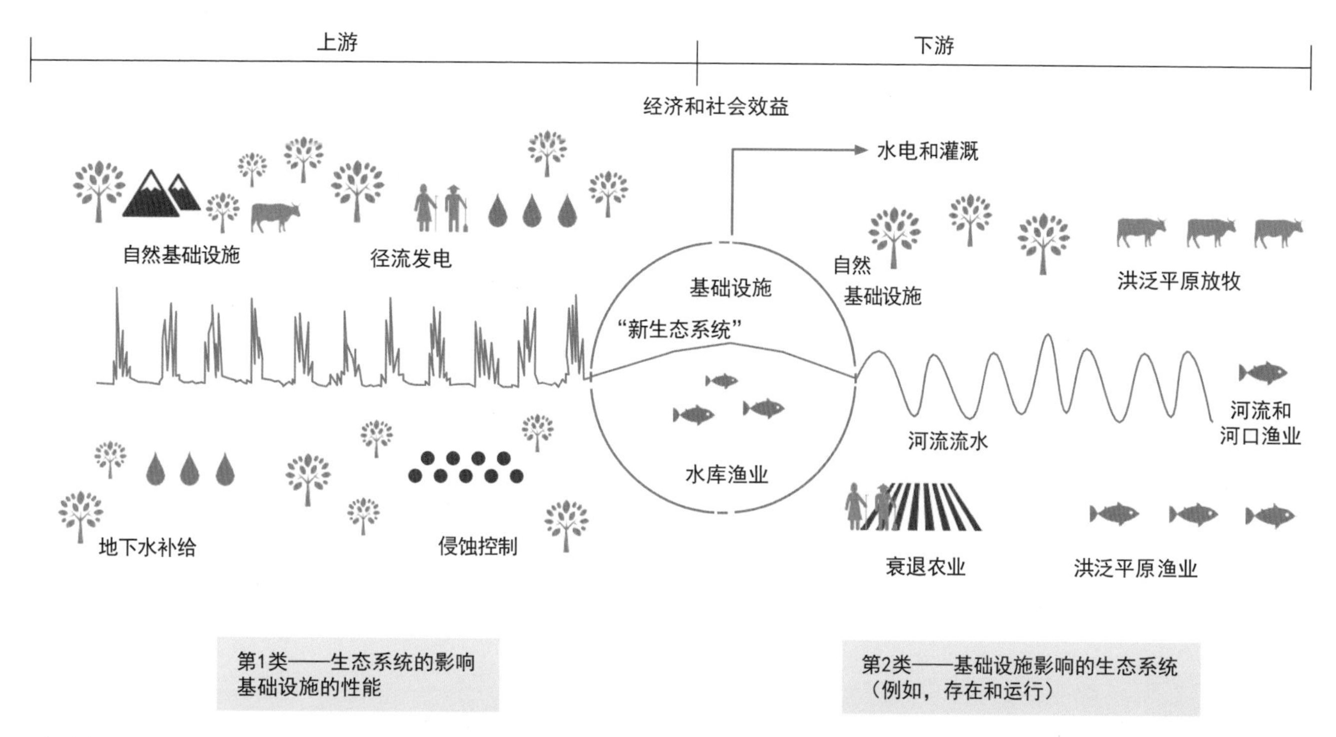

资料来源：CGIAR WLE（2017 年，图 1，第 5 页，利用 WISE-UP 有关气候的一些结果开发）。

（FAO，2014a）。例如，正如联合国粮食及农业组织《2010—2019 年审议战略框架》所反映的那样，这种方法现已成为主流（FAO，2013b）[1]。其战略目标 2 强调了生物多样性和生态系统服务在实现该框架目标方面的关键作用，包括"利用生物经济的潜力，提升农业、林业和渔业在经济发展中的贡献，同时创造收入和增加就业，为家庭农场和农村地区更多人口提供生计机会等。在可持续利用自然资源、减少污染、利用清洁能源、提高减缓和适应气候变化能力以及提供环境服务的背景下，生产系统必须通过提高农业生产力和效率的创新来应对这一挑战。"（FAO，2013b，第 53 款）。这种方法没有单独考虑水，而是着眼改善整个生态系统的性能，例如养分循环（以及肥料使用效率和受此影响的水质）、病虫害防治、授粉和防止土壤侵蚀。水循环（水调控）方面的改进是一项重要的核心要求和结果。

以往对农业用水的关注往往集中在灌溉用水，因为灌溉耗水量大。然而，《农业水资源管理综合评估》（2007）指出，提高生产力的主要机遇存在于主导当前生产和家庭农业（包括改善生计和减贫带来的效益）的雨养系统。

基于自然的解决方案的好处可以适用于各种规模的农业，从小规模家庭农业（FAO，2011b）到大规模的"工业化"农业。经济可行性和生态系统可持续性是一个问题的两个方面（Scholes 和 Biggs，2004）。例如，最近针对高度简化和集约化的单作制的研究表明：景观多样化不仅可以改善水、养分、生物多样性和土壤管理，还可以提高作物产量（Liebman 和 Schulte，2015）。农业系统通过采取保护性耕作、作物多样化、豆类强化和生物虫害防治等措施以及密集的高投入系统（Badgley et al.，2007；Power，2010）来保护生态系统服务。最近发表的一篇评论中（Cardinale et al.，2012）提到，农业系统中生物多样性的增加促进了抵抗和恢复各种形式的压力（包括应对干旱和洪水以及病虫害）的能力提高。这些方法也是提高农业在面对气候变化时的适应力的一种基本战略（FAO，2014a）。

《世界水土保持方法和技术综述》（WOCAT，2007）对全球范围内 42 个主要但不完全与农业有关的水土保持行动案例进行了深入分析。水土保持措施可以分为：

- 保护性农业——以包含三个基本原则的系统为特征：最低限度的土壤干扰、永久性土壤盖层

[1] 2013 年 6 月联合国粮食及农业组织大会第 38 届会议通过了第 C 2013/7 号决议。

和作物轮作。

• 施肥/堆肥——有机肥和堆肥旨在提高土壤肥力，同时增强土壤固粒结构的形成（防止板结和结壳），并改善水的入渗和渗流。

• 植被带/覆面——例如，以各种方式使用草或树。就植被带而言，由于“耕作侵蚀”（耕作期间土壤的下坡运动），这些通常会导致形成堤坝和梯田。在其他情况下，分散的植被覆面的效应是多种多样的，包括增加地表覆盖、改善土壤结构和渗透，以及减少水和风的侵蚀。

• 混农林业——树木与农作物、牧场或牲畜结合在一起的土地利用体系。通常情况下，该体系中的各部分之间存在着生态和经济的交互作用。从防护林带到种植咖啡树再到多层种植，都有着广泛的潜在应用。

• 生活景观组成部分通常支持三种结构方法：

• 集水——在缺水是主要限制性因素的干旱地区，收集和集中用于作物生产的降雨径流，或改善草地和林地的性能。

• 沟蚀防治——在对土地进行修复的同时，采取一系列措施解决这种特定的、严重的侵蚀问题。在多种不同的补充措施中，工程性障碍占主导地位——一般采用永久植被加固。这种技术通常应用于整个流域。

• 梯田——梯田包括向前倾斜的、水平的、向后倾斜的等多种不同类型。有的有排水系统，有的没有排水系统。

在这些技术措施中，保护性农业（专栏 2.3）已经成为加强农作物生产的替代性农业范式中的旗舰技术。它不仅提高和维持了生产力，而且还提供了重要的环境服务（Kassam et al.，2009；2011a；FAO，2011c）。

专栏 2.3 保护性农业——可持续生产集约化的一种方法

保护性农业是在当地实践的基础上，同时采用以下三项原则（Friedrich et al.，2008；Kassam et al.，2011a）：尽量减少土壤扰动（免耕种植）、保持有机农地膜和/或植物（主要作物和覆盖作物，包括豆类）的连续土壤覆盖，以及在不同耕作制度中种植不同种类的作物，这些物种可以包括以群丛、序列或轮作方式种植的一年生或多年生作物、树木、灌木和牧草，它们都有助于增强系统的复原力。消除或减少机械性的土壤扰动，可以避免或减少对表土结构和孔隙的破坏，以及避免或减少土壤有机质的损失和耕作时发生的土壤压实。Stagnari 等（2009）认为，与传统耕作农业相比，保护性农业能“改善土壤结构和稳定性；增加排水和持水能力；减少降雨径流的风险（见下图），并减少高达 100%农药和高达 70%化肥造成的地表水污染；能降低 25%～50%的能耗，同时降低二氧化碳排放量”。

图 | 同一田地耕作的部分（右）和保护性农业/免耕作的部分（左）暴雨后的即时图片

注：定期土壤耕作增加了土壤紧实度并降低了水分入渗能力，导致耕地排水受阻（右）；免耕地（左）未被水淹。照片拍摄于 2004 年 6 月，是由瑞士免耕农场 1994 年在瑞士伯尔尼附近佐利科芬进行的长期试验“Oberacker”田的一部分。

摄影：Wolfgang Sturny。

从拉丁美洲和撒哈拉以南非洲的小农农业系统到巴西和加拿大的大规模商业生产系统，保护性农业的经济效益已在世界各地的各种体系中得到确认（Govaerts et al.，2009年综述）。目前，约占全球农田面积12.5%的180万km^2农田属于保护性农业，该数据自2008—2009年以来增加了69.2%（Kassam et al.，2017）。然而，各地区对保护性农业的接受存在很大差异。例如，在南美一些国家，70%的农田属于保护性农业，而在另一些国家，属于保护性农业的地区可以忽略不计。导致这些差异的原因似乎与认知水平、农业政策、农民田间技术支持和激励机制有关，而不是受生物地理-气候因素影响，这表明政策环境是制约推广的关键因素（Derpsch 和 Friedrich，2009）。

改善针对绿水[1]（雨养作物）的田间管理措施，可以显著提高用于作物生产的水资源可利用量。

很少情况下，提高水资源可利用量只能在基于自然的解决方案或灰色（人造）基础设施中选择其一，通常两者应兼顾考虑、共同设计和协调运营。

在全球植被和水平衡动态模型中，通过对减少土壤蒸发的适度估算（25%），以及通过改变耕作方式或覆盖率来改善集水管理。Rost等（2009）估计仅通过对田间绿水管理采取措施，全球作物产量可增加近20%。这意味着每年增加约1.65万亿m^3的用水效益（基于净初级生产力的增加）。Falkenmark和Rockström在2004年建议通过类似技术的结合，将绿水生产力提高到每年1.53万亿m^3。虽然以上作者认为自己的估计是保守的，但以上预测仍然不确定。不过，它们可作为潜在利益规模的有用指标。例如，后一数字表明，潜在收益大约相当于当前作物灌溉取水量的50%，或总取水量的35%。也就是说，从现在到2050年间，预计全球需水量的增长将超过预期。如果与其他措施相结合，在提高可持续性方面，这些优势更加可观。例如，通过对57个低收入国家农业发展项目的审查发现，有效地用水、减少使用杀虫剂和改善土壤健康，使作物平均产量增加了79%（Pretty et al.，2006）。

由于灌溉用水占当前取水量的70%（HLPE，2015），基于自然的解决方案在提高灌溉用水效率方面拥有重大机遇。加强流域管理以增加地下水和水库的补给，是提高灌溉用水效率自然解决方案的基础（专栏2.1）。可采取的措施包括：通过减少淤积增加水库蓄水量，以及通过增加土壤持水力改善土壤健康（如雨养系统）。更好地管理灌溉田的土壤生态系统也可以节约大量水资源（专栏2.4）。

专栏2.4 水稻强化栽培技术（用最少的水生产最多的粮食）

大米是世界近一半人口的主食。灌溉低地水稻种植占稻米种植面积的56%左右，产量约占世界稻米总产量的76%（Uphoff 和 Dazzo，2016）。水稻强化栽培技术（SRI）是一种包括重新建立土壤的生态和水文功能的方法，它是基于修正标准作物和水资源管理实践，而不是依赖于引入新品种或使用更多农用化学品。该技术已在国际上扎根，使用范围远远超出它的起源地马达加斯加（Kassam et al.，2011b）。这里特别有趣的是水稻强化栽培技术在实践中保持土壤湿润，但不持续淹水，因此土壤状态主要为有氧的，而不是一直处于饱和和厌氧状态。不同地区的结果差异很大，但随着时间的推移，水稻强化栽培技术可以节省劳动力，同时节约用水（减少25%～50%）和种子（减少80%～90%），降低成本（减少10%～20%），稻谷产量提高至少25%～50%，通常为50%～100%，有时甚至更多（Uphoff，2008）。Zhao等（2009）证实了水稻强化栽培技术对水稻产量、氮肥和用水效率的积极影响。

[1] 绿水源自降水，它存储于植物根部的土壤中，通过蒸腾、蒸发或吸收进入大气。它特别被雨养农业、牧场和树木所利用。更多详细信息，请见：waterfootprint.org/en/water-footprint/what-is-water-footprint/。

Gathorne-Hardy 等（2013）表明，水稻强化栽培技术使稻谷产量增加了 58%，同时减少了用水。与此同时，因为土壤从厌氧条件转变为有氧条件，导致甲烷排放减少（而甲烷排放不会被 N_2O 的增加所抵消），水稻强化栽培技术提供了大幅减少温室气体排放的机会；并且，由于减少了抽水灌溉所需的电量，也减少了相应的排放（Gathorne-Hardy et al.，2013；Dill et al.，2013）。除了提高水稻生产效率（包括作物需水量）外，水稻强化栽培技术还使水稻种植更加环保（Uphoff 和 Dazzo，2016）。它还能增强适应力，因此是适应气候变化的关键方法（Thakur et al.，2016）。对气候变化的认知和对保水技术的需求是采用水稻强化栽培技术的一个关键动因，尤其是在干旱地区（Bezabih et al.，2016）。

这些以及其他基于自然的解决方案提高可持续农业生产的环境协同效益是巨大的——主要是通过减少土地转用压力和减少污染、土壤侵蚀和用水需求来实现。例如，如果按照当前模式，到 2050 年，粮食系统（即粮食消费模式和粮食生产方式）占生物多样性预计损失的 70%（Leadley et al.，2014）。

通过提高系统性能，基于自然的解决方案还提供了减少部门间用水冲突的机会。例如，在南非林波波省，矿业与农业利益之间的紧张关系一直在加剧。主要用于农业灌溉的 Njelele 大坝，由于附近 Makhado 煤矿的运营，可能在十年内完全淤塞。然而，一座计划开采的长 20km 宽 1km 的露天矿，提供了利用废石建造工程含水层的机会，并将取代 Njelele 大坝蓄水，从而减少了可能的冲突（Turton 和 Botha，2013）。该地区也受到了气候变化的影响，一些模型显示，环境温度可能上升 5℃（Scholes et al.，2015），导致水库大量蒸发损失，并凸显了地下储水的必要性（专栏 2.1）。这有助于协调社会的需求，在水资源紧张地区建立新的煤矿开采社会许可制。

2.2.2 城市居住区

由于目前全球绝大部分人口居住在城市，因此，基于自然的解决方案对于解决城市居住区利用水资源量也十分重要。管理城市景观中的水流量可以提高可利用水资源量（Lundqvist 和 Turton，2001）。有多种选择可供考虑。许多基于自然的解决方案具有多重功能，涉及水资源可利用量（稀缺供应）、水质和风险。它们可以分为：

- 管理城区以外的流域，改善城区供水（包括地表水和地下水源）——几乎总是伴随着水质的改善。
- 改善城市水循环中的水循环利用，例如，通过基于自然的解决方案提高废水质量（见第 3 章和 WWAP，2017），实现废水的再利用。
- 在城市范围内发展绿色基础设施。

本书第 3 章和第 5 章将详细介绍如何改善城市供水的流域管理措施，着重强调对改善水质的影响。

然而，这些措施还可以通过利用流域自然基础设施的自然蓄水和排水的能力，特别是调节下游流量（和地下水补给），直接改善城市用水户可用水量。这是特别有利的，因为它有助于调节供水变化并减少干旱期间的缺水。自然景观的这些属性通常与城市供水的灰色基础设施方法协调一致，并发挥作用（见专栏 2.5）。

专栏 2.5　肯尼亚塔纳河的景观恢复改善了多种水资源成果

肯尼亚的塔纳河为内罗毕市提供了 80%的饮用水，供应了 70%的水力发电，并灌溉了约 645km² 的农田。陡峭的山坡和毗邻河流的地区已被改造为农田，造成水土流失。泥沙沉积减少了水库的容量，增加了内罗毕的水处理成本。未来 10 年内将在可持续土地管理方面投资 1 000 万美元，而该投资在 30 年的时间内将带来 2 150 万美元的经济效益回报。干预措施包括：改进河岸管理，开辟山坡梯田，退化土地上重新造林，鼓励农场种植草带以及减轻道路侵蚀。在供水方面，由于泥沙减少，水库的蓄水能力将得以保持。水电公司收入的提高将是该行动的直接受益结果。内罗毕市供水和污水处理公司也将从避免过滤、降低能源消耗和降低污泥处理成本中受益。在一系列气候变化情景中，减少泥沙的效益得以保持。

资料来源：Baker 等（2015 年）；TNC（2015 年）以及 Simmons 等（2017 年）。

城市绿色基础设施越来越受欢迎，这可通过对此投资的不断增加得到印证（Bennett 和 Ruef，2016）。考虑成本效益和多重效益，绿色基础设施（见第1章，第1.3.7节）得到翻新改造，以改善旧城区景观的水文特性或纳入新城区的设计中（UNEP-DHI/IUCN/TNC，2014）。调节城市居住区供水的措施包括重新造林、恢复或建设湿地、在河流和洪泛平原之间建立新的连接、雨水集蓄利用、透水路面和绿地（生物持水和渗透）。城市绿色基础设施基本上恢复和管理地面及水界面的各种水文途径，从而影响降水的最终归宿，包括形成径流和地下水补给。

这种对城市水流量的监管尤其会增加城市蓄水量，从而增加对可利用水资源量的适应性，可用于洪水管理或缓解水资源短缺的问题。城市菜园也有助于利用城市降雨，减少农村地区的农业用水需求，同时缩短食物供应链，通过避免食物浪费进一步节约用水。城市绿色基础设施还可以通过遮阳和蒸发的冷却效应显著改善城市气候——从而提高公民的生活质量，实现协同效益。

绿色建筑是一种新兴的现象，在其影响下新的基准和技术标准也正在建立，以推动基于自然的解决方案的广泛应用。在这方面，至关重要的是调整监管要求，激励甚至授权基于自然的解决方案，将此作为新常态（在第6章中进一步讨论）。在基于自然的解决方案大规模改善城市供水问题上，中国“海绵城市”的概念和计划是一个很好的例子，它基于在城市景观中开发绿色基础设施的方法，旨在提高水资源可利用量（专栏2.6）。

例如，在支持扩大基于自然的解决方案在城市中的应用方面，联合国亚洲及太平洋经济社会委员会（2017）提供了一个关于向水弹性基础设施和可持续城市转移的自学电子教学课程。其中介绍了可持续发展目标6、目标8、目标11和目标13之间的相互关系，并概述了最佳做法，简要介绍了政策以及良好城市治理的整体战略和方法。该课程旨在提高政策制定者的认识，促进充分利用耐水基础设施的全部效益，从而建设具有可持续发展愿景的包容、安全和可持续的城市。

2.2.3 能源和工业

在能源生产的背景下，生物燃料和水电在基于自然的供水解决方案方面尤为重要。生物燃料作物可能会使用大量的水，加剧水资源短缺并造成其他影响（Mielke et al.，2010）。然而，如2.2.1节所述，生物燃料作物的基于自然的解决方案与农业的基本相同。基于自然的解决方案在改善水电供水方面的应用基本上包括，通过改进流域管理来调节向水电设施（通常通过水库）供水，并减少水库泥沙负荷，以提高大坝蓄水效率（以及电厂运行成本）。专栏2.5对肯尼亚塔纳河流域进行了案例研究，基于自然的解决方案的方法带来的好处包括由于改善水库供水，增加了水电公司的收入。另外，它对提高水电站大坝运行效率的作用巨大，是绿色和灰色基础设施如何互补的绝好范例（专栏2.7）。

专栏2.6 中国“海绵城市”的概念

中国中央政府最近启动了“海绵城市”项目，目的是改善城市居住区的水资源情况。“海绵城市”概念将基于自然的解决方案和灰色基础设施相结合来保留城市径流，最终实现水资源再利用。该项目的目标是通过改善水的渗透、保持和储存，净化和排水以及节水和再利用，使70%的雨水被吸收和再利用。到2020年，20%的城区达到该目标；到2030年，80%的城区达到该目标（Embassy of the Kingdom of the Netherlands in China，2016，第1页）。通过“海绵城市”项目，预计城市建设对自然生态系统的负面影响将得到缓解。

“城市范围内部署基于自然的解决方案，如绿色屋顶、透水路面和生物修复，恢复城市以及城市周边湿地和河流，这是国家倡议的核心”（Xu 和 Horn，2017，第1页）。

到2020年，将在超过450km^{2}的区域建设16个试点“海绵城市”，规划建设项目达3 000多个，总投资86.5亿元（约12.5亿美元）（Embassy of the Kingdom of the Netherlands in China，2016）。初步成果包括缓解城市内涝，改善与水有关的生态系统，促进工业发展，提高公众满意度。中央政策规划得到地方一级的积极配合，深圳和广东省各市区已经将“海绵城市”的理念融入城市规划和生态恢复之中。

采取的措施包括建设绿色屋顶、绿色，墙壁和渗透路面，以及恢复退化的湖泊和湿地的活力，这些都可以用来收集多余的雨水。然后用雨水花园和生物滞留洼地收集径流并去除某些污染物。其中一部分水被送回自然系统并储存，以确保在干旱期间可用于灌溉和清洁（Xu 和 Horn，2017）。

供稿：联合国亚洲及太平洋经济社会委员会。
摄影：© Syrnx/Shutterstock. com。

专栏 2.7 流域服务使伊泰普水电站运营寿命比预期提高了五倍

伊泰普水电站水库位于巴西巴拉那州西部巴拉那Ⅲ盆地，与巴拉圭交界，其高效水力发电受到流域土壤管理的影响。泥沙进入水库，降低了水库蓄水量并缩短了水库的寿命，同时增加了维护成本，进而增加了发电成本，为改善流域管理提供资金激励。“培育优质水源”计划已与农民建立伙伴关系，以实现共同的可持续发展目标（Mello 和 Van Raij，2006；Itaipu Binacional，日期不详）。“培育优质水源”项目以巴西免耕联盟（FEBRAPDP）发展的伙伴关系为基础，其中包括通过评分系统衡量农场管理的影响，该系统显示出每个农场对改善水质条件的贡献（Laurent et al.，2011）。这使得农民可以被国家水资源管理局视为“水生产者”，该机构为参与计划的农场产生的生态系统服务赋予价值，并对农民采取积极措施给予补偿（ANA，2011）。总体而言，大坝的预期寿命已经从大坝建成时预估的约 60 年增加到现在预估的 350 年左右。此外，大坝还带来了其他环境效益（如减少营养物径流），重要的是，农业生产率和可持续性得到了提高——它为农民和水电公司创造出双赢的局面。

在世界水资源评估计划（2014）第 9 章中更全面地探讨了生态系统与水-能源的联系以及通过水资源综合管理/生态系统的方法应对挑战的可能对策，使用诸如环境服务付费（PES）、可持续大坝管理和战略流域投资等工具，并提供了更多细节和参考资料。

业界越来越多地投资基于自然的解决方案，以提高其运营中的水安全。世界可持续发展工商理事会（WBCSD）收集了投资此类解决方案的公司案例（WBCSD，2015a）。例如，墨西哥大众汽车集团在普埃布拉市特拉斯卡拉山谷（Puebla Tlaxcala Valley）设有生产厂，由于普埃布拉市的用水需求不断增长，工厂的供水得不到满足。该公司与国家自然保护区委员会合作，确保提供可靠的供水。经分析发现，山谷地下水的补给很大程度上取决于生态系统的功能，火山斜坡上的森林砍伐增加了径流，从而减少了对含水层的补给。六年来，植树、矿坑和土堤每年为含水层补给超过 130 万 m^3 的水——比墨西哥大众汽车集团每年消耗的水还多(WBCSD，2015b)。

2013 年，联合国工业发展组织发布了《利马宣言：包容与可持续工业发展》(ISID)，其中第 7 项呼吁促进“自然资源的可持续利用、管理和保护及其提供的生态系统服务”（UNIDO，2013，第 7 项）。在此基础上，联合国制定了《2030 年可持续发展议程》，特别是针对目标 6.4 和目标 6.6 水资源短缺和生态系统（WWAP，2015）。它为基于自然的解决方案如何被纳入相关的政策改革主流领域提供了一个示例。

2.2.4 防治荒漠化

荒漠化是由多重压力驱动的，但这个过程是土地保水能力退化的直接结果（如果没有定义的话）。作为自然灾害，本书第 4 章将进一步讨论荒漠化及与之相关的土地退化和干旱，但在相关脆弱地区的应用中，基于自然的解决方案提供的恢复景观水资源的实例，包括地下水和农业土壤，是公认的防治荒漠化（以及土地退化和干旱）方法。由于生态系统退化是荒漠化的根本原因，基于自然的解决方案是大规模防治荒漠化的唯一可行方法。因此，基于自然的解决方案正在努力恢复受影响地区的土地生产力。例如，《联合国防治荒漠化公约》促使基于自然的解决方案成为防治土地退化的主要手段(UNCCO Science-Policy Interface，2016)。这些方法的关键是水分的循环利用、土壤水分的保持和景观恢复的入渗效益增强。

2.2.5 水、卫生设施和个人卫生

虽然基于自然的解决方案对改善水、卫生设施和个人卫生（WaSH）效果的贡献主要与水质有关(参见第 3 章)，但当供水足以满足所有用途（居民生活、工业和农业）的需要时，水、卫生设施和个人卫生的目标更容易实现，也能更有效地管理供水，防止污染。基于自然的解决方案通过提高水资源的可利用量和可获得性来支持水、卫生设施和个人卫生的改善效果，减轻荒漠化、土地退化和干旱的影响只是其效果的反映。基于自然的解决方案的好处往往有利于最弱势的群体，如少数民族社区、农村社区和妇女。基于自然的解决方案的方法特别是在发展中国家，有助于确保供应安全的饮用水和适当的卫生设施，从而改善公共卫生（Brix et al.，2011)。

2.3 水循环对水资源开发利用的影响

第 1 章（见第 1.3.3 节）强调了蒸发通量对区域和全球水循环和随后降水的重要影响。这对水资源可利用量的影响是巨大的：例如，阿根廷/乌拉圭拉普拉塔盆地 70%的降水来自亚马逊雨林的蒸发(Van der Ent et al.，2010)。因此，一个地方的土地利用决策可能会显著影响到遥远的其他地区的水资源供应。尤为重要的是，需要考虑到植被清除可能对干旱地区的降雨造成最严重的影响，从而导致更为严峻的水资源短缺、土地退化和荒漠化（Keys et al.，2016)。

土地利用与土地利用变化对水分运移以及随后降水的影响，对将“流域”作为共同的管理单元提出了挑战，表明“大气流域”，或者说“降水流域”也应该被考虑在内（Keys et al.，2017)。然而，这将对水资源开发利用的管理提出极大的挑战（Keys et al.，2017)。当前管理水资源开发利用的努力少之又少，但也存在一些实例。全球环境基金正在支持一个多功能的景观尺度的计划，该计划承认亚马逊盆地在调节区域和全球气候中的重要作用，项目总投资为 6.83 亿美元，包括联合融资（GEF，2017)。设立该计划的目的就是完善政策，增加保护区的投资以及改善景观的综合管理，从而避免由于干旱和火灾而将原始森林置于枯死的临界点的失控局面，并挽救亚马逊盆地整个生态系统处于高风险之中的危险。这种事件将很难被阻止，并且由于水资源可利用量的减少而对依赖性农业（大部分位于流域以外）以及地区能源基础设施（如大坝）的寿命产生重大的社会经济影响。

2.4 基于自然的解决方案——水资源开发利用所面临的挑战

对于包括监管当局、地方政府、工业、商业、农业和民间团体在内的大多数行为者来说，要扩大基于自然的解决方案的应用，所面临的挑战主要

包括：

启用策略环境。政策环境经常会阻碍基于自然的解决方案的应用，甚至在某些情况下禁止它的应用。因此，需要有利的政策环境来促进基于自然的解决方案在必要时被采纳。例如，在农业方面，经常需要调整向农民提供的补贴和奖励办法，以支持可持续性，包括采用基于自然的解决方案。基于自然的解决方案还应该进一步整合更广泛的企业最佳实践，利用不同的品牌机会，进入新的市场或改变公众对良好企业公民的看法（WBCSD，2015a）。

认知/了解。要建立更好的信息基础和对基于自然的解决方案的认识，还有很多工作要做。水资源短缺和极端事件（洪水和干旱）会让人们意识到这一点，增加考虑选择基于自然的解决方案的可能性。民间团体是影响政策环境和投资的关键角色，可以更多地向他们灌输这方面的知识。中小型企业具有很大的累积影响，需要呼吁他们积极参与。

技术。许多利益相关方往往厌恶风险，通常更喜欢经过试验和测试的解决方案，这反倒为采用替代（非传统）工程解决方案设置了障碍。由于基于自然的解决方案的有效性在地方层面上存在很大差异（Burek et al.，2016），因此必须对其进行精心规划、设计和建造，以帮助规划人员或工程师选择正确的位置、选择恰当的基于自然的解决方案，从而发挥最大的效益是至关重要的。这反过来又要求在设计阶段对预期性能进行可靠的评估，从而得到更准确的成本效益分析。与自然建立伙伴关系需要强有力的商业案例来证实，因为它通常被认为是“替代方案”而非主流。然而，当大型企业进行详细评估并着手实施基于自然的解决方案时，其结果可能是显著的，正如SAB-Miller在2009年与世界自然基金会共同发起的“水足迹计划”所证明的那样❶。现在，基于自然的解决方案在一些政策议程中地位明显提高了，但也面临着被降级的风险，因为很多方案达不到预期效果。为了应对这种情况，需要建立一个更好的基于自然的解决方案知识库，包括对其运行效果进行更广泛的、公正的科学评估。有些基于自然的解决方案可能需要时间，而许多利益相关方更希望更快地得到结果。此外，基于自然的解决方案对土木工程等学科缺失整合能力，导致技能短缺。

金融。可能缺乏良好的数据来提供基于证据的投资选择。如果要充分降低采用的风险，基于自然的解决方案具有固有的可变性，这取决于地点和需要理解的其他因素。采用基于自然的解决方案，财政激励措施和改进的基于市场的工具（参见第5.2.2节和第6.2节）有助于丰富商业案例并促进决策制定。

制度。基于自然的解决方案通常需要高水平的跨部门和跨机构的合作。应该鼓励加快行动，并考虑将资源管理作为一种参与机制。有利的政策环境可以大力推进合作。例如，规定在投资选项中考虑基于自然的解决方案，可以促进掌握基于自然的解决方案知识的国家与作出投资选择的国家之间开展合作。基于自然的解决方案的标准、规定、指南和激励机制在国家经济体中并不常见或缺乏统一性。这也限制了行业发展，因为发展更需要确定性。

虽然基于自然的解决方案理论上包含在水资源综合管理的原则之中，但实际上并没有被很好地整合进去，甚至通常是缺位的。

基于自然的解决方案呼吁改善景观规模的水资源管理方法。几十年来水资源综合管理（IWRM）一直是一个愿望（Allan，2003），由于根深蒂固的部门利益，政治和治理障碍（Jønch-Clausen，2004）以及缺乏集体责任（Goldin et al.，2008），水资源综合管理经常失败。虽然基于自然的解决方案理论上包含在水资源综合管理的原则之中，但实际上并没有被很好地整合进去，甚至通常是缺位的。例如，水资源管理者的职能通常被限制在水领域，但有必要实施土地和水资源的综合管理（Bossio et al.，2010）。土地和水资源综合管理的概念继续在世界各地流行，而且越来越强调将生态系统服务纳入可计量的利益范畴。鉴于基于自然的解决方案的规模大小不同，除水资源调节外还涉及多种生态系统服务，因此通常需要将规模纳入考虑

❶ 更多信息，请见 www.wwf.org.uk/updates/wwf-and-sabmiller-unveil-water-footprint-beer。

范畴（Hanson et al.，2012）。这也需要更加注意水土使用管理对沿海地区和海洋资源的影响。“从源头到海洋”（S2S）模型（专栏2.8）是一种促进此类景观规模下综合管理的方法，它可以平衡各部门的发展目标，考虑生态系统服务，并支持跨不同管理目标的协调和整合（Granit et al.，2017）。这些方法还需要将水、废物和能源的循环联系起来（FAO，2014c）。

专栏2.8 从源头到海洋方法

“从源头到海洋”（S2S）方法整合并尊重上游土地和水资源管理，以及三角洲和沿海地区的下游水质之间的相互依存关系，通过地表水、地下水、河流、渠化网和基础设施线路相互连接。

“从源头到海洋”（S2S）方法认为陆地和海洋之间的动态界面捕捉到了我们时代的一个关键发展和环境挑战，以解决土地和水资源面临的日益增加的压力和退化，这些压力和退化对穷人的影响尤其大，因为他们无力采取昂贵的措施予以弥补。上游土地和水资源的直接和间接驱动力转化为下游日益增加的压力，包括河口、沿海地区和海洋以外的地区。下游社区往往无法影响或管理这些上游驱动因素。此外，共享流域的国家需要密切的国际合作来巩固协调一致的土地和水资源管理，确保跨境水资源按照所需水质和水量长期输送。“从源头到海洋”为管理这些威胁提供了一种方法，因为它考虑到了上游和下游区域的土地和水资源利用情况，以及那些依赖沿海和海洋资源的地区的需求。

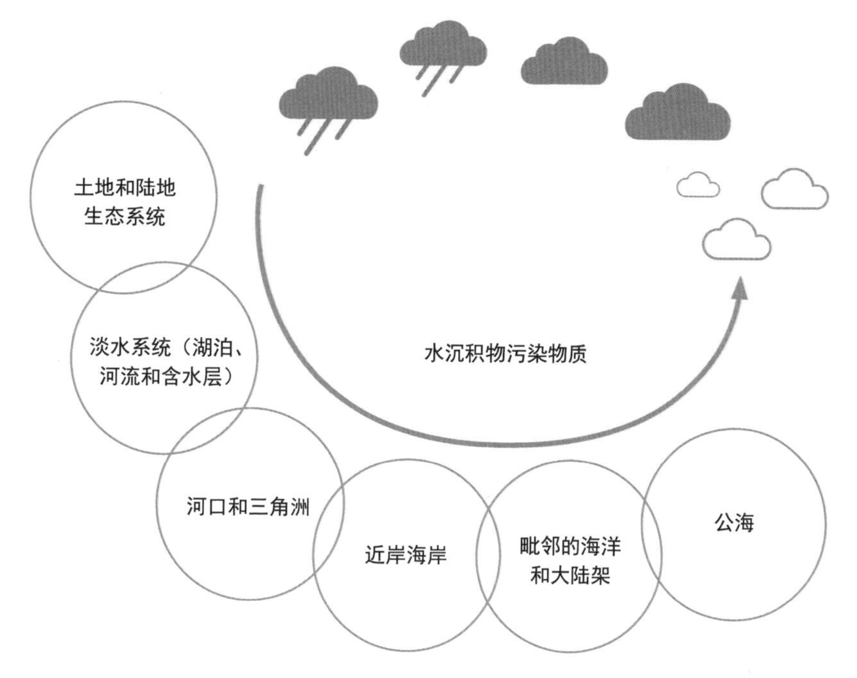

图｜连接来自“从源头到海洋”的地理区段的水、沉积物、污染和物质的关键流动
资料来源：改编自Granit等（2017年，图1，第5页）。

2.5 基于自然的解决方案——水资源开发利用和可持续发展目标

可持续的资源利用与可利用的水量一样，也在多个可持续发展目标中得到体现。倘若没有足够的水，大多数经济和社会进步都会受到限制。联合国水机制探讨了可持续发展目标中水和卫生的联系（2016a）。基于自然的解决方案——管理水资源可利用量有助于实现可持续发展目标6（水资源）中所有的目标，这反过来又提高了可利用水资源所带来的全部收益。但是，除了基于自然的解决方案之外，还有许多方法可用于管理水资源可利用量，包括通过需求侧管理、水质改善、灰色基础设施的再利用和改进等。第3章和第4章中分别介绍了基于自然的解决方案与可持续发展目标中关于水质和降低风险之间的联系，而第7章则对所有机会进行了总体评估。

许多可持续发展目标和与水有关的问题相互联系，这使得基于自然的解决方案难以将水资源匮乏与更广泛的土地和水资源管理区分开。因此，本节仅强调了部分领域，在这些领域中，相对于其他可选办法，基于自然的解决方案为解决水资源可利用量提供了更有希望的机会，同时时刻考虑到这一主题的复杂性。

到目前为止，与其他选择相比，基于自然的解决方案最能提高水资源可利用量的领域是农业，它通过提高雨养农业和灌溉系统的用水效率来实现。因此，这是实现可持续发展目标2（“消除饥饿，实现粮食安全，改善营养状况和促进可持续农业”）的一个关键要素，特别是实现其目标2.4（“……确保可持续粮食生产系统和实施有抵御灾害能力的农业措施可以提高生产率和产量，帮助维护生态系统，加强适应气候变化、极端天气、干旱、洪水和其他灾害的能力，并逐步改善土地和土壤质量”），这是可持续发展目标2中实现其他目标的基础，而又反过来进一步改善众多人类福祉（包括健康、减贫和环境可持续性）。与替代方案相比，在城市内和为城市提供水资源的基于自然的解决方案成为另一个有前景的领域，因此正在为可持续发展目标11（“建设包容、安全、有抵御灾害能力和可持续的城市和人类居住区”）做出贡献。基于自然的解决方案对水资源可利用量的协同效益，尤其是它们提高农业对生态系统外部影响的能力，为实现可持续发展目标12（“确保可持续的消费和生产模式”）和目标15（“保护、恢复和促进可持续利用陆地生态系统，可持续管理森林，防治荒漠化，制止和扭转土地退化，遏制生物多样性的丧失”）提供了重要机遇。特别值得一提的是，基于自然的解决方案是防治荒漠化的最可行手段，因此有助于实现目标15.3（“防治荒漠化，恢复退化的土地和土壤，包括受荒漠化、干旱和洪水影响的土地，并努力实现土地退化中立的世界”）。就基于自然的解决方案减轻下游对沿海或海洋地区的影响而言，它们也为实现可持续发展目标14（“保护和可持续利用海洋和海洋资源，实现可持续发展”）提供了巨大潜力。由于大多数基于自然的解决方案涉及提高系统恢复能力，并且在许多情况下增加碳存储（特别是通过土壤和植被管理），它们也为可持续发展目标13（“采取紧急行动应对气候变化及其影响”）做出了重大贡献。

我们可以指出更多的相互关联，其中一些也有可能将基于自然的解决方案应用于水资源开发利用。将在第7章中进一步探讨本主题。就目前而言，我们得出的结论认为，基于自然的解决方案对于可用水量具有很大的潜力，无论是与其他方法相结合还是作为其他方法的替代方案，都有助于实现可持续发展目标。

3 基于自然的解决方案应用于水质管理

联合国环境署 | Elisabeth Mullin Bernhardt
联合国教育、科学及文化组织国际水文计划 | Sarantuyaa Zandaryaa，Giuseppe Arduino 和 Blanca Jiménez-Cisneros
参与编写：职合国工业发展组织工业资源效率司和 John Payne（John G. Payne & Associates Ltd）；Sara Marjani Zadeh（联合国粮食及农业组织）；Michael McClain 和 Ken Irvine（代尔夫特国际水教育学院）；Mike Acreman 和 Christophe Cudennec（国际水文科学协会）；Priyanie Amerasinghe 和 Chris Dickens（国际水资源管理研究所）；Emmanuelle Cohen-Shacham（世界自然保护联盟）；Tatiana Fedotova（世界可持续发展工商理事会）；Christopher Cox（联合国环境署全球行动纲领）；Maija Bertule（联合国环境规划署丹麦水资源及水环境研究所）；David Coates 和 Richard Connor（联合国世界水评估计划）；Emily Simmons 和 Jorge Gastelumendi（大自然保护协会）；Maria Teresa Gutierrez（国际劳工组织）

污水处理厂的人工湿地

3.1 水质所面临的挑战、生态系统和可持续发展

全球水污染和水质恶化的严峻挑战会对人类和生态系统健康造成威胁，同时减少满足人类需求的淡水资源的可利用量以及与水有关的生态系统提供商品和服务的能力，包括天然水净化。在人口增长和城市化、工业化、农业扩张和集约化以及气候变化影响的驱动下，淡水水质恶化程度的证据十分普遍（见绪论）。特别值得关注的是淡水生态系统的污染，最终是沿海和海洋生态系统的污染。污染物的主要类型包括化学物质和营养物质。日益增加的盐度以及水温和气温的升高也可能产生重大影响（UNEP，2016a）。淡水湿地具有独特的过滤和改善水质的能力，全球淡水湿地的流失尤其令人担忧；据估计，自1900年以来，全球已经丧失了64%～71%的湿地面积（Davidson，2014）。

农业径流是养分载荷和其他污染物（如农药）的主要来源。城市和工业废水管理不力是另一个主要水污染源（UNESCO，2015a），特别是在低收入国家，其中只有约8%的此类废水经历过某种形式的处理（Sato et al.，2013）。不安全的卫生设施管理导致病源污染物污染饮用水水源，造成水传播疾病的泛滥（UNEP，2016a）。受污染的城市雨水径流，采矿和采掘业产生的废水，包括工业溢出物，泥沙和固体废物排放到水体中，也直接影响地表水和地下水的水质，有时会造成严重的化学和重金属污染。新兴污染物（包括抗生素、激素和其他药物、个人护理产品、家用和工业化学品）给水质带来了新的挑战。例如，多重耐水病原体和内分泌干扰化合物可能对人类健康和生态系统构成重大风险（UNESCO，2015b）。关于污染程度和水质退化程度具体数据的通常缺失，进一步加大了与水质管理有关的挑战（UN-Water，2016a）。

水质下降和水污染加剧将阻碍许多可持续发展目标的实现以及其他国际协议前景的发展。

气候变化还通过影响季节性可利用水量（或缺少可利用水量）及其温度，改变其物理化学和生物参数（Delpla et al.，2009），从而导致水质下降。更频繁和更猛烈的洪水会导致污染物通过径流扩散，海平面上升会导致更高的盐度。日益严峻的水资源短缺和水文循环的变化会影响淡水生态系统的空间范围、生产力和功能，包括它们提供生态系统服务的能力，其影响往往延伸至下游或沿海地区（Parry et al.，2007）。降水量和河流流量的改变减少了可用水量，也直接导致水质的下降（Finlayson et al.，2006）。实际上，当水不再直接用于许多生产用途时，由此产生的较低水质水平本身就是一种释缺形式（Aylward et al.，2005）。

水质恶化直接转化为环境、社会和经济风险，影响人类健康，限制粮食生产，降低生态系统功能并阻碍经济增长（UNESCO，2015a）。因此，水质是可持续发展概念的核心。可持续发展的概念通过《2030年可持续发展议程》及其可持续发展目标走上了行动的最前沿，下文第3.5节对此进行了更详细的阐述。水质下降和水污染加剧将阻碍实现许多可持续发展目标以及影响像《爱知生物多样性目标》等其他国际协议的前景。

3.2 基于自然的解决方案——维持或改善水质

3.2.1 保护水源水质

健康的流域可以收集、储存、过滤并向各种规模的社区供水。水源保护减少了城市供水企业的水处理费用，有助于改善农村社区获得安全饮用水的途径，并可能为农业灌溉等其他用途提供适当质量的水。

流域保护对提高人类居住区，尤其是城市，用水水质的潜在好处是巨大的。例如，最近Abell等的建模练习（2017）显示，估计土地保护和/或恢复活动（如森林保护、再造林和农业覆盖作物的应用）可能使流域中沉积物或营养物质（磷）减少10%（或更多），目前这些流域覆盖全球37%的无冰陆地表面（480万km^2）。超过17亿人（超过一半的世界城市人口）居住在该研究覆盖的4 000个城市中，因此，将基于自然的解决方案应用于改善这些流域水源的水质，可以帮助这些人口潜在受益，其中包括“7.8亿的人口，他们居住的流域位于人类发展指数（截至2014年）最低10%的国家”（Abell et al.，2017，第71页）。

如果管理得当，森林、湿地和草地以及土壤和作物能为提高水源保护提供高价值的“绿色基础设施”。它们通过减少泥沙负荷、防止土壤侵蚀和截留污染物，在调节水流量和维持水质方面发挥着重要作用（UNEP-DHI/IUCN/TNC，2014）。森林覆盖的河岸缓冲区有助于防止河流污染，同时树荫有助于减少热污染（Parkyn，2004）。草地被广泛应用于水质管理中，有时比森林提供的水质更好（第1章）。上游湿地还可以提供显著的水质效益，因为它们具有促进污水过滤和污染物吸收的自然能力（TEEB，2011）。

景观恢复改造，尤其是恢复农业系统的功能性，是一种被大规模推广采用的现行做法。它不仅能有效提高水质，而且还带来了多重效益（专栏 3.1）。

专栏 3.1　美国保护水质储备计划

美国农业部（USDA）的保护水质储备计划（CRP）旨在从农业生产中移除对环境敏感的私人土地，重建草地和树木，以保护水质、减少水土流失和增加野生动物栖息地。截至 2016 年 8 月，已有近 10 万 km^2 的土地签约参与了该计划。

农民参与该计划是自愿的，因为涉及对他们合法拥有的土地采取行动。农民提供土地参与该计划，农业服务机构使用环境效益指数对他们的贡献进行评估和排名。指数中考虑的因素包括野生动物栖息地覆盖效益，减少侵蚀，径流和淋滤的水质效益，减少侵蚀的农场效益，持久效益，空气质量效益以及成本。

作为退耕还林还草的土地交换，参与的农民可获得 10～15 年的租金和分担费用的合同援助。租金按年支付，并根据当地的农用旱地现金租用农田的费率计算。费用分摊援助可用于支付为实现养护目标而实施经批准措施的费用的 50%。该计划每年向农民支付大约 20 亿美元的租金和分担费用。

该计划已被证明可以减少农场的氮和磷径流量，减少量分别超过 90%和 80%。超过 1.1 万 km^2 的湿地得以恢复，水土流失每年减少 1.8 亿 t。此外，碳固存相当于每年平均为 4 900 万 t 二氧化碳当量。该方法还可以提高农业的弹性、可持续性和生产率。

资料来源：美国农业部农场服务局（2008 年；2016 年）。

供稿：Michael McClain（代尔夫特国际水教育学院）。

根据当地不同情况，一般同时采用保护或恢复流域的各种土地管理干预措施（表 3.1），通常能获得各种各样财政和其他激励措施的支持，例如环境服务付费（PES）计划（见第 5.2.2 节），它通常使用创新的公私合作伙伴关系，再如在几个国家运作的各种水基金（专栏 3.6）。

表 3.1　常见的水源保护活动分类

水源保护活动	描　　述	水源保护活动	描　　述
有针对性的土地保护	有针对性的土地保护，该术语涵盖为保护目标生态系统（如森林、草地或湿地）而开展的所有保护活动。农林牧场——种植在农作物或牧场里的树木或灌木——也可能是保护的重点。 有针对性的土地保护通常作为预防措施，以减少未来不利环境影响的风险，如土地利用改变可能会导致沉积物或养分载荷的增加。因此，这些类型保护活动与那些专注于减少当前污染物负载的活动不同	牧场最佳管理实践（BMP）	牧场最佳管理实践是牧场土地管理实践的变革，可以用来实现多重积极的环境成果。林牧复合是将树木与牧草牧场和牲畜相结合的做法。 通常通过改进放牧管理实践、牧场结构（例如道路、围栏、等级稳定）或土地治理（例如，灌木管理、草原补播、田间处理边缘等），维持或改善水土质量来实施牧场最佳管理实践。这些类型的改进通常试图减少沉积物和营养物负载（例如，磷、氮）以及来自家畜废物的潜在有害病原体

续表

水源保护活动	描　　述	水源保护活动	描　　述
植树造林	植树造林是通过种植（直接播种）或自然更新恢复天然林、草地或其他生境；包括牧场再造林（在牧场上主动或被动恢复森林）。 植树造林恢复了自然的能力：1）保持土壤并减少侵蚀；2）自然过滤来自地表径流的污染物；3）帮助水入渗到土壤	火灾风险管理	火灾风险管理包括部署减少森林燃料，从而降低灾难性火灾风险的管理活动。火灾风险管理通常也被称为"减少森林燃料"，其目的是通过机械减薄和/或控制燃烧来实现减少可燃物的目标。 火灾风险管理通常用于易发生灾难性野火的森林地区。当火灾后发生大暴雨时，森林覆盖的突然消失以及灾难性火灾对地面覆盖物和土壤造成的破坏可能引发特别严重的问题，因为这些事件可能导致无覆盖物保护的山坡遭受大规模侵蚀。因此，与有针对性的土地保护类似，火灾风险管理寻求既保护健康森林的完整性，又减少未来增加沉积物和营养物质输送的风险，这与其他旨在减少目前年度污染物负载的活动不同
河岸恢复	河岸恢复是指沿着河流、溪流或湖岸的陆地与水界面的自然栖息地的恢复。这些条状地带有时被称为"河岸缓冲区"。 河岸缓冲区是指陆地与河流、溪流或湖泊交界的区域。河岸恢复旨在恢复河岸功能以及陆地和水生生态系统之间的物理、化学和生物联系（Beschta and Kauffman，2000）。原生树木深深地扎根土壤之中，锁住土壤，这是健康的河岸地区的主要特征。草和灌木也是重要的地面覆盖物和生物过滤器。河岸缓冲区特别重要，因为它们是防止污染物流入河流的最后一道防线。它们可以在水边提供重要的栖息地，并通过遮阳帮助降低水温。温度调节对于水保持足够的溶解氧的能力具有重要意义，对于水生物种的存活至关重要，并且对于减少藻华的发生率有帮助（Halliday et al.，2016）	湿地恢复和创造	有些湿地因为已经排干水、进行种植或由于其他方式的改造而退化。湿地恢复和创造是指重建这些原有或退化湿地的水文、植物和土壤，或创建新的湿地、抵消湿地损失或模仿天然湿地的功能。 湿地是全部或部分时间土壤被水覆盖的区域。湿地可以保护和改善水质，为鱼类和野生动植物提供栖息地，储存洪水带来的水量，在干旱期间保持地表水径流。因此，湿地恢复的整体性质，包括动物的重新引入，非常重要。通常情况下，湿地是通过挖掘高地土壤到海拔高度而形成的，创建适当的水文系统来支持湿地物种的生长而形成的。可以通过这种或其他方式创建或恢复湿地，例如拆除地下排水沟、修建堤坝或堵塞明渠
农业最佳管理实践（BMP）	农业最佳管理实践是农业土地管理的变革，用以实现多重积极的环境成果。 农业最佳管理实践形式多种多样，包括覆盖作物、保护性耕作、精准施肥、灌溉效率、等高耕作和农林兼作等做法。在现有水基金的范围内，农业最佳管理实践主要是指改善农田土地管理实践，特别是侧重于减少侵蚀和养分径流的实践。这些做法可以有助于保护饮用水供应，并有助于保护其他用途，如休闲、动物栖息地、渔业以及灌溉和牲畜饮水等农业用途	道路管理	道路管理指采取一系列避险和减灾技术，减少道路环境影响，包括对土壤、水、物种和栖息地的负面影响。 道路的环境影响，包括：流失和压实的土壤；改变土壤 pH 值、植物生长和营养群落结构的条件；重新配置可能导致水文状况改变的地貌；和/或增加可能影响陆地和水生系统的滑坡及泥石流的数量和范围。管理道路的缓解技术包括减少侵蚀并改善道路交叉口，或实施通道管理以及关闭和停用道路

资料来源：改编自 Abell 等（2017 年，表 2.4，第 39 页）。

以自然为基础的水源保护措施通常比管理下游影响（例如，在用水时进行水处理；参见第 6 章）的成本更低。更高质量的水源意味着水处理成本的节约（Gartner et al.，2013），并可能避免扩建或新建处理设施的投资成本（TEEB，2009）。

3.2.2 减少农业对水质的影响

农业通过点源和面源（扩散）污染两条途径影响水质。点源污染，例如来自集约化牲畜饲养或食品加工设施的未经处理（或处理不当）的废水所造成的影响，更多地属于工业运营领域，并在第 3.2.4 节中有所涉及。

在大多数情况下，绿色和灰色基础设施可以而且应该协同工作。

到目前为止，农业面源污染仍然是世界范围内更严重的问题，包括在发达国家也是如此（见第 1 章）。不过，它也是基于自然的解决方案最易解决的问题。这种污染主要是由于两个相互关联的原因造成的（FAO，2011b）。首先，过度使用农用化学品，随后化学品渗入地下水或流向地表水，而且这种行为往往得到不正当补贴的鼓励。其次，“现代”机械耕作技术，特别是清除植被和强化耕作，这会降低土壤或植被层生态系统的功能，并降低其提供对维持水质至关重要的若干生态系统服务的能力。例如：土壤中养分循环的减少导致肥料淋溶和径流增加，肥料利用效率降低，从而不得不通过增加施肥加以补偿。同样，减少农业景观中的病虫害管理服务也会增加农药的使用，这反过来又通过对非目标生物的影响进一步侵蚀生态系统，促进农药的使用。将裸露土壤暴露于农业系统中，特别是暴露在斜坡上，会大大增加侵蚀以及随后对水质造成影响（见第 1 章）。这些影响延续了一个有害的和代价高昂的循环，违背了农民的利益：他们没有因为在自己的田地上使用化肥和/或农药而受益，但事实上却为之带来的损失和后果买单；农民认识到，保持其农田土壤对于自己生计的可持续性十分重要。人们已经认识到，要使农业能够增加产量，同时变得更具有可持续性，关键方法是可持续的生态集约化的概念（FAO，2011b；2014b）。这主要涉及恢复景观中的生态系统服务，以支撑可持续的生产力增长，同时将外部影响带入可接受的限度内。改善水质将是这些重要的好处之一。

近几年来，由于农民通过提高农业生产率和可持续性，而其他利益相关方群体也可从中受益，这种做法取得了很大进展。例如，“保护性农业”采用旨在最大限度减少土壤干扰的做法，以确保一定程度的永久性土壤覆盖和定期轮作，是可持续生产集约化的主要方法，得到迅速的普及（见第 2 章，专栏 2.3）。该方法具有多种功效，但其重要好处之一是通过改善养分循环来改善水质，从而减少肥料的使用和土壤侵蚀。一系列其他基于自然的管理干预措施被广泛应用于减少农业对水质的影响，例如：

- **河岸草地和树木缓冲区**是减少农田养分和泥沙径流到水生生态系统的一种普遍和经济有效的途径。这些植被区有发育良好的根系、有机表层和下层植被，可作为径流水和沉积物的物理和生物过滤器，处理富含的养分和其他农用化学品。
- **农田边界和缓冲带**是沿农田生长的植被带，通过固定地表径流中的泥沙和养分输移，增加入渗，使最终流到河道的径流量最小化，从而减少农田水污染（专栏 3.2）。

专栏 3.2 欧洲农田使用缓冲带改善水质

自 2005 年以来，欧盟共同农业政策的交叉遵守机制要求所有接受直接支付的农民遵守有关土地良好农业和环境条件的标准，沿水道建立缓冲区。2015 年，约 90% 的欧洲农田（156 万 km^2）符合标准（EC，2017a）。

然而，对于欧洲农场缓冲带对水质的影响尚未进行系统分析。由于欧盟硝酸盐指令和其他政策行动所要求的一系列营养减少措施，欧洲河流的养分载荷已经减少，很难单独统计河岸缓冲带所带来的贡献。

供稿：Michael McClain（代尔夫特国际水教育学院）。

- **植物河道**（湿缓冲带和其他类型的湿润地带）是排水通道，农田径流流经植被覆盖处，通过与植物的物理接触过滤沉积物、养分和其他农用化学品，对通道中的底土有一定过滤作用。

在大多数情况下，这些干预措施的效率取决于植被类型和其他因素，如径流速度和渗透速率，如果是排水渠，则应进行维护，以避免受到侵蚀或被泥沙堵塞。

• **水和泥沙控制盆地**（一般在陡峭的陆地斜坡上）的设计目的是用来分流径流，并通过管道出口或入渗临时蓄滞和排放水。它们有助于减少可能带来沉积物和养分的侵蚀性地表径流，从而增加入渗。这种盆地的常用类型是干燥滞留盆地，它是通过挖掘产生的草地凹陷或盆地引导径流，这有利于沉积物的缓慢过滤和植被对养分的吸收。另一种类型是生物滞留结构，其通常用回填的土壤、覆盖物和植被来保留径流，通过滤床组件入渗，并依赖于土壤基质内和植物根区周围的生物和生物化学反应。

• 农业景观中的**湿地**能够有效地减少农业区域到下游受水区的养分和悬浮沉积物负载，提供生境镶嵌，并为景观功能提供各种生态系统服务和效益。英国和爱尔兰农场湿地评估（Newman et al.，2015）指出，除人工湿地系统（露天池塘）中的硝酸盐外，所有类型的农业湿地系统对许多污染物的去除水平较高，包括总氮、铵/氨、硝酸盐和亚硝酸盐、总可溶性活性磷、化学需氧量、生化需氧量和悬浮固体。然而，农业湿地需要详细的规划和细致的维护，方可在长时间内发挥最佳的设计功能。

• **生态水文学**（参见第 1 章，专栏 1.1）是一种综合考虑从分子到流域规模中水—生物群相互作用的方法，使用了上述多种方法，以改进景观的水资源管理方式。这对减少农业污染尤为重要（UNESCO，2016）。

如果在农业生产土地资源不足的地区，上述部分干预措施可能减少种植面积。然而，这并不意味着会降低整体产量，因为全系统的改进可能会随之而来。例如，在简化并且高度集约化的单作系统中的景观多样化不仅改善了水质，而且同时增加了其他地区的作物产量，以补偿作物损失的面积（Liebman 和 Schulte，2015）。通过使用保护性耕作、作物多样化、豆科植物强化和生物虫害控制等实践来保护生态系统服务的农业系统，已被证明具有与集约化、高投入系统同样的效果（Badgley et al.，2007；Power，2010）。

对于将绿色基础设施纳入城市规划和设计，管理和减少城市径流污染，人们兴趣日益增加。

3.2.3 改善人类居住区的水质

对于将绿色基础设施纳入城市规划和设计，管理和减少城市径流污染，人们的兴趣日益增加（UNEP-DHI/IUCN/TNC，2014）。例如，使用绿色墙壁、屋顶花园、街道上的树木和植被渗透或排水区来支持废水处理并减少雨水径流。湿地和其他可持续排水设施也在城市环境中被广泛地使用，以减轻受污染的雨水径流和废水的影响（Scholz，2006；Woods Ballard et al.，2007）。然而，如果在城市环境中未使用综合的方法管理水，那么水流中的水质可能无法显著得到改善（Lloyd et al.，2002；Gurnell et al.，2007）。这些方法提供了进一步的协同效益，改善了居民的生活质量（Cohen-Shacham et al.，2016）。基于生态水文学的方法，如城市地区绿地和水道的综合规划和管理，被称为“蓝色—绿色”网络（University of Lódi/City of Lódi，2011），可帮助改善城市地区的水质。例如，开发用于城市雨水净化的序贯沉淀/生物过滤系统，可加强城市地区的水滞留，以适应气候变化，同时改善城市居民的健康、提高生活质量（Zalewski，2014）。

模拟天然湿地功能的人工湿地是处理生活污水最常用的基于自然的解决方案。该方法利用湿地植被、土壤及其相关的微生物功能去除多余的氮、磷、钾和有机污染物。天然和人工湿地也可以对一系列新兴污染物进行生物降解或固定。在常规废水处理流入物和污水中监测的 118 种药物中，近一半仅部分去除，效率低于 50%（UNESCO/HELCOM，2017）。研究表明，人工湿地可以为从生活污水中去除新兴污染物提供替代解决方案，从而有效地补充传统的废水处理系统。乌克兰（Vystavna et al.，2017；UNESCO，即将出版）（专栏 3.3）以及其他中试研究（Matamoros et al.，2009；Zhang et al.，2011）和全面的研究（Vymazal et al.，2017；Vystavna et al.，2017），已经证明了人工湿地去除各种药物的有效性。这些结果表明，对于部分新兴污染物，基于自然的解决方案的效果比灰色解决方案更好，在某些情况下可能是唯一的解决方案。

基于自然的解决方案还可以通过管理含水层的补给（MAR）（参见第 4.2.3 节）来提高中水水质部分处理后的废水通过生物物理过程渗入土壤和底泥，水质得到改善（专栏 3.4）。

专栏 3.3 乌克兰利用人工湿地去除水中药物

在联合国教育、科学及文化组织关于《乌克兰东部水和废水中新兴污染物：事件，宿命及管理》水质案例研究的国际倡议下，在乌克兰试点人工湿地做了去除药物的相关研究。研究表明，湿地在去除废水中药物方面具有巨大的潜力，不同药物的去除率从5%到90%不等（见图）。通过比较2012年湿地运行开始时和三年后2015年的测量值，通过改变其运行设置（延长水停留时间，提高大型植物的生长覆盖率和安装曝气系统），检验了污染物去除率与湿地运行条件之间的关系。调整运行设置后，大部分药物的去除率都有所提升（见图）。

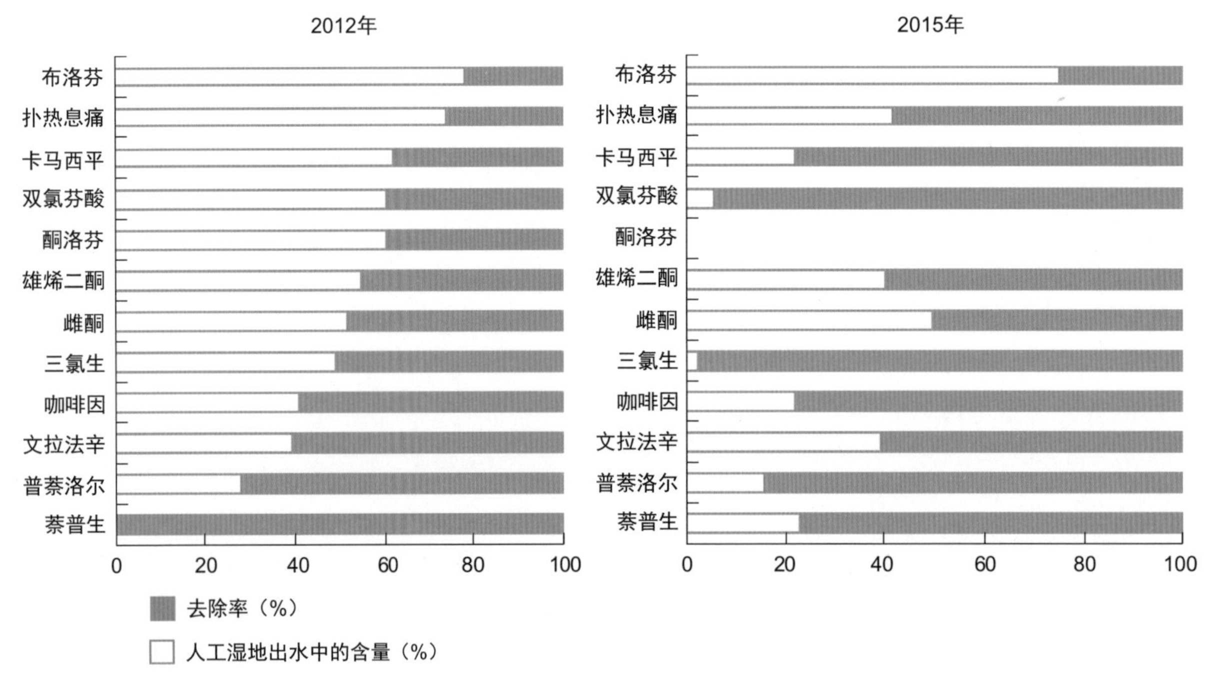

图｜ 2012年和2015年试点人工湿地中不同运行条件下药物去除率的变化对比图

资料来源：UNESCO（即将发布）。

人工湿地更有效地去除了卡马西平和双氯芬酸等难处理的化合物。这些化合物在经过处理的废水中检测到的浓度最高。如此高的去除效率也归因于湿地的不同管理参数，因此需要进一步研究人工湿地成熟度与污染物去除率之间的关系。

资料来源：Vystavna等（2017年）；UNESCO（即将出版）。

供稿：Yuliya Vystavna（捷克科学院）、Yuriy Vergeles（乌克兰国立城市经济大学）和Sarantuyaa Zandaryaa（联合国教科文组织-国际水文计划）。

专栏 3.4 以色列利用土壤对废水进行三级处理，增加地下水供应并提高水质

沙夫丹污水处理厂经二级处理后的废水渗入沙质沿海平原，渗透到含水层进行后续回收，水质进一步改善。每年约有1.11亿～1.3亿 m^3 的污水被输送到5个渗透盆地（每个盆地约包含10个次盆地）。这些渗透盆地以3～5天为周期，干燥期为1天。然后从渗透盆地周围的两个生产井环中回收废水。通过土壤含水层的处理，水质得到显著改善，用于无限制灌溉，从而增加了以色列干旱地区的水资源供应。

资料来源：Goren（2009年）。

供稿：Catalin Stefan（德累斯顿工业大学，通过GRIPP：gripp.iwmi.org/）。

3.2.4 减少工业对水质的影响

基于自然的解决方案能否用于工业废水处理取决于污染物类型及其数量。对于许多受污染的水源，可能仍然需要采用灰色基础设施解决方案。然而，基于自然的解决方案在工业上的应用，特别是用于处理工业废水的人工湿地正在不断增长。对33个国家138份申请的审查表明，人工湿地已被用于许多类型的工业废水处理（Vymazal，2014）。过去20年中，在石油化工、乳制品、肉类加工、屠宰场以及纸浆和造纸厂废水等工业废水的处理中，证明了人工湿地对废水处理的效用。最近新增了其在啤酒厂、制革厂和橄榄油厂废水处理中的应用（Vymazal，2014；De la Varga et al.，2017）。

人工湿地在乳品废水处理方面占有一席之地，特别适用于处理奶制品厂、奶酪生产、其他食品工业和酿酒厂的废水（De la Varga et al.，2017）。基于自然的解决方案管理工业废水通常会为行业和利益相关方提供“双赢”的局面，创造一系列社会经济协同效益（见第3.4节）。

3.3 基于自然的水质监测——生物监测

虽然本报告没有指明关于基于自然的解决方案的严格规定（见第1章），但生物监测是一种重要而有用的工具。水质变化等外部压力会引起水生生物（无脊椎动物、藻类和鱼类）及其行为发生变化，生物监测因此可以监测水质，从而有助于实现水质管理目标。生物监测提供了相对低成本的水质监测解决方案，能帮助填补水质数据和信息缺口。利用对诸如污染物等多种压力源敏感的指标物种进行生物监测，可以非常有效地支持当地的水资源管理。多年来，生物监测工具被纳入水资源管理实践，不仅用于水质监测，而且作为一般水生生态系统的健康指标。生物监测已融入现代水质监测技术（专栏3.5）。

专栏3.5 利用水蚤和藻类监测水体毒性，及早发现污染浪潮——德国沃尔姆斯莱茵河水质监测站

在德国莱茵河水质监测站的河水（原生境）和实验室分析（非原生境）中，都使用水生生物监测莱茵河的整体健康状况和水质。一种淡水甲壳动物，水蚤，对水污染物会发生毒理反应，因此被用来为水毒性监测“报警”。由于水蚤对特定污染物或高污染负载的毒理反应相对较快，因此可以及早发现异常污染事件。及早发现这种水污染，对于立即采取措施保护饮用水供应和生态系统免受有毒或高污染负载污染非常重要。莱茵河水质监测站还使用藻类作为生物测试样本，用于在线（30min间隔）监测除草剂等有毒物质。

供稿：Sarantuyaa Zandaryaa（联合国教科文组织-国际水文计划）*。

* 与莱茵河水质监测站团队成员中的个人沟通。有关更多信息，请访问 www.rheinguetestation.de/。

作为直接衡量生态系统健康状况的指标，生物监测对普通公众来说非常直观，因此也有助于提高社区的认识（Aceves-Bueno et al.，2015）。例如，在南非，小型河流评估评分系统（mini-SASS）[1]应用于社区水质监测和管理，支持参与式水资源管理（Graham et al.，2004）。它为公民监测提供了一种工具，这种工具与传统知识一起在水资源管理方面日益受到重视，特别是随着数据传输、数据处理和可视化技术的发展而得到更广泛应用（Lansing，1987；Huntington，2000；Minkman et al.，2017；Buytaert et al.，2014）。

南非提供了一个广泛使用生物监测的例子。主要基于使用SASS指数监测无脊椎动物（Dickens和Graham，2002），以鱼类、河岸植被和硅藻为基础开发了补充生物指标，这些指标已纳入南非河流生态状况监测计划。该计划涉及两个政府部门、一家研究机构和一些民间组织，从而为水资源参与式管理提供了示范（DWA，日期不详）。此外，南非还利用生物指标进行河流健康监测，报告环境状况，确定环境流量或需水量的输入值，作为在管理类别中将水资源进行分类的工具，并用于设定对所

[1] 更多相关信息，请见 www.minisass.org。

有政府部门具有法律约束力的资源质素目标。对生态系统健康的生物测量已纳入可持续发展目标6.6与水相关的生态系统中。

3.4 基于自然的解决方案——管理水质的协同效益和局限性

3.4.1 环境和社会经济协同效益

将基于自然的解决方案纳入水质管理主流的做法，不仅提供了有前景的成本效益解决方案，而且还附带获得了额外的环境和社会经济效益。

基于自然的解决方案管理水质的环境协同效益，包括保护和加强生物多样性，以及减少或扭转陆地和水生生态系统及其服务（提高水资源可利用量和生态系统服务）的丧失和退化趋势。因为上游流域的营养过剩可能会造成富营养化，所以改善水质所带来的环境效益可延伸到下游沿海地区，而且往往会进一步支持改善海洋健康。基于自然的解决方案的水质管理还提供其他功能和服务，包括改善栖息地、固碳、稳定土壤、补给地下水和防洪（Haddaway et al.，2016）。

改善水质的社会经济效益与减少公共卫生风险和促进经济发展和/或可持续生计有关——特别是对农村地区和社区，因此有助于减少影响到妇女、弱势群体、穷人和生活在贫民窟/非正式居住区的人民的社会不公平现象。一般来说，最穷困的人可能从基于自然的解决方案获得改善水质的好处最大，尤其是当他们缺乏获取改善水源和面临粮食不安全风险时。但是，实施基于自然的解决方案进行水质管理会产生额外的协同效益，而这些是灰色解决方案并不一定能够提供的。创造就业机会就是实证之一，包括与实施基于自然的解决方案直接相关的工作。

3.4.2 基于自然的解决方案改善水质的局限

作为水质管理的替代或补充干预措施，基于自然的解决方案的应用前景光明。然而，仍然存在一些挑战和局限，可能会妨碍它在某些应用中的广泛使用。基于自然的解决方案在技术上的局限性是其去除某些污染物的能力有限，特别是在废水浓度高的工业和采矿应用中。例如，有证据表明，湿地可以去除水中20%～60%的金属物质，并从径流中捕获80%～90%的泥沙。虽然在一些湿地植物的纤维内发现的重金属浓度是周围水中浓度的10万倍，但是对于许多湿地植物能够去除与农药、工业废水排放和采矿活动等相关的有毒物质的能力，我们掌握的信息甚少（Skov，2015）。因此，有必要认识到生态系统的承载能力是有限的，并确定相关阈值，一旦超出这个阈值，多排放的污染物和有毒物质将导致不可逆转的破坏。

另一个局限性是去除某些污染物需要更长的滞留时间。研究表明，水相对缓慢地通过湿地，为病原体失去生存能力或被生态系统中的其他生物体消耗掉提供了足够的时间。然而，湿地中还存在着有毒物质积累的可能性，这实际上是将湿地变成了潜在的“热点”，高浓度的污染可能会对湿地生态系统的功能和健康产生不利影响（Skov，2015）。因此基于自然的解决方案作为常规水处理技术补充的混合方法，尤其为减轻严重的营养负荷提供了适当的解决方案。由于基于自然的解决方案可能需要更长的滞留时间，因此需要与常规处理方法的速率保持平衡，可能涉及更大的生态系统领域，以及共同的监管要求（见第6章）。

通过与传统水基础设施互补和整合的方式，基于自然的解决方案可以为供水服务提供支撑（UNEP-DHI/IUCN/TNC，2014）。因此，无论对于水质还是其他水资源管理目标，必须根据可能的成本和收益的标准化方法将基于自然的解决方案与其他备选方案合并考虑是非常重要的。这应该包括适当考虑到除了基本的水质效益外，基于自然的解决方案还可提供广泛的环境和社会经济协同效益（包括适应气候变化能力的提高）。在水资源管理规划中结合使用基于自然的解决方案和灰色基础设施，也提高了灰色水利基础设施的可持续性。

基于自然的解决方案在技术上的局限性是其去除某些污染物的能力有限，特别是在废水浓度高的工业和采矿应用中。

更广泛的利益相关方参与和社区参与对基于自然的解决方案的实施十分重要，特别是那些依赖景观提供产品和服务来维持生计的人们的参与。由于基于自然的解决方案对水质及其具体应用取决于许多因素，因此，我们面临的挑战是，因缺乏基于自然的解决方案积极影响的完善的历史证据，而无法与其他解决方案进行比较。与传统水处理技术的成熟性相比，这可能会增加此类项目的感知风险或不确定性水平（UNEP-DHI/IUCN/TNC，2014）。填补这一信息空白是使基于自然的解决方案管理水质与传统替代方法保持平等的关键。

可以通过以下方式减少基于自然的解决方案在水质管理应用中的局限性：

• 完善基于自然的解决方案在管理水质方面的知识库，推动研究和创新，包括在水文、环境、社会经济和管理等不同条件下测试基于自然的解决方案；

• 通过分享和传播知识，以及制订以基于自然的解决方案为重点的教育计划，作为水资源管理的组成部分，加强能力建设；

• 将基于自然的解决方案纳入水质管理的政策和法规框架，鼓励对基于自然的解决方案进行投资和开展实践；

• 通过案例阐释基于自然的解决方案管理水质的商业价值，促进私营部门对基于自然的解决方案的投资（专栏3.6，另见第5.2.2节）；

• 与民间团体合作，提高对基于自然的解决方案水质管理潜力的认识，倡导支持基于自然的解决方案的政策变革，并促使基于自然的解决方案向政治领导层推广。

专栏3.6 水基金作为水源水域保护实施基于自然的解决方案的手段

水基金是由城市和保护从业者开发的机构平台，可以通过弥合科技、司法、财政和实施方面的差距来解决治理问题。过去15年的研究表明，水基金有能力使下游用户投资上游栖息地保护和土地管理，以改善水质和水量。在基多、圣安东尼奥（得克萨斯州）以及最近在内罗毕的实践都可作为示例（Abell et al.，2017）。内罗毕水资源基金的目的是展示如何在上塔纳流域投资基于自然的解决方案。该流域面积约170万hm^2，供应内罗毕95%的饮用水，可以创造双重投资回报。一个商业案例发现，水基金投资1 000万美元于河岸缓冲带、重新造林和改进农作，预计在未来30年内可获得约2 150万美元的经济收益。

供稿：Elisabeth Mullin Bernhardt（联合国环境署）。

3.5 基于自然的解决方案为与水质相关的可持续发展目标做出贡献的潜力

基于自然的解决方案为管理水质创造的效益和“协同效益”对实现可持续发展目标具有很大的潜力，促使社会向可持续发展转变。改善水质还可以提高可用水量（用于多种用途），并且在某些情况下可以降低与水有关的风险，大多数可持续发展目标及其子目标都有很多潜在的联系。

表3.2概述了改善水质与基于自然的解决方案提供特别承诺的可持续发展目标之间最显而易见的直接联系。

可持续发展目标6“确保人人享有清洁饮用水和卫生设施及其可持续管理”。用于管理水质的基于自然的解决方案支持实现可持续发展目标6的所有子目标。广泛实施基于自然的解决方案，如为改善水源水域水质而进行的流域保护、为降低不同来源养分和污染物而修建的人工湿地，对于实现目标6.3至关重要。基于自然的解决方案可以通过减少不安全饮用水和卫生设施对人类健康造成的风险，例如水源保护和卫生方面的替代解决方案（如生态卫生设施），为目标6.1和目标6.2作出贡献。所有用于管理水质的基于自然的解决方案都是在可持续发展目标6的背景下实施目标6.6的手段。

基于自然的解决方案在改善农业系统对水质的影响方面尤为突出，因此是实现可持续发展目标2（尤其是促进可持续农业）的关键，因为减少对水质的影响是农业可持续性的关键决定因素，特别是对于目标2.4。基于自然的解决方案对改善水质的贡献所带来的健康收益（可持续发展目标3）不言而喻。同样，对于保护和持续使用大洋、海洋和海洋资源（可持续发展目标14），各种减少陆地污染的基于自然的解决方案作出了重大贡献，在减少养分的输入方面（目标14.1）尤其如此。绿色基础设施（基于自然的解决方案）是构建有抵御灾害能力基础设施的一个组成部分（可持续发展目标9）。同样，绿色基础设施是建设安全、有抵御灾害能力和可持续城市的重要组成部分（可持续发展目标11）。

基于自然的解决方案改善水质的环境协同效益特别重要，因为它们有助于普遍支持生物多样性和生态系统（可持续发展目标15，除可持续发展目标14之外）。陆地和水生生态系统错综复杂。尤其值得一提的是，基于自然的解决方案使用生态系统功能和服务，通过流域保护、自然或人工湿地、重新造林和缓冲地直接支持目标 15.1、目标 15.2 和目标 15.4。基于自然的解决方案改善水质，如建立缓冲带和河岸植被区，有助于实现防止荒漠化、土地退化以及栖息地减少和生物多样性丧失的目标 15.3 和目标 15.5。用于管理水质的基于自然的解决方案的实施有助于实现目标 15.9：将生态系统和生物多样性价值纳入发展战略。

基于自然的解决方案能与可持续发展目标 7（清洁能源）建立额外的联系。由于大多数基于自然的解决方案需要非常少的（如果有的话）外部能量，它们可以减少传统废水处理技术的能量需求。提高农业养分和化学品使用效率的基于自然的解决方案与可持续发展目标 12（“负责任的消费和生产”）特别相关，同样，管理城市径流（重金属和化学品）的基于自然的解决方案对目标 12.4 做出贡献尤其大（减少将危险化学品释放到水和土壤中）。基于自然的解决方案管理水质所带来的环境和社会经济效益也支持可持续发展目标 1（消除贫困）和可持续发展目标 2 的其他方面，例如通过改善生计，特别是在农村地区。

表 3.2　可持续发展目标中的水质

可持续发展目标	目标	
SDG 6 清洁饮水和卫生设施	6.1	人人普遍和公平获得安全和负担得起的饮用水
	6.2	实现人人享有适当和公平的环境卫生和个人卫生，杜绝露天排便，特别注意满足妇女、女童和弱势群体在此方面的需求
	6.3	通过以下方式改善水质：减少污染，消除倾倒废物现象，把危险化学品和材料的排放减少到最低限度，将未经处理废水比例减半，大幅增加全球废物回收和安全再利用
	6.6	保护和恢复与水有关的生态系统，包括山地、森林、湿地、河流、地下含水层和湖泊
SDG 1 贫穷	1.4	确保所有男性和女性，特别是穷人和弱势群体享有平等获取经济资源的权利以及获得基本服务的权利……
SDG 2 ……促进可持续农业	2.4	……确保建立可持续的粮食生产体系并执行具有抗灾能力的农业做法，以提高生产力和产量，帮助维护生态系统……逐步改善土地和土壤质量
SDG 3 健康	3.3	消除艾滋病、结核病、疟疾和被忽视的热带疾病等流行病，抗击肝炎、水传播疾病和其他传染病
	3.9	大幅减少危险化学品以及空气、水和土壤污染导致的死亡和患病人数
SDG 7 清洁能源	7.3	全球能效改善率提高一倍
SDG 9 建立具备抵御灾害能力的基础设施	9.4	……升级基础设施，改进工业，以提升其可持续性，提高资源利用效率，并更多采用清洁和环保技术及产业流程……
SDG 11 可持续城市	11.3	……加强包容性和可持续的城市化……
	11.6	……减少城市的人均负面环境影响……
SDG 12 可持续的消费和生产	12.4	按照商定的国际框架，实现化学品和所有废物在其整个生命周期内的无害环境管理，并大幅度减少它们排入大气以及渗漏到水和土壤的几率，以尽量降低它们对人类健康和环境的不利影响
SDG 14 保护和可持续利用海洋和海洋资源促进可持续发展	14.1	……预防和大幅减少各种海洋污染，特别是陆地活动造成的污染，包括海洋废弃物污染和营养盐污染
SDG 15 生态系统	15.1	根据国际协议规定的义务，保护、恢复和可持续利用陆地和内陆淡水生态系统及其服务，特别是森林、湿地、山麓和旱地

资料来源：改编并更新自 UNESCO（2015a，第 7 页）。

4 基于自然的解决方案应用于涉水风险管理

联合国大学水、环境与健康研究所 | Vladimir Smakhtin，Nidhi Nagabhatla，Manzoor Qadir 和 Lisa Guppy
供稿[1]：Peter Burek（国际应用系统分析研究所）；Karen Villholth，Matthew McCartney and Paul Pavelic（国际水资源管理研究所）；Daniel Tsegai（联合国防治荒漠化公约）；Tatiana Fedotova（世界可持续发展工商理事会）；和 Giacomo Teruggi（世界气象组织）

哈维飓风后被淹的污水处理厂（美国）

[1] 作者感谢 WWF-US 的 Sarah Davidson 提供有用的意见。

4.1 在水的易变性、变化以及全球可持续发展协议背景下的基于自然的解决方案

水资源易变性对发展有重大影响（Hall et al.，2014）。据估计，全球大约有 30％的人口居住在经常遭受洪水或干旱影响的地区。这些与水相关的主要灾害，显示出水的易变性。可灾害流行病学研究中心（CRED，日期不详），基于其国际灾害数据库，分析了世界灾害报告（IFRC，2016）中总结的 2006—2015 年的十年期数据，每年约有 1.4 亿人受到影响、有近 1 万人死于与水相关的灾害（图 4.1）。如果高温遇到干旱或洪水遇到暴雨，伤亡人数几乎会增加三倍。综合来看，每年因水灾和干旱引发的灾难导致的年均死亡人数与恐怖主义每年的致死人数一致，而受洪水和干旱影响的人数（流离失所者、失去收入或家园的人等）约是人类免疫缺陷病毒感染人数的五倍。全球经济部门平均每年因洪涝和干旱造成的经济损失超过 400 亿美元。平均而言，因暴雨造成的经济损失，逐年增加 460 亿美元。死亡人数、受影响人口和经济损失的数量因年份和地域而异，非洲和亚洲在这三个指标方面受影响最大。根据各种估计，到 2030 年涉水灾害损失预计会增加到 2 000 亿～4 000 亿美元，严重影响到水、粮食和能源安全，并花费目前大部分的发展援助金额（OECD，2015a）。

图 4.1　**2006—2015 年全球干旱和洪涝的年均影响**

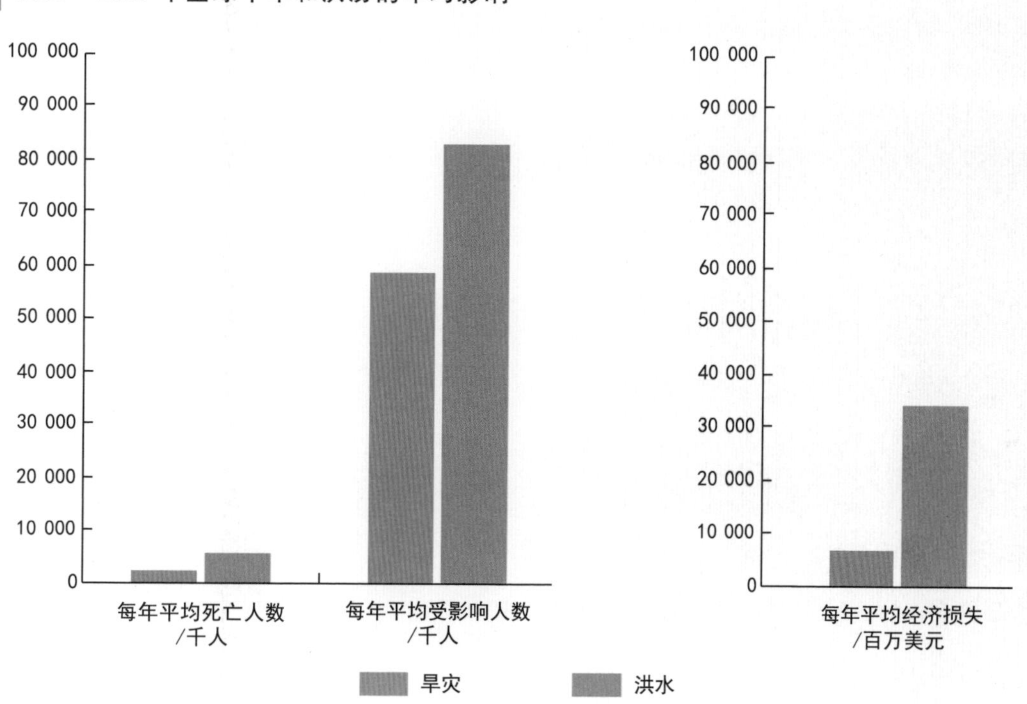

资料来源：根据灾害传染病学研究中心的数据（日期不详）。

气候变化改变着（并且已经改变了）全球径流模式（Milly et al.，2005）。一些研究表明，全球气温每升高 1℃，全球径流量就会增加约 4％（Labat et al.，2004）。但最重要的是，气候变化会增加极端天气事件的发生频率、强度和严重程度（O'Gorman，2015），这可能导致与水相关的极端事件频率和强度增加（IPCC，2012；Mazdiyasni 和 AghaKouchak，2015）。尽管有关气候预测的不确定性，在许多情况下还没有能够对气候变化对水的影响（特别是对水资源可利用量的影响）进行有力的定量陈述，一些历史证据和预测表明，由于降水模式的变化影响了水文循环，洪水灾害可能会加剧，特别是在南亚、东南亚和东北亚以及热带非洲和南美洲的部分地区。Hirabayashi 等在 2008 年指出，除北美和欧亚中西部以外，大多数地区的发洪频率将增加。

预计全球干旱频率也会增加，只有北部高纬度地区、澳大利亚东部和欧亚东部地区会下降或无显著变化。预计多个区域的洪水和干旱频率都会增加。

并非所有的水资源变化都是由自然气候变化或人为气候变化引起的。正如绪论中指出的那样，土地利用变化、湿地丧失和土地退化等导致的生态系

统退化是增加与水相关风险的重要驱动因素，在许多情况下是导致风险和灾害的主要原因。这意味着通过应用基于自然的解决方案恢复生态系统应该是减少这些风险的主要应对方法。

农业可能是受全球水资源易变性影响最大的经济行业，且由于发展中国家农村社区对水具有依赖性，农业当然也是社会经济中最脆弱的部门。干旱对经济造成的不良影响，农业承受了84%；气候相关灾害造成的所有损失，农业占了25%（FAO，2015）。科学家、农民甚至商界都将易变性，即“极端天气事件”，视为未来十年最可能的生产风险之一（WEF，2015）。2010年，仅通过向现有灌溉系统供水而减缓水文变化的影响这一种措施，所获得的收益预计为940亿美元（Sadoff et al.，2015）。

对各种行业和城市基础设施的损害，特别是灾难性洪水造成的损害同样十分巨大。泰国2011年的洪灾造成430亿美元的经济损失和160亿美元的保险损失，对保险业和外国直接投资产生了显著影响（Munich Re，2013）。尽管如此，对洪水所造成损失的估计还可能存在很大的不确定性（Wagenaar et al.，2016）。

与此同时，例如，水资源的易变性（即自然季节性水流动态和与之相关的洪水）为捕捞渔业和洪水衰退后的农业提供了重要的社会生态效益。在湄公河三角洲等大三角洲系统中，这些效益可能比极端洪水造成的年度损失成本高出1～2个数量级（MRC，2009）。同样，降雨量的季节性变化为绿色或灰色基础设施的储水创造了机会，供应了干旱时期的生态系统和人类用水。因此，管理易变性并不是要消除它，而是最大限度地减少损害，同时将其提供的机会扩大到最大化。这种二分法最好通过基于自然的解决方案来解决。此外，气候变化主要通过生态系统和水文来施加影响。因此，应对水资源和水流的渐进变化和易变性的主要方法就是基于生态系统的适应——这一概念被转化为一系列基于自然的解决方案。

最近的一些趋势，如一方面扩大水面存储的开发，另一方面水利基础设施的老化，表明需要创新的解决方案，将生态系统服务的观点、恢复和生计的考虑，归入规划和管理过程中的突出环节，明确处理水资源的易变性。人口的快速增长、城市化和其他日益增长的因素对水资源的压力加剧了这些需求。许多国家认为大型灰色水利基础设施是处理水资源易变性的解决方案，特别是在预期气候变化导致易变性增加时。因此，更多的大型灰色基础设施（如大坝和防洪堤坝）正在建设和规划中。现存老化的大型灰色基础设施面临着多个额外的挑战，它可能已经与设计初衷不符，也不再见效，因此设计所依据的水文参数一直在变化。恰当的对策是：认识到生态系统和绿色基础设施在降低风险中的显著作用，同时设计绿色和灰色基础设施协同工作，从而最大程度地提升系统性能，为人类、自然和经济带来更多益处。这是基于自然的解决方案的实质。

许多可持续发展目标明确或暗含地涉及与水相关的灾害管理和易变性的各个方面。目标1.5旨在“增强穷人和弱势群体的抵御灾害能力，降低其遭受极端天气事件和其他经济、社会、环境冲击和灾害的概率及易变影响程度。”目标2.4和目标9.1分别关注“有抵御灾害能力的农业实践”和“有抵御灾害能力的基础设施”。目标11.5旨在“减少死亡人数和受灾人数，……减少灾害造成的直接经济损失，包括与水相关的灾害，重点是保护穷人和处境脆弱群体”。目标13.1旨在“加强各国抵御和适应气候相关的灾害和自然灾害的能力”，而目标15.3旨在“恢复退化的土地和土壤……包括受荒漠化、干旱和洪涝影响的土地”。这些目标之间存在明显的协同作用（联合国水机制，2016b），如果将基于自然的解决方案视为所有前述目标的支持概念，其协同作用只可能发挥更强大的功能。

许多国际政策论坛和倡议指出，需要摆脱被动的洪灾应对方式，抢占先发优势，即减少风险。在减少洪水风险领域基于自然的解决方案被认为是行中翘楚。“与洪水共存”的概念涵盖了许多工程和非工程措施，目的是在洪水面前“有所准备”，这可促进相关基于自然的解决方案的应用，从而减少洪水造成的损失。最重要的是，降低洪水风险（见第5.4节）。除《2030年可持续发展议程》外，《仙台减少灾害风险框架（2015—2030）》还呼吁联合国有关机构加强现有和实施新的全球机制，以提高对与水相关的灾害风险及其对社会的影响的意识和认知，并推动减少灾害风险（DRR）战略（UNISDR，2015）。该框架还认识到，需要从主要开展灾后规划和恢复转向主动降低风险以防止灾害发生。它规定各战略还应考虑一系列基于生态系统的解决方案。如果基于自然的解决方案得到广泛实施，可以因此改变水资源的管理方式，特别是在洪涝灾害和干旱频发的情况下。基于自然的解决方案的主要作用是提高抵御能力，以减少灾难发生的可能性，尽管它们也可以在灾后恢复中发挥作用。在降低灾害风险、脆弱性和风险暴露所需的规划和筹备行动中，基于自然的解决方案应该成为其中的一部分，并且在灾难发生时和灾后增强社会适应能力。

基于自然的解决方案在新城市议程（NUA）中也得到反映，该议程是2016年采用的城市可持续性框架。因为人们意识到，到2050年，城市人口将翻一番，并增至全球人口的70%。新城市议程旨在影响城市的规划、设计、融资、开发、治理和管理。新城市议程与可持续发展目标相关联的内容，涉及水和基于自然的解决方案，例如：第101款提到了水和基于自然的解决方案，而第157款提到了基于自然的创新（UNGA，2016）。但是，这个复杂的议程究竟要如何管理、推出和实施，还有待进一步的观察。最后，2015年《巴黎气候变化协定》（UNFCCC，2015）非常重视适应，如果不推出一系列基于自然的解决方案，处理由气候变化引起的不断增加的水资源易变性和极端事件，一切都无法实现。

图 4.2 生态系统变化带来的效益流量变化

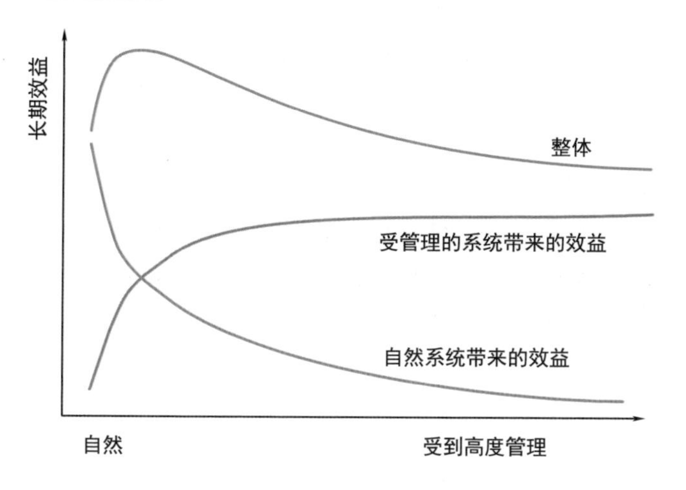

资料来源：Acreman（2001年，图3）。

4.2 基于自然的解决方案用于缓解风险、易变性和气候变化的例证

大多数水资源管理干预措施，都涉及基于自然的解决方案（UNEP-DHI/IUCN/TNC，2014），针对水的易变性和变化管理的干预措施也是如此。当一个天然的（如水生的）生态系统发生变化时，从中产生的一些“天然效益”就会丧失，但可能会被变化后的效益所取代。然而，在这个过程中，会有一个“临界点”（很难确定），所有效益的总和到该点达到最大值，而进一步的变化只会减少效益的总量（Acreman，2001；图4.2）。因此，基于自然的解决方案可能处于这个范围的任何部分，从“纯天然”（一片原生态湿地，它可能具有天然的流量调节能力，虽然这种能力有限）到跨天然河流建造的混凝土坝，但要包含与生态相关的构件和遵守运行规则，如环境专用目的的排水。

各种基于自然的解决方案存在于不同的发展和实施阶段，包括概念方法、一般准则到通常采用的做法。它们都是非常重要且有用的，它们或者已经展示了自己的潜力，或者将在应用中展示。

4.2.1 利用基于自然的解决方案进行洪水管理

在全面的基于自然的解决方案框架中，世界自然基金会的自然和基于自然的洪水管理：绿色指南（或洪水绿色指南）就是其中的一个例子（FGG；WWF，2017）。洪水绿色指南支持地方社区使用基于自然的解决方案进行洪水风险管理。

它认为洪水风险管理措施应针对具体地点，整合平衡所有相关部门并以“洪水管理联合计划（WMO，2009）”定义的综合洪水管理概念为基础。洪水管理联合计划是世界气象组织（WMO）和全球水伙伴（GWP）推出的一项联合计划。洪水绿色指南的主要原则是：

- 设计洪水管理方法，使洪水的净效益最大化，同时尽量减少洪水风险，因为洪水可能是一个自然而有益的过程；
- 以流域视角应用洪水风险管理，从而了解特定地区的洪水风险与流域内其他地区的关系；
- 考虑洪水管理中的非工程措施，并在需要时考虑将工程性、自然性、基于自然的或硬性工程，作为综合方法中的一部分；
- 承认流域内受洪水管理影响的社会、经济、环境和政治等多重因素；
- 将降低洪水风险和适应气候变化融入恢复和重建，以洪水后的恢复建设为契机来提高地区对未来极端事件的抵御能力，避免引入新的社会或环境脆弱性，并提高地区对气候不确定性的适应能力；
- 支持社会公平，在决策过程中遵守地方和国家的法律和制度，包括非正式的社会规范和习俗；
- 加速恢复进程和提高生计，为妇女和/或弱势群体赋权。

和任何类型的灾害管理一样，洪水管理也要考虑到相互关联的几个部分：脆弱性和对洪水的接触，再加上危害，这些因素构成整体洪水风险。世界气象组织的“来源—途径—受体（SPR）”概念（WMO，2017）能说明这一点。“来源—途径—受体”概念让我们能够区分洪水灾害、导致“受体”暴露在危险之中的途径，以及洪水对人类和财产的影响。基于自然的解决方案可以在来源（例如通过进行湿地恢复或土地利用实践）和途径（例如通过各种方式增加输送和存储能力）中发挥作用（图4.3）。

图4.3 世界气象组织“来源—途径—受体”概念图

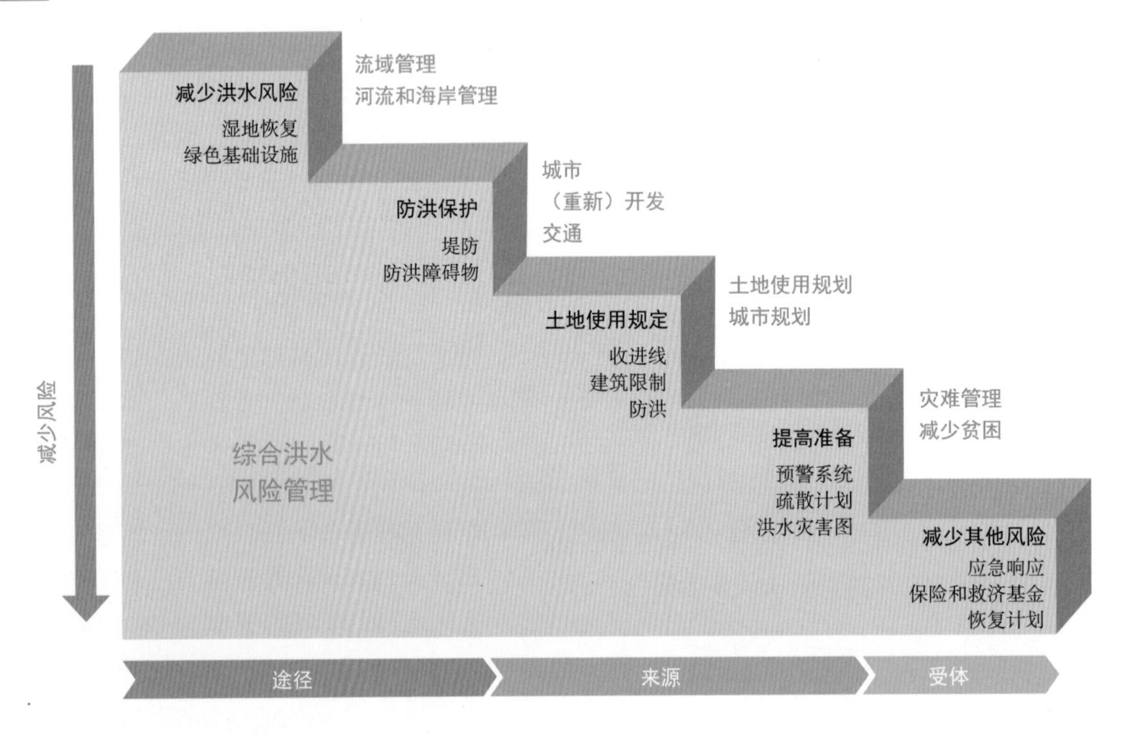

资料来源：改编自WMO（2017年，图4，第14页）。由Giacomo Teruggi（WMO）提供。

Burek等（2012）的研究是针对基于自然的解决方案在降低洪水风险方面可能具有的潜力，进行大规模区域分析的例子。该研究使用仿真建模方法评估了欧洲大范围自然保水措施（NWRM）（25个）降低洪水峰值的有效性，并将其汇总为几个主要情景方案和组合并且对执行成本进行了评估。这项研究表明，在地方层面，基于自然的解决方案可减少20年一遇洪峰流量到15%，但在区域层面，只能削减4%的洪峰流量。虽然初看起来这种减少可能很小，但几个百分点就可能造成洪水和灾难之间的差异。我们发现，基于自然的解决方案能够在较小的集水区和较低的重现期（洪水频繁发生）更有效地削减洪峰。同时，研究报告还指出了基于自然的解决方案在地方层面增加洪峰的情况。这表明基于自然的解决方案需要仔细定位和设计。

对于英国而言，最有效的措施是“绿色城市”情景（在城市中综合多个措施，如绿色基础设施、绿色屋顶、雨水花园、公园洼地和渗透设施），其次是改进的“作物实践”（覆盖和耕作等方法的组合）。对莱茵河和罗纳河地区来说，最有效的情景方案是削减沿河洪水峰值，例如圩田。对易北河至埃姆斯地区来说，最有效的方案则是植树造林，其次是种植作物和草地，因为该地区很多土地利用转换的潜力很大。对于波河和波罗的海地区，恢复蜿蜒的河道最有可能削减洪峰，而且，我们发现，该方式对几乎所有其他地区都非常有效。对于伊比利亚、法国大西洋沿岸、多瑙河流域、巴尔干半岛、意大利南部和希腊，作物实践是最有效的措施。对丹麦和德国北部来说，作物实践也是一个相当成功的措施（图4.4）。显然，这些例子表明，基于自然的解决方案的选择依赖于主流土地利用类型和社会、生态和水文环境。

一些国家的洪水管理政策开始更加密切地关注涉及自然过程的解决方案。

图 4.4　最有效削减 20 年一遇洪水的区域性基于自然的解决方案措施

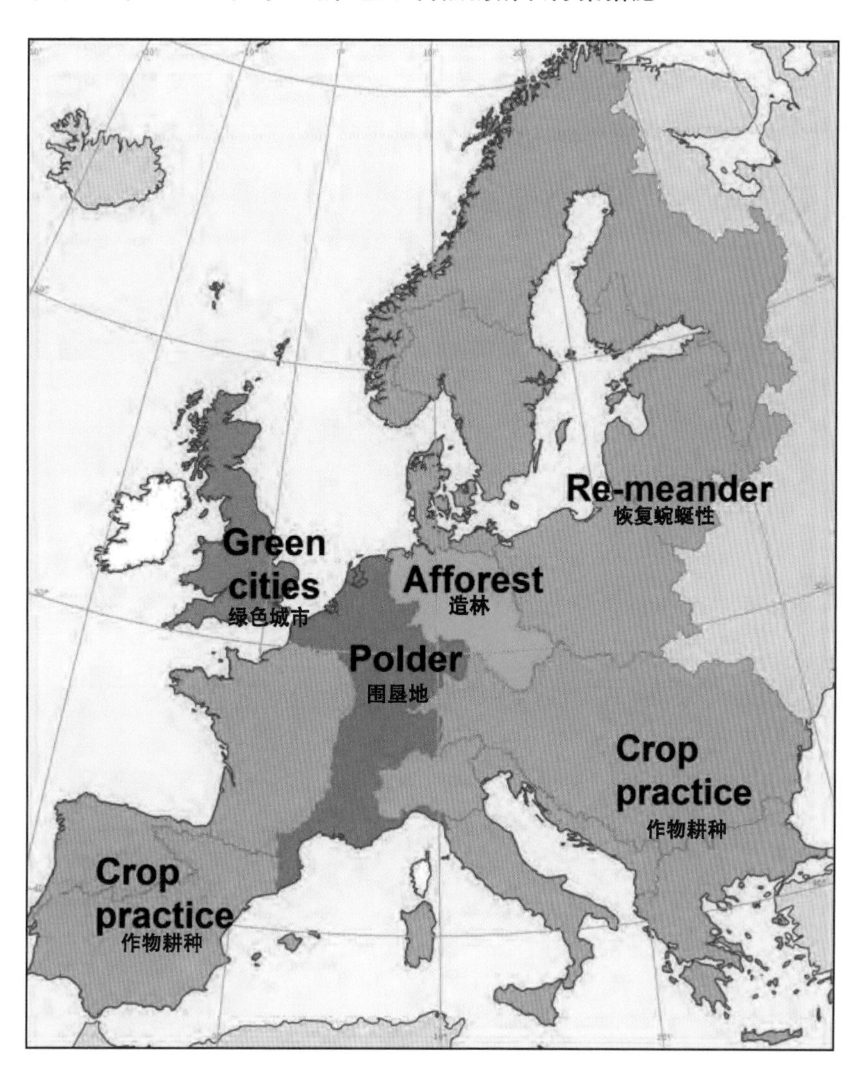

资料来源：Burek 等（2012 年，图Ⅵ-1，第 90 页）。

一些国家的洪水管理政策开始更加密切地关注涉及自然过程的解决方案。例如，英国的“自然洪水管理”试图恢复或加强受人为干预影响的集水过程。Dadson 等（2017）对 20 种洪水管理措施进行了分析，主要分为三类：1）通过管理入渗和地表径流来保水，2）管理系统构件和输配水之间的水文连接，3）为储水创造空间，例如利用洪泛区（表 4.1）。作者总结了每种措施目前可用的理由，并试图对几种洪水管理干预措施对降低洪水风险的影响进行半定量分析（图 4.5）。

总结的结论包括：1）适当地选择土地利用和土地覆盖干预，可以减少中度降雨后当地的洪峰流量；2）未有证据表明这些干预措施将因极端事件对附近下游洪水风险产生重大影响；3）对于流域上游土地利用变化所产生的下游效应，证据更为有限，目前并无证据表明现实的土地利用变化将对下游洪水风险产生重大影响；4）需要进行长期监测，以将土地管理的影响与气候变化的影响区分开来，若没有进行长期监测就将个体研究的结果拓展到更大的尺度上或不同土壤和植被类型的环境中，则是不明智的（Dadson et al.，2017）。

其他地区也可能如此。由于实施监测费用昂贵，并且需要长时间的规划，因此可以通过分析“可怕的土地利用”变化，得出土地利用变化可能对洪水及其风险产生影响的一些见解，例如：与战争有关的（Lacombe 和 Pierrct，2013）。这些研究表明，大规模的土地利用变化会对水文产生深远且持久的影响。这种知识还有助于预测基于自然的解决方案在减少风险方面的潜在影响，通过土地恢复来扭转负面的土地利用变化。

表 4.1　　有助于洪水管理的基于流域的措施

洪水风险管理的主题	具体措施	示　　例
保持景观中的水：通过渗透和地表径流的管理来保水	土地利用变化	耕地转化为草地、林业和林地种植、限制坡地种植（如青贮玉米）、沼泽地和泥炭地恢复
	耕地利用实践	春季种植对冬季种植、覆盖作物、扩展、轮作
	牲畜用地的做法	降低载蓄率，限制放牧季节的时限
	耕作实践	保护性耕作，等高或横坡耕作
	利用田间排水增加蓄水量	深耕和排水，以减少不渗透性
	缓冲带和缓冲区	等高草带、树篱、防护带、堤岸、河岸缓冲带，河岸侵蚀控制
	机械管理	减少地面压力，避免潮湿条件
	城市用地	扩大渗透面积和增加地表蓄水能力
保持景观中的水：管理连通性和运输	山坡连通管理	封堵农田沟渠和沼泽地
	缓冲带和缓冲区可减少连通	等高草带、树篱、防护带、堤岸、田间边缘、河岸缓冲带
	渠道维护	田间沟渠的维护
	排水和抽水作业	修改排水和抽水制度
	田间和农田设施	闸门、田块、拦污栅和涵洞的更新改造
	田间保水	储水池和沟渠
	河流恢复	河流剖面和横断面的修复，河道重新定线和平面图的调整
	旱地保水	田间池塘、沟渠、湿地
为水腾出空间：洪泛区输水和蓄水	储水区	线上或线外储水、河漫滩、圩区、蓄水水库
	湿地	修建湿地、工程储水洞，控制水位
	河道恢复或河道整治	河道整治、渠道工程、河岸工程
	河道和水道的管理	植被清理、渠道维护和河岸工程
	洪泛区恢复	堤岸后移，重新连接河流和洪泛平原

资料来源：Dadson 等（2017 年，表 1，第 4 页）。

图 4.5　不同的基于自然的解决方案干预措施对削减洪峰的影响以及流域干预措施与洪水强度的综合影响

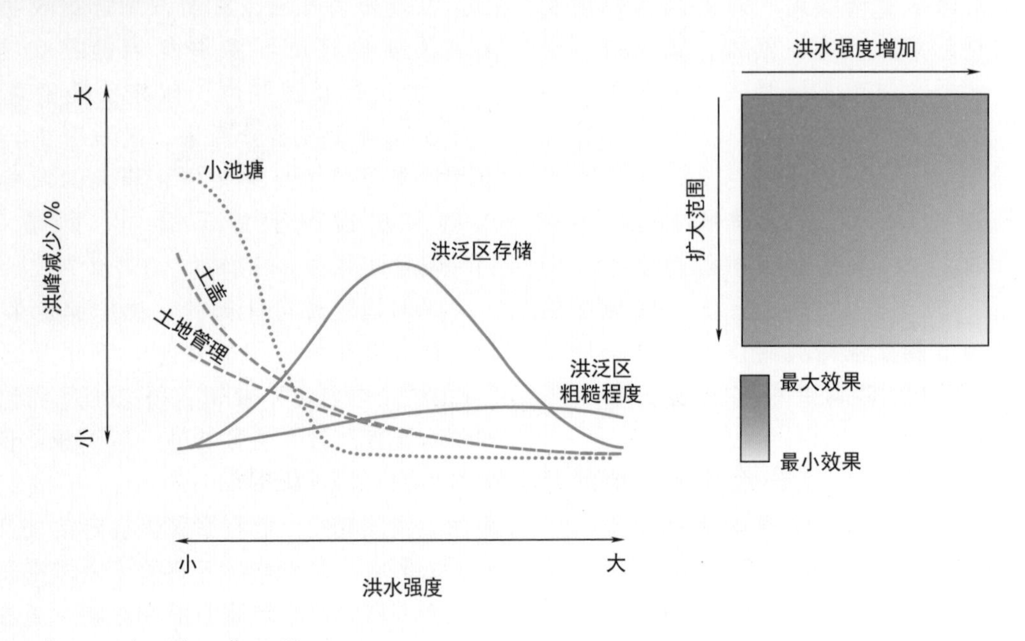

资料来源：Dadson 等（2017 年，图 3，第 18 页）。

4.2.2 利用基于自然的解决方案进行干旱管理

干旱是与水相关的变化范围的另一个极端。干旱通常是长期的（一旦形成长期如此），而洪水则是急性的（短期和突然的）。正如有时所描述的那样，旱灾不只发生在干旱地区，也可能在通常不缺水的地区造成灾难性风险（Smakhtin 和 Schipper，2008）。干旱非常复杂，其全球的模式可以用一系列指标来描述（Eriyagama et al.，2009）。Carrão 等（2016）进行了全球范围内最新和最全面的干旱风险分析，确定了三个独立的决定因素：危害、接触和脆弱性。

旱灾是由历史上的降水亏缺造成的，对旱灾的接触是基于一系列网格化指标，包括人口和牲畜密度、作物覆盖和水分胁迫等的集成；而旱灾脆弱性已被作为社会、经济和基础设施这些指标高级别因素的综合，计入国家和次国家层面。危害和风险地图（图 4.6）表明，有了适当的措施，能够减少对旱灾的接触和脆弱性，即使在非常干旱风险的地区，如澳大利亚和美国南部，干旱风险也可以大大减少。正是在这样的背景下，基于自然的解决方案的作用才是最重要的。

图 4.6 全球范围内干旱造成的危害和发生旱灾的风险

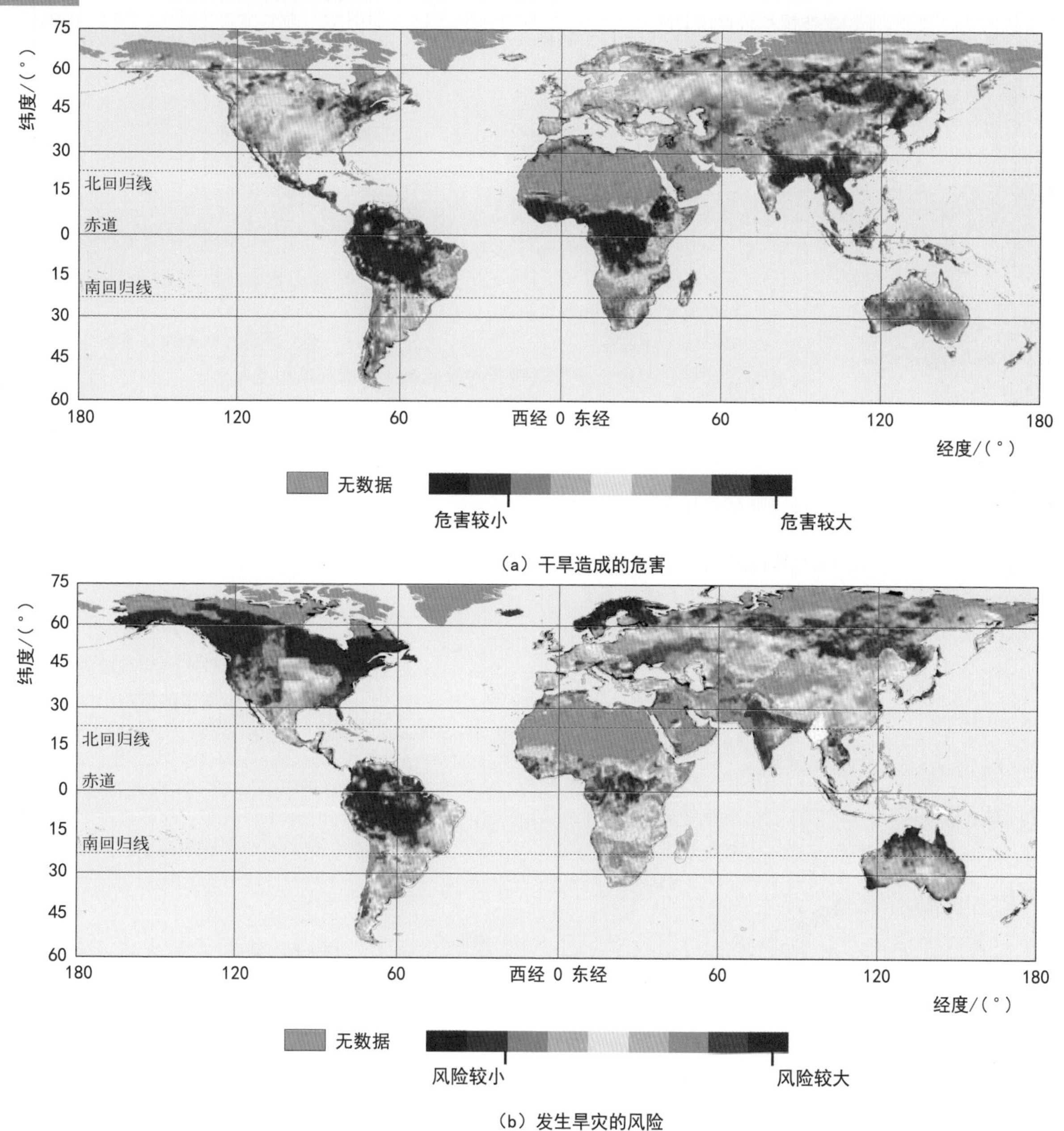

（a）干旱造成的危害

（b）发生旱灾的风险

资料来源：改编自 Carrão 等（2016 年，图 3 和图 9，第 115 和 120 页）。中文版对地图进行了重绘。

正如有时所描述的那样，旱灾不只发生在干旱地区，也可能在通常不缺水的地区造成灾难性风险。

近几十年来，干旱的频率、强度和持续时间稳步增加，部分原因是气候变化。在2015—2016年，厄尔尼诺天气现象造成世界上最严重和最具破坏性的旱灾。据美国国家航空航天局（NASA）和美国国家海洋和大气管理局（NOAA）称，自从1880年有报告记载以来，2016年是气温最高的一年。这在很大程度上归因于有史以来最强烈的厄尔尼诺事件（NASA，2017）。

国际对干旱的反应主要集中在应对“急停再走”的措施上。必须推进转向更主动和基于风险的措施（Wilhite et al.，2007）。基于自然的解决方案有助于减轻干旱的不利影响，它通常有多种用途，并且可以用于不同的环境，而不仅仅局限于管理易变性和气候变化（表4.2）。事实上，针对减轻干旱灾害而设计的基于自然的解决方案的组合，其本质与管理水资源可利用量的方案并无不同（见第2章）。

表4.2　利用基于自然的解决方案管理非洲之角的干旱风险

案例研究	干预：基于自然的解决方案	结　果
改善Abrehawe-Atsebeha流域（埃塞俄比亚）的粮食安全和水安全	• 土石结构、沟槽和渗滤坑 • 侵蚀沟在集水区转换而成 • 将泉水开发为饮用水水源 • 果树和自然生长物种的种植	• 通过将退化的土地变为生产性农田来实现社区粮食自给自足 • 通过集水和蓄水改进灌溉系统 • 增强植被覆盖率，提高土壤质量
Haramaya湖流域（埃塞俄比亚）可持续的水资源和生计	• 水土保持措施 • 用水规定、配水和水价机制 • 多样的生计选择 • 通过更好的种子、化肥和高效灌溉提高农业生产力	• 通过制定水法规范用水，从而减少用水争端和冲突 • 通过池塘提高作物和畜牧生产力，通过滴灌提高用水效率 • 增强社会抵御干旱的能力
Kitui县（肯尼亚）的集水经济赋权	• 小规模灌溉 • 下沉的沙坝 • 蓄水和配水设施	• 增加供水有利于健康和生计 • 通过建造下沉的沙坝保护生物多样性和丰富地下水 • 减少用水冲突
在Aswa-Agago子流域修建抗旱设施（乌干达）	• 改善供水点基础设施 • 集水工程 • 环境保护 • 紧急周转资金和用水委员会	• 水质改善导致水源疾病减少 • 增加对种植多用途树木等环境保护措施的了解
恢复Kako湖水质（乌干达）	• 流域管理 • 种植树木和其他植物	• 使用本地材料，提高技术的创新能力 • 获得流域管理和土地保护方面的技能

资料来源：基于GWPEA（2016）。

4.2.3　利用基于自然的解决方案管理多重风险

基于自然的解决方案可用于管理多种风险，例如：用于管理洪水和干旱风险。如前所述（例如，表4.1），湿地——无论是天然的还是人工的——都可以在减少灾害风险方面发挥作用。天然湿地和人工湿地充当天然屏障，体现了其管理洪水和降低洪水和风暴风险的能力，可作为天然海绵捕集雨水和地表径流，缓解土地侵蚀和风暴潮的影响（通常通过将地表水转移到地下含水层），或者保护海岸线免受风暴袭击。

随着自然灾害频率的增加，了解湿地作为基于自然的解决方案的功能有助于增强地区甚至更高层面的恢复能力。

中国的长江流域就是基于自然的解决方案中显示出大型湿地潜力的一个例子。这里有 4 亿人口，1998 年发生了罕见的大洪水，造成 4 000 人的伤亡和 250 亿美元的损失。中国政府提出“32 字政策”，其中的亮点是恢复 2 900km^2 的洪泛平原，使其容纳 130 亿 m^3 的水（Wang et al.，2007），并将此作为灾害风险管理战略。长江流域建立了湿地保护网络，管理水质，保护当地生物多样性，扩大湿地自然保护区（Pittock 和 Xu，2010）。

另一个例子是 2010 年发生在智利的地震和海啸事件，造成 300 亿美元的损失，严重影响了沿海湿地地区（UNECLAC、瓦尔帕莱索）的财产和生计（OECD/UNECLAC，2016）。这一事件发生后，政府宣布保护大多数沿海湿地，将其作为拉姆萨尔遗址，承认湿地生态系统在减少灾害风险中所起的积极作用。卡特里娜飓风是另外一个例子，它被称为美国历史上最致命的灾难性事件（80％的城市被淹，1 500人伤亡，90 万人流离失所）。该事件凸显了当前减少灾害风险战略的失败。当前战略越来越强调关注城市的防洪墙和堤防——完全是灰色的基础设施。正如在绪论中所指出的那样，密西西比三角洲的湿地流失，由于在上游大坝的泥沙沉积，是导致飓风影响增加的一个主要因素。卡特里娜飓风后，美国路易斯安那州立法机构成立了海岸保护与恢复管理局，新奥尔良市重新制定了建筑规范，为的是从湿地提供的降低风险服务中受益（Jacob et al.，2008；Rogers et al.，2015）。

与灰色基础设施相比，世人对像湿地和洪泛平原这样的自然生态系统的水文功能知之甚少。因此，在政策评估和自然资源以及发展规划和管理方面，它们更是被忽视。在某些情况下自然系统可以帮助缓解极端水文事件的负面影响，帮助人们降低风险。这主要通过两种方式实现：首先，减少直接的物理影响；其次，对灾后生存和灾后恢复生产提供帮助。然而，自然系统所起的作用是复杂的。它们对径流和风暴潮的影响取决于许多因素，其中包括不同地区差异巨大的地形特征。此外，自然系统是动态的，这意味着其所起作用可能随时间而改变。有时，它们可能会减轻危害，而在其他情况下，它们可能会促进产生危害的自然过程。例如，事实证明，南部非洲上游的湿地在雨季开始时由于本身较为干燥，能减少洪水流量，但当其达到饱和时，则会产生径流并在洪水季节后期增加洪水流量（McCartney et al.，1998）。缺乏对自然系统调节功能的详细定量理解，以及不知如何在减少灾害风险的背景下解释它们，仍然是主要的科学鸿沟。人们通常不清楚究竟哪些功能发挥了作用，以及这些功能随时间的推移如何变化（在季节之间和各年之间）。（Bullock 和 Acreman，2003）。由于缺乏定量信息和公认的将调节功能纳入减少灾害风险相关决策过程的方法，因此很难围绕它们开发基于自然的解决方案。更加复杂的是，对“自然”生态系统的定义甚至识别越来越困难。

减少灾害风险过程中的大部分生态系统服务都来自受管理的景观——可能包含也可能不包含“自然”要素。

恢复洪泛平原和建设新的湿地有助于管理水文气候的易变性和变化，并且具有广泛的环境和社会经济协同效益。

最近 McCartney 等（2013）试图通过评估赞比西盆地自然生态系统（即湿地、漫滩和米诺姆林地）的流量调节功能来说明这些复杂性。其研究方法是利用观测的流量记录和标准水文技术“推导出缺乏生态系统的模拟时间序列。将其与观测的时间序列进行比较，可评估生态系统对流态的影响。该方法已应用于盆地里 14 个地点。结果表明，不同的生态系统以不同的方式影响着流量。大体如下：1）洪泛平原削减洪水流量并增加低流量；2）上游湿地增加洪水流量并减少低流量；3）当覆盖超过 70％的流域时，林地减少洪水流量并减少低流量。然而，在所有情况下，都有产生相反结果的例子，并且没有在流域内的生态系统类型的范围与流态的影响之间找到简单的相关性。”（McCartney et al.，2013，第 vii 页）。“这证实了对流量的影响不仅仅是存在或不存在不同生态系统类型的作用，而且还包括一系列其他生物物理因素，如地形、气候、土壤、植被和地质。因此，自然生态系统的水文功能在很大程度上取决于特定地点的特征，使之难以概括”（McCartney et al.，2013，第 26 页）。在很大程度上，这同样适用于灰色基础设施、受管理的生态系统或景观以及混合绿灰色基础设施。

在雨水处理、恢复城市集水区的自然水文、减少雨水流向下游的侵蚀中，以及最近的灾害风险管理策略中，越来越多地采用人工湿地（见第3章和第5章）——另一系列基于自然的解决方案或混合解决方案（Tidball，2012）。有人认为，恢复洪泛平原和建造新的湿地可以帮助管理水文气候易变性和变化，并且因为它有助于防范极端气候事件和灾害，因此具有广泛的环境和社会经济协同效益（Benedict 和 McMahon，2001；Beatley，2011；Haase，2016）。人工湿地的建造是为了开展一些特定的生态服务，如市政、工业和农业废水处理，或提供休闲空间和城乡径流管理（TEEB，2011 和专栏4.1）。因为它们可能会被应用于缓解气候变化、应对极端气候对城市环境的影响和保护低洼城市地区，因此，对新城市议程具有重要意义。新加坡已经以设计人工湿地和绿色走廊的气候适应和减缓计划证明了这一论点（Newman，2010）。

专栏4.1 法国水资源管理和防洪——LafargeHolcim

大型建筑材料公司 LafargeHolcim 展示了如何在发生洪水时将采石场用作蓄水池，以及利用活采石场的恢复和特意设计区域的储存容量减少洪水。该公司在法国南部的 Bellegarde 市运营了15年，扩建了防洪基础设施，并建造了湿地，于2015年全面投入运营。将已开采的采石场转变为雨洪水库，总容量为250万 m^3，降低了当地社区的洪水风险（见图）。LafargeHolcim 的经验表明，与地方当局和社区一起制定采石场恢复计划可以实现双赢：避免洪水灾害，创造生物多样性丰富的湿地，开发社区休闲区（WBCSD，2015c）。

图｜位于法国南部 Bellegarde 市的 LafargeHolcim 采石场改建为雨水蓄水池

摄影：世界可持续发展工商理事会。

上述讨论中提到，需要在绿色和灰色基础设施和减少灾害风险的背景下重新审视蓄水的总体概念。McCartney 和 Smakhtin（2010）引入了“蓄水连续体”的概念（图4.7），即考虑到水资源易变性日趋凸显，流域和地区层面的蓄水规划应综合考虑地表和地下（或两者相结合的）蓄水方式，以获得最佳的环境和经济效益。基于自然的解决方案的概念是这种方法的一个组成部分，因为所考虑的蓄水选择范围包括各种形式的自然蓄水，如湿地和含水层。Sayers 等（2014）也认识到，湿地、沙丘、山地蓄水和渗透层都是合法的洪水管理基础设施，应该与传统的灰色基础设施（如堤坝和闸门）协同管理洪水。自然洪水管理措施本身不一定能保护人们免受大多数极端事件，但可以作为减缓更为频繁（和更小）的洪水的手段，降低传统（灰色）基础设施的成本（如果与其结合使用）。与此同时，英国一个集水区的初步结果表明，而自然洪水管理干预措施带来的效益在未来更极端的气候中增加类似的效益（Sayers et al.，2014）。总体而言，结合以自然为中心或自然嵌入式解决方案（如土地利用管理、湿地蓄水和重新连接洪泛平原）和选择性“硬路径”措施（如导水渠道、控制性蓄水等），为同时管理风险和促进生态系统服务提供了机会。

在同一地区或同一流域减轻洪涝和干旱的不利影响方面，以及在适应气候变化方面，与地下水和含水层相关的基于自然的解决方案所具有的重大潜力尚未实现。地下水在维持河道流量和生态系统服务方面具有重要的环境作用。它也正在成为人类和经济发展日益重要的资源。例如，相比河道中的水，贫困社区更容易获得地下水，并且它不易受气温升高等气候变化的影响。与之相关的一个方面是土壤管理（一项基于自然的解决方案）改善后所发挥的作用，它被用于管理入渗，因此也用于径流和地下水补给，以及土壤水分保持，这是作物生产过程中保障水安全的一个特别重要的因素。

图 4.7 储水连续体

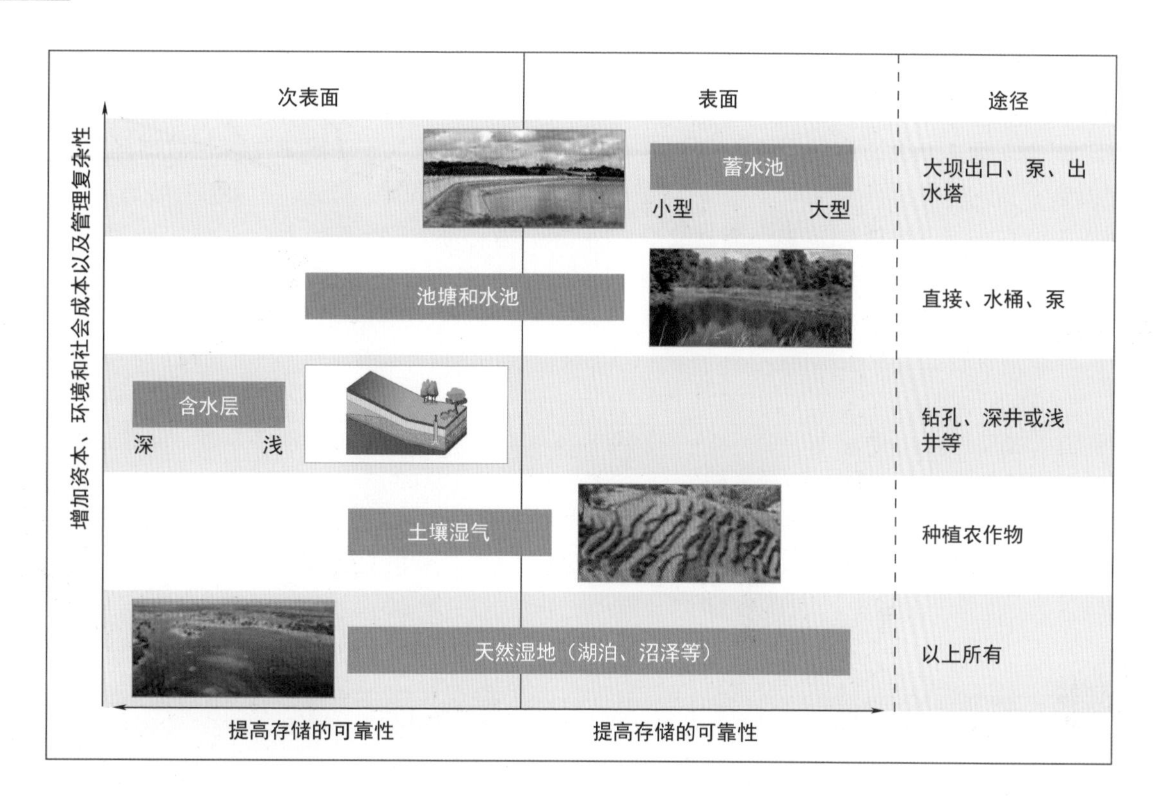

资料来源：改编自 McCartney 和 Smakhtin（2010 年，图 2，第 5 页）。

含水层可能具有较大的储水能力。这种能力不仅包括含水层中已有的地下水，还包括额外的水。地下水含水层是克服天然水供应波动问题的独特缓冲区。例如，在应对高季节变化的地区，湿季多余的水可以储存在地下，以便在干旱期增加淡水资源可利用量。通过简单技术或复杂技术的推广、补给以及新方法的引入，增强地下蓄水量，从而提供额外的淡水蓄水量，提高水的安全性。这些技术通过建设基础设施和/或修改景观来有意增强天然地下水补给，被统称为管理含水层补给（MAR）。这个基于自然的解决方案有可能服务于各种目的（Dillon et al.，2009；Gale et al.，2006），包括最大限度地蓄水、补给枯竭含水层、改善水质、改善土壤质量和提供生态效益，如地下水依赖的植物群落或增强的下游水流。

以含水层为中心的基于自然的解决方案，例如大规模管控下的地下含水层回补干预措施，可用于某些地形条件下，以缓解同一流域的洪水和干旱风险。这种具有成本效益的可持续、可扩展的解决方案可能与发展中国家的情况特别相关，因为在发展中国家与水相关灾害的脆弱性和气候变化的影响仍然空前巨大。一种称为“用于灌溉的洪水地下驯化”（UTFI）创新解决方案专门应用于这种情况（Pavelic et al.，2012；2015）。

用于灌溉的洪水地下驯化，涉及促进含水层补给，以便在集水区储存湿润季节的高流量，从而减轻当地和下游的洪水，同时通过提供额外的地下水来应对干旱，满足所有人类需求。这类型的方案包括灌溉作物生产的集约化（Pavelic et al.，2012；2015）。用于灌溉的洪水地下驯化是一个特定的应用，将管控下的地下含水层回补的成熟做法纳入更大范围的视角，并且可以更全面地管理流域内的地表水和地下水资源。用于灌溉的洪水地下驯化以前所未有的规模利用自然基础设施（含水层），因此基本上可作为一个大规模的“基于自然的解决方案计划”的代表。图 4.8 示意了这个基于自然的解决方案的概念，它显示了从现有情况（雨季不受控制的过量径流，往往导致灾难性的下游洪水——左上），通过流域内的一系列分流和含水层补给工程（右上——平面图）在含水层中捕获多余的水，减少下游的洪水，避免灾害（左下），并创建一个“无洪水和无旱”的流域（右下），在雨季捕获多余的水并储存在含水层中，可在随后的旱季用于灌溉。

图 4.8 用于灌溉的洪水地下驯化（UTFI）概念示意图

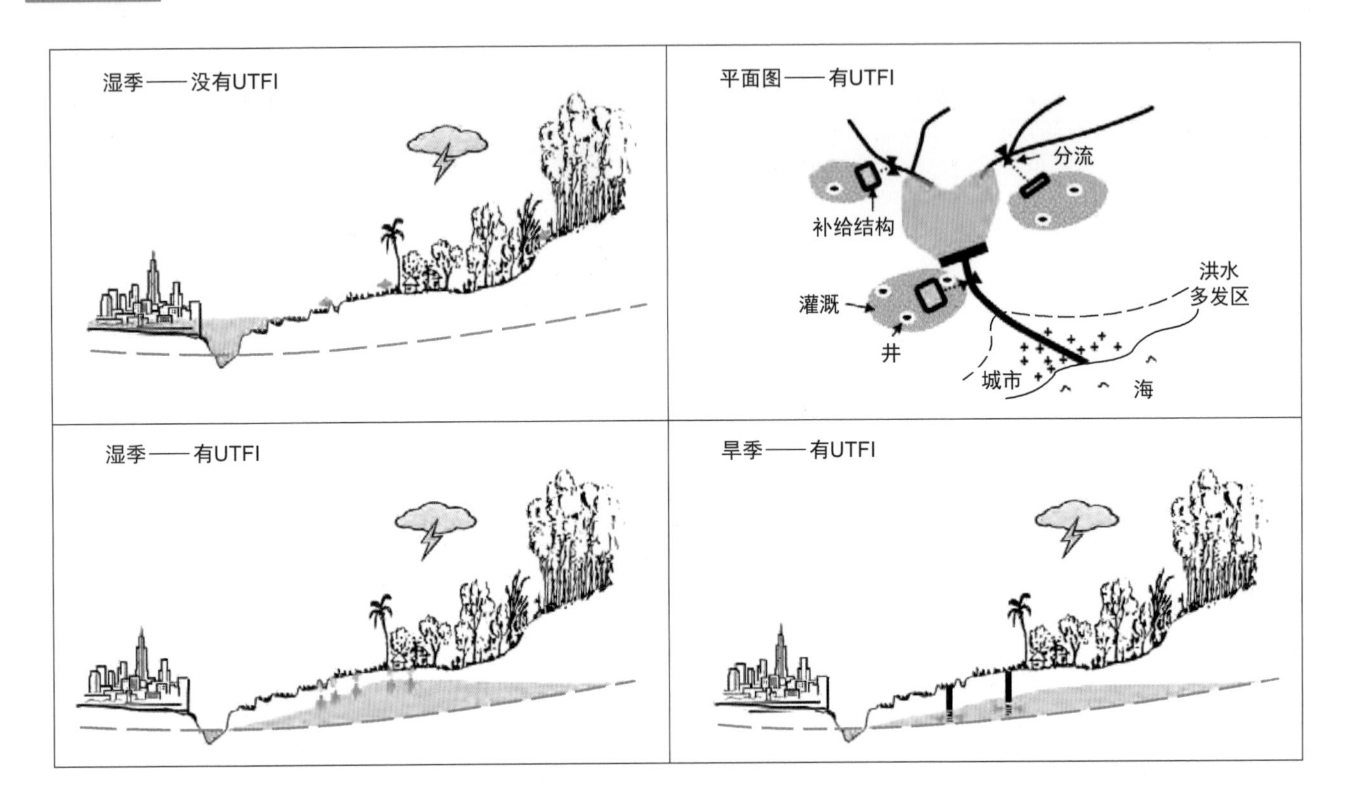

资料来源：基于 Pavelic 等（2012 年）。

用于灌溉的洪水地下驯化的目标是将这些风险转化为以下社会和环境效益：

· 提高水安全和抗旱能力；

· 在减轻洪水及其损害方面减少公共或私人成本；

· 提高粮食安全、扩大农业生产、扩大就业和提高农民收入；

· 增加河流和湿地的旱季流量。

实现这一目标需要仔细选址、系统设计、周密规划、资本运营、地方治理以及对潜在环境影响的认知，以确保该方法的实施能对当地需求、条件和限制作出响应。通过对泰国湄南河流域用于灌溉的洪水地下驯化前景的考察（专栏 4.2）可以加以佐证。

这个案例研究表明，基于自然的解决方案如用于灌溉的洪水地下驯化可以减少与洪水和干旱相关的风险，从而带来多重效益。上面分析清楚地显示，用于灌溉的洪水地下驯化的社会生态效益在大规模实施时达到了最大化，例如，几千平方千米的集水区。为了支持用于灌溉的洪水地下驯化在印度实施，目前正在恒河进行试点。尽管大规模的地下水补给计划在印度已经运行了数十年，但其重点放在了水资源匮乏地区，而没有重点关注洪水风险管理。目前，恒河等高度易受洪水侵袭的流域显示出明显的地下水枯竭迹象（Shah，2009）。为了支持将用于灌溉的洪水地下驯化引入印度，正在开展四步法（Pavelic et al.，2015）。它包括：1）机会评估已经确定，几乎70％的恒河平原对用于灌溉的洪水地下驯化具有非常高的适应性；2）在北方邦的 Rampur 地区启动的试点试验，其中涉及村庄池塘的改造、补给工程的修建以及对影响的持续监测；3）利益相关方从一开始就参与整个试验过程，包括当地农业社区以及灌溉和农业部门的官员、私营部门和媒体，以确保社区的所有权；4）与政策相融合，在圣雄甘地农村就业旗舰计划下进行试点试验（使社区能够获得参与用于灌溉的洪水地下驯化试点的报酬），纳入国家 Pradhan Mantri Krishi Sinchayee Yojana 计划（旨在为每个农场供水），并将用于灌溉的洪水地下驯化纳入 Rampur 灌区灌溉计划。目前，正在规划在恒河流域内建立更广泛的示范点，以便获得更多样化的经验，创造更强有力的业务模式指导，支持进一步的实施。用于灌溉的洪水地下驯化方法如果在像湄南河或恒河这样的大流域规模上实施，基本上可成为传统大型地上坝的基于自然的解决方案的替代方案。

专栏 4.2　泰国湄南河流域用于灌溉的洪水地下驯化概念评估

湄南河流域（16.04 万 km^2）上游和下游经常发生大洪水，还经常发生与厄尔尼诺现象相关的干旱。水资源在各个经济部门中被大量分配，消除了建立任何新的大型水库——灰色储水基础设施的可能性。对流量记录的分析表明，平均而言，流入泰国湾的雨季流量（每年 33.7 亿 m^3）平均有 28%可以通过削峰进行集水，而不会对现有大型或中型蓄水设施、以及沿海生态系统造成重大影响。在专门建造的补给池中进行的田间试验表明，这些水可以很容易地补给并保存在中部平原的大型浅层冲积含水层中，它们位于主要洪水易发区的上游。这也将抵消由于全年抽水灌溉高耗水作物而导致的农田地下水位下降。捕获洪峰流量主要在较湿润的年份进行，并且需要大约 200km^2 的土地用于地下水补给——约相当于流域面积的 0.1%。这样一来，在较干旱时期获得额外的水资源，不仅可以减少洪水的数量和成本，而且每年可以产生约 2 亿美元的农业收入，从而提高成千上万农户的生计。资本投资可以在十年或更短的时间内回收。系统的成功需要以谨慎的管理来巩固。例如，需要鼓励农民利用土地进行补给，使其成为管理基础设施的“管家”，造福下游社区。为使农民有效的参与，水资源管理者和防洪当局需要提供全面协调、能力建设和建立激励机制。要在湄南河流域中将这项研究变为现实，需要进行详细的调查，以确定环境条件适合含水层补给的地区，并进行分析确定可行的制度安排（Pavelic et al.，2012）。

图｜维护用于灌溉的洪水地下驯化创建的池塘

摄影：Prashanth Vishwanathan（国际水资源管理研究所）。

4.3　在易变性和降低风险方面，基于自然的解决方案面临的挑战

广泛采用和实施基于自然的解决方案面临诸多挑战。这些挑战既是全球性的，也是通用性的；是区域特定的，也是地方性的。并且，通常适用于所有基于自然的解决方案，而不仅仅适用于针对风险降低和易变性管理的基于自然的解决方案。挑战包括但不限于：

- 目前政府应对与风险有关的水资源易变性的措施中，从公共政策到建筑法规，灰色基础设施解决方案仍然占绝对的主导地位（WMO，2007）。同样，这种主导地位也存在于市场经济导向、服务提供者的专业知识内，以及决策者和公众的心中。这些因素共同发挥作用，导致基于自然的解决方案的开发和使用具有普遍惯性，并对基于自然的解决方案产生偏见，认为基于自然的解决方案比人造或人工系统效率低。换句话说，就像下面这个例子，

阻止进水的混凝土墙或堤坝的形象主宰着人们的思想和当前的实践。这导致基于自然的解决方案缺乏激励性政策、财政资源和其他支持性措施，以便在易变性管理、与水相关的灾害风险和变化的背景下制定和应用基于自然的解决方案。对于基于自然的解决方案有助于减少极端事件对灰色基础设施、人员和经济的损害，缺乏文件记录、交流和节约成本的认可，因此会出现这种惯性思维。此外，当生态系统（及其提供的服务）显著恶化时，以及常规做法不能满足需要时，基于自然的解决方案的价值和极端水事件的成本增加才会变得更加明显。

- 与“传统”灰色解决方案相比，社区、区域规划者和国家政策制定者等各阶层对于基于自然的解决方案能够真正提供什么以降低水的易变性的风险缺乏认识、沟通和了解（WMO，2006）。部分也是由于对与减少灾害风险相关的基于自然的解决方案的研究和开发水平不足，特别是对与灰色解决方案相比或与灰色解决方案相结合的基于自然的解决方案性能的成本效益分析方面存在不足。

- 对于如何整合自然和人造基础设施以减轻洪水、干旱和水的易变性的风险缺乏了解，以及在减少水资源相关风险的情况下如何实施基于自然的解决方案的能力总体上不足，甚至在有意愿实施基于自然的解决方案的情况下也是如此。例如，如上所述的用于灌溉的洪水地下驯化这样的大型流域内基于自然的解决方案尚未达到形成成文手册的阶段，只能进行试点。如果基于自然的解决方案可以被看作是一种“技术”，那么这可能是所有新的或新兴技术都会遇到的典型问题。此外，当设计不良的基于自然的解决方案失败时会产生抑制效益，加剧上述偏见。

- 对于自然基础设施如何运作（例如与森林、湿地和含水层相关）以及生态系统服务的实际意义（特别是流量调节如何提供服务，即风险和易变性管理中最相关的生态系统服务）表现各种误解和不确定。上述原因导致人们不了解能实现哪些积极影响——例如削减洪峰或降低干旱严重程度。

- 在减少风险的背景下，对基于自然的解决方案相关项目的实施效果进行明确的评估存在困难。有时也不完全清楚——什么是基于自然的解决方案，什么是混合解决方案。缺乏确定基于自然的解决方案和灰色基础设施方案适当组合的技术指南、工具和方法。

- 基于自然的解决方案的土地利用可能会造成紧张局势，可能与其他土地用途发生冲突。然而，公平地说，需要指出的是，灰色基础设施往往也直接占用土地，或者对土地造成间接的不利影响。同时，一些基于自然的解决方案（例如，用于灌溉的洪水地下驯化）仅需要一小部分流域面积即可实现减少洪水和干旱影响的全流域效应。

- 一个更隐含但真实的挑战是，在与水相关的灾害管理中，反应性而非主动性做法仍占主导地位。而倘若采用被动的方法处理灾害造成的后果，基于自然的解决方案的用途是有限的。如果在灾害发生前就规划和实施降低风险措施，基于自然的解决方案可能会发挥更大的潜力。

5 国家与地区实施经验

世界水评估计划 | Richard Connor 和 David Coates
参与编写❶：Andrei Jouravlev（联合国拉丁美洲和加勒比经济委员会）；Aida Karazhanova 和 Stefanos Fotiou（联合国亚洲及太平洋经济社会委员会）；Simone Grego（联合国教育、科学及文化组织阿布贾多部门区域办事处）；Carol Chouchani Cherfane 和 Dima Kharbotli（联合国西亚经济社会委员会）；Chris Zevenbergen（代尔夫特国际水教育学院）；Rebecca Welling（世界自然保护联盟）；Chris Spray [邓迪大学水法政策与科学中心（由联合国教育、科学及文化组织赞助）]；Tamara Avellán（联合国大学流动物质与资源综合管理研究所）❷；Dragana Milovanovic（萨瓦河流域国际委员会）；Franco A. Montalto（德雷塞尔大学）；Anne Schulte-Wülwer-Leidig（保护莱茵河国际委员会）；Marta Echavarria（"生态决策"）；Shreya Kumra（联合国亚洲及太平洋经济社会委员会）；Pablo Lloret（厄瓜多尔基多市政饮用水与卫生公共公司）

厦门五缘湾湿地公园的木桥（中国）

---

❶ 作者感谢联合国欧洲经济委员会的 Alexander Belokurov、SonjaKöeppel 和 Annukka Lipponen 的付出。

❷ 本章表达的是作者的观点。将其纳入报告并不意味着联合国大学予以认可。

5.1 引言

前几章在水资源管理的三个关键目标（改善水资源可利用量、提高水质和减少灾害风险）的背景下研究了实施基于自然的解决方案的机会，而本章更广泛地审视了基于自然的解决方案在不同国家和地区的实施，评估了基于自然的解决方案如何实现多种与水相关的利益和协同利益，展示了良好的范例和所取得的经验教训。

不同区域（和分区域）可能面临类似或不同的与水相关的挑战，这些挑战的强度各不相同，由物理水文条件综合情况以及水资源管理的整体状况决定，包括治理、能力、经济和金融等方面。虽然因此基于自然的解决方案会出现不同组合，实施水平也会有所差异，但可能也会出现某些相似之处，所以，在一个国家或地区吸取的经验教训有利于在另一个国家或地区更好地实施基于自然的解决方案。

5.2 在流域层面实施基于自然的解决方案

5.2.1 流域管理

如第 1.3 节所述，流域的生物和地球物理特征直接影响在不同的时间和空间流向下游的水量和水质。上述特征出现任何显著变化（即土地利用与土地利用变化）都可能改变这些水文特征。因此，可将改善土地管理看作是基于自然的解决方案的组合体，共同加强水安全。所有地区都有这种做法的例子。

可将改善土地管理看作是基于自然的解决方案的组合体，共同加强水安全。

在沙特阿拉伯，“hima”的做法可以追溯到 1500 年前，这是一种有组织的保护土地和水资源的方法。根据这一方法，利益相关方共同控制牧场的使用，并负责保护土地、种子储备和水资源。随着该地区土地利用的变化和部落结构的削弱，逐步淘汰了“hima”管理方案。然而，现在已经在采取措施逐渐恢复，将“hima”作为支持土地和自然资源保护的管理方案（AEDSAW，2002）。包括约旦在内的阿拉伯地区的其他国家也在采取类似措施，试图恢复这些古老的土地管理实践及其传统的文化活动（专栏 5.1）。

专栏 5.1 恢复约旦 hima 系统

扎尔卡河流域开展了一个恢复传统的“hima”土地管理实践的项目。该流域是约旦一半人口的家园。不适当的土地和资源管理以及不可持续的发展导致土地退化和地下水资源的过度开采。传统上，遵循了“hima”土地管理实践，基本上将土地置于一边，让土地能够得以自然再生。同时，这将从水质和水量的角度减少对地下水资源的压力。然而，由于人口增长和国家间边界的划分限制了流动性，这种做法被持续的集约化农业所取代。

研究还表明，土地使用权从部落所有到私人所有的变化，以及政府对旱季种植进行补贴，进一步加剧了从“hima”到这些不可持续的土地管理实践的转变。在恢复“hima”土地管理实践项目的框架下，力求通过将管理权转让给当地社区来增强当地社区的能力。结果显示，扎卡河流域的经济得到增长（例如通过种植具有经济价值的本地植物），对自然资源的保护得到了加强。

在项目实施框架内，还建立了政府和社区伙伴关系。举办了能力建设讲习班，交流相关经验教训和所面临挑战的信息，并开展了提高认识的活动，推进所涉问题的解决。在该倡议获得成功的基础上，约旦国家牧场战略（2014 年）将“hima”方法纳入了解决国家牧场治理问题的有效手段中。

资料来源：Cohen-Shacham 等（2016 年）和约旦农业部（2014 年）。
供稿：Carol Chouchani Cherfane（联合国西亚经济社会委员会）。

在向快速增长的城市持续供水方面，对流域的恢复和保护日显重要。许多流域日益受到森林砍伐、土地利用变化、集约化农业、采矿、人口增长和气候变化的影响。流域退化对供水产生负面影响，尤其对于城市人口，至少在某些季节水资源的供给匮乏，加剧其他城市洪水泛滥，影响水质，从而增加城市供水和治理成本。

流域退化的影响可以肯尼亚塔纳流域的上游情况为例（见专栏 2.5 和专栏 5.4）。该流域提供了内罗毕 95%的饮用水，并为肯尼亚供应了 50%的水电。在过去的 45 年里，流域内的一些森林已被农田所取代，而用于支持园艺生产的用水需求也有所增加。天然湿地曾经储存径流水和补给含水层，但是对天然湿地的侵蚀降低了干旱季节的供水量。农业扩张以及土壤侵蚀和山体滑坡增加了当地河流的沉积物。这些因素降低了干旱期的供水量，增加了溪流的沉积物。该体系应对干旱的抵御能力下降，而且，由于雨季携带泥沙的径流导致设备毁坏，使水处理成本增加，在某些情况下增加甚至高达33%以上（Hunink 和 Droogers，2011；TNC，2015）。

这种情况解释了为何供水和卫生部门当局、地方政府和水务公司对基于自然的解决方案，特别是流域管理的应用表现出日益增长的兴趣。他们希望该方案能保护城市供水水源，特别是在水质方面。水质问题主要是来自化肥的面源污染、集约农业的除草剂和杀虫剂、畜牧生产的细菌和养分，以及来自砍伐森林的沉积物。对流域管理（特别是土地保护、重新造林和河岸恢复）的关注日益增加，预计将有助于降低城市供水公司的运营和维护成本，提高服务质量，并延迟对扩大产能的昂贵资本投资的需求（Echavarria et al.，2015）。

流域管理不仅被视为对人造或灰色基础设施的成本效益的补充，而且还是产生诸如地方经济发展、创造就业机会、保护生物多样性和气候适应能力等其他重要效益的一种方式（LACC/TNC，2015）。

5.2.2 环境服务付费

1997 年纽约市启动了维持纽约市供水系统行动，这是有史以来基于自然的解决方案在实施流域保护方面最著名的例证之一。这也是首个公认的为环境服务付费（PES）成功案例之一。如今，三个受保护的流域为纽约市提供了美国境内最大的未经过滤的供水水源，为该市每年节约的水处理运营和维护成本超过 3 亿美元。该行动还可作为建造水处理厂的替代方案，其成本约为 80 亿～100 亿美元（Abell et al.，2017）。

环境服务付费计划为土地所有者或农民提供奖励（货币或其他方式）以换取可持续的土地使用实践（农业、林业等）。目标是环境服务（例如河流水质更好）受益方（例如供水公司）应该为服务提供方（通常是位于上游的农民或土地所有者等）所提供的服务（例如，为了更好地管理农药和化肥的使用或保护森林覆盖）进行补贴，以确保持续提供服务（图 5.1）。

拉丁美洲和加勒比地区在实施流域环境服务付费计划（也被称为“流域服务投资计划”）方面具有丰富的经验（Bennett et al.，2013）。2013 年，

图 5.1 典型的流域环境服务付费方案

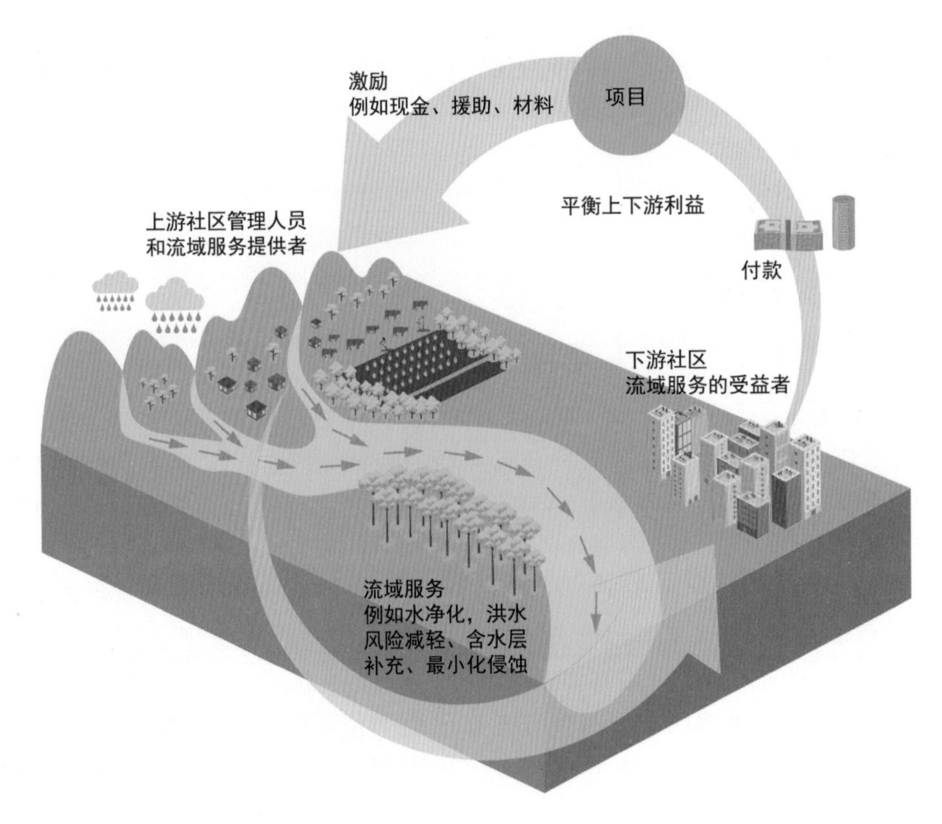

资料来源：改编自 Bennett 等（2013 年，图 7，第 1 页）。

美洲水与卫生监管实体协会（ADERASA）成立了专门致力于绿色基础设施的工作组（Herrera Amighetti，2015）。该工作组的任务是系统地综合和分析拉丁美洲国家在绿色基础设施投资方面的经验，以提高可用水量和防止水质恶化。这些投资可以采取各种体制形式，但通常以环境服务付费的形式实施。人们之所以对环境服务付费感兴趣，在很大程度上是由于拉丁美洲和加勒比地区的政府和其他地方的政府一样，在实施监测和执行能力方面往往非常有限或者十分薄弱（Stanton et al.，2010；Embid 和 Martín，2015）——特别是对于水资源管理、土地利用、污染控制和固体废物处理——尤其在大城市之外的地区更是如此。另外，在已将供水和卫生服务下放到市一级的国家，一个城市的水源位于另一个城市的管辖范围内的情况并不少见，这使得水源保护进一步复杂化（Jouravlev，2003）。

在世界其他地区，包括亚太地区（专栏 5.2）和非洲（专栏 5.3），也有环境服务付费方案的成功案例。仅在湄公河流域，在柬埔寨、老挝、泰国和越南都已经有了包含流域保护内容的环境服务付费方案，但只有越南是东南亚地区唯一有正式国家级环境服务付费计划的国家（Tacconi，2015）。亚洲开发银行（ADB）估计，至少需要 590 亿美元的供水投资和 710 亿美元的改善卫生设施投资才能满足该地区的基本需求。据估计，多达 70%～90%的家庭和工业废水在没有任何预处理的情况下被排放（ADB，2013），导致生态系统进一步的退化。将这部分投资用于流域保护和其他有关基于自然的解决方案的支出，这种做法越来越被接受并作为应对上述挑战的适当方式。

专栏 5.2 亚太地区环境服务付费经验

通过 2008 年为森林环境服务付费试点政策框架（Forest PFES，Decision 380），越南正在解决与流域保护相关的资金不足和其他挑战，该框架侧重于通过当地合同，以旅游为目的进行供水和景观保护。2009 年，购买服务者（主要是水电和供水公司）的本地收入约为 400 万美元。由于该政策产生了积极效益，2013 年，用水户、运营商和公用事业公司共向森林社区支付了 5 400 万美元，用于购买他们接受的流域服务（To et al.，2012）。

供稿：Aida Karazhanova 和 Stefanos Fotiou（联合国亚洲及太平洋经济社会委员会）。

专栏 5.3 肯尼亚奈瓦沙湖环境服务付费计划

根据《拉姆萨尔湿地公约》，肯尼亚奈瓦沙湖被认可作为“具有国际重要性的湿地”。包括花卉种殖在内的小规模农业和集约化商业园艺在流域内的土地使用实践都很差，导致生态系统服务退化，产生经济损失、贫困情况恶化、生物多样性减少。

以水为中心的环境服务付费计划将生态系统服务“卖家和供应商”（主要是上游小型农户）和“买家和用户”（包括湖泊周边的主要园艺业）以及主要国家和地方机构凝聚在一起参与管理这些服务，生态系统管理人员与受益人通过谈判达成合同协议。

在高度本地化的层面上开展了深入的信息普及和提高认识活动（例如，农场内外的讲习班和研讨会），以加强社区和所有利益相关方的理解和支持。

旨在改善下游水质和水量的土地管理措施的变化包括：

- 河岸缓冲带的修复和维护；
- 修建草坪或梯田以减少陡坡上的径流和侵蚀；
- 减少化肥和农药的使用；
- 农林业混种以及种植本地树木、高产果树和覆盖作物，以提高农业生产力，减少径流或侵蚀，增加生物多样性。

该项目还包括由农业部和园艺作物开发局对农民进行培训，培训内容涉及水土保持技术等问题，以提高农业生产力，改进饲料存储技术和使用更高产或高价值的作物品种。

对生态系统服务买家和卖家都采用资金激励措施，有助于大大改善土地和水资源管理，同时提供切实的生计利益。

资料来源：Chiramba 等（2011 年）。

更多相关信息，可访问：www.gwp.org/en/learn/KNOWLEDGE _ RESOURCES/Case _ Studies/Africa/Kenya-Shared-risks-and- opportunities-in-water-resources-Seeking-a-sustainable-future-for-Lake-Naivasha/。

为环境服务付费计划通常通过采取保护措施和建立水基金来实施，由政府补贴和大型用水户（如位于下游地区的城市自来水公司、水力发电厂、瓶装水或软饮料公司）捐款提供资金，支持流域高、中海拔地区的流域管理活动（Calvache et al.，2012；Jouravlev，2003）。在很多情况下，它们基本上是公私伙伴关系。

水资源资金用于向位于上游的社区、农民和私人土地所有者提供货币和非货币激励（专栏 5.4），通过用水调度、防洪以及侵蚀和沉积物控制等形式，保护和恢复为下游用水户提供利益的自然生态系统（森林、湿地等），从而确保持续和高质量的供水，并有助于减少水处理和设备维护成本（专栏 5.5）。

专栏 5.4 上塔纳—内罗毕水基金

上塔纳—内罗毕水基金于 2015 年 3 月启动，为流域内的居民提供减少受流域退化威胁的机会。此外，该基金旨在确保内罗毕的供水，同时改善农民生计，维持特定流域的旱季流量，从而有助于抵御干旱。

该基金是公私伙伴关系，在头四年的发展过程中，通过自愿捐款共筹集 400 万美元。该基金拥有多个重要的多边资助者，包括全球环境基金（GEF），其目标是在基金有效期内捐助 700 万美元。它汇集了多方利益相关方，如县政府、水资源管理局、森林服务部门、区域理事会、内罗毕水务公司和私营部门参与者。

水基金使用实物补偿机制鼓励农民采用农业最佳管理措施，恢复河岸缓冲带，安装高效灌溉设施和重新造林。实物补偿包括安装抽水马桶，开展农业生产能力建设培训，补偿种子、设备和诸如奶山羊等家畜。水基金也以减少农村未铺砌道路上的泥沙为重点。迄今为止，水基金通过与当地合作伙伴合作（包括绿带运动和肯尼亚全国农民联合会）已帮扶超过 15 000名农民（Abell et al.，2017）。

水基金的业务案例表明，在水基金倡导的保护干预行动中，投资 1 000万美元可能会在 30 年的时间内得到 2 150 万美元的经济利益作为回报。回报来自发电量的增加、小型农户和大型生产者的农作物产量的增加、节水以及废水处理成本的降低（TNC，2015）。

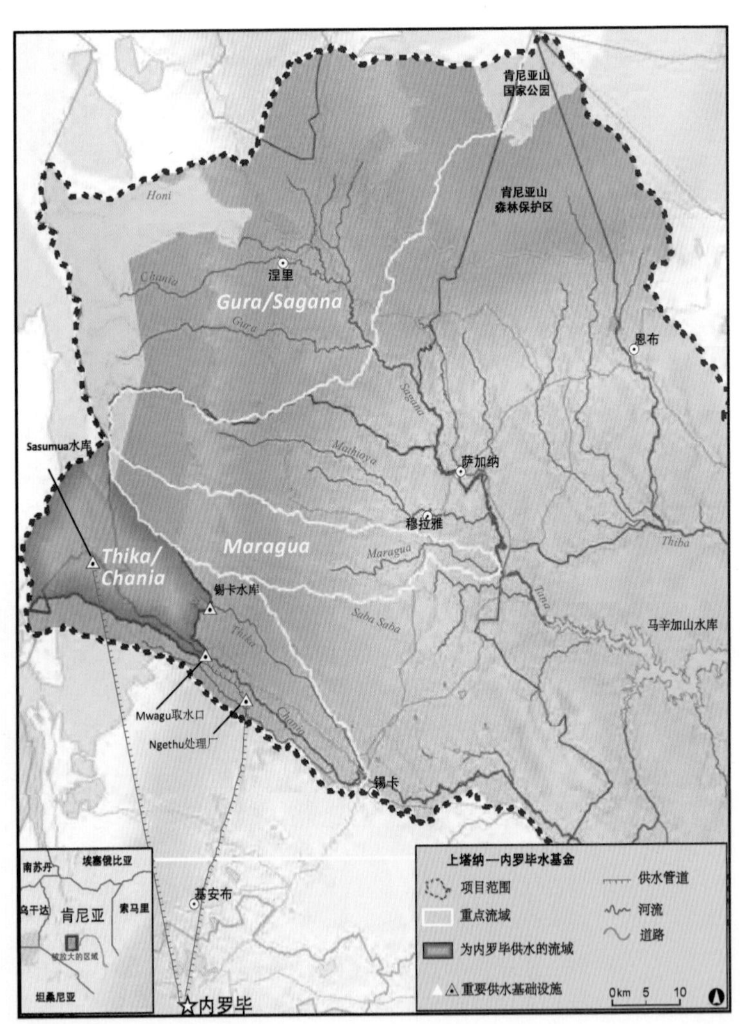

图丨上塔纳—内罗毕水基金项目位置图

资料来源：大自然保护协会。

供稿：Simone Grego（教科文组织阿布贾多部门区域办事处）和 Rebecca Welling（世界自然保护联盟）。

专栏 5.5 基多水资源保护基金（厄瓜多尔）水资源保护基金

（厄瓜多尔）水资源保护基金（FONAG）是拉丁美洲和加勒比地区第一个水资源基金，也是最成功的水资源基金之一。向首都基多供水的流域受到不良农业、畜牧业和林业实践的威胁。针对这种情况，2000年，基多市通过自来水公司（EPMAPS）和大自然保护协会（TNC）的合作，创建了（厄瓜多尔）水资源保护基金（Lloret，2009）。（厄瓜多尔）水资源保护基金是一个旨在运作80年的信托基金。它的资金来自该地区的大部分用水户（自来水和电力公司、一家啤酒厂、一家瓶装水公司等）。（厄瓜多尔）水资源保护基金的目标是为向基多及周边地区供水的流域保护和恢复提供支持（FONAG，日期不详）。其干预措施包括长期项目（沟通、恢复植被、水管理、环境教育、重点领域监测）和短期项目，其范围从支持以环境为重点的生产活动到应用研究。（厄瓜多尔）水资源保护基金在不同社会利益相关方、地方当局、政府和非政府组织以及教育机构的积极参与下开展工作。

（厄瓜多尔）水资源保护基金捐赠超过1 000万美元，年度预算超过150万美元。作为历史最悠久的官方水资源基金，（厄瓜多尔）水资源保护基金通过各种战略，包括与400多个当地家庭合作，成功保护和恢复了4万多hm^2的帕拉莫和安第斯山脉森林。水资源基金不是直接为保护、恢复和可持续农业付费，而是采用家庭花园以及对社区项目开展支持等实物补偿形式。除了直接的水源保护活动外，（厄瓜多尔）水资源保护基金还致力于强化流域联盟、环境教育和沟通，从而在流域保护中动员更多的参与者。（厄瓜多尔）水资源保护基金还与几家学术机构合作，建立了严格的水文监测计划，交流和改善投资成果（Abell et al.，2017，第115页）。

供稿：Andrei Jouravlev（联合国拉丁美洲和加勒比经济委员会）。

这些资金通常由创始成员以合约的形式进行管理，创始成员指定一家独立的机构来管理财务，确保资金用于符合基金目标的流域保护活动（Stanton et al.，2010）。

环境服务付费计划为土地所有者或农民提供激励（货币或其他），以换取可持续的土地使用实践（农业、林业等）。

仅拉丁美洲和加勒比地区就已有超过20个此类水基金投入运营（Echavarria et al.，2015）。

根据森林趋势生态系统市场统计，2015年各国政府、水务部门、公司和社区共花费了近250亿美元支付与水相关的绿色基础设施建设，对4.87亿hm^2土地产生了积极影响（Bennett和Ruef，2016）。在2013—2015年期间交易每年增长约12%，表明采纳程度得到快速提升。绝大多数环境服务付费计划（237亿美元）的资金来源于各国政府，而在欧洲来自于欧洲委员会。剩余投资中大部分（约6.5亿美元）来自于在中国和越南开展的大型项目“用户驱动的流域投资”，由城市、公司或水务部门代表其客户支付给土地所有者，对水资源至关重要的景观进行管理（Bennett和Ruef，2016）。

在整个饮用水供应和卫生部门，与灰色基础设施相比，基于自然的解决方案似乎严重缺乏资金。在拉丁美洲和加勒比地区的国家，水务公司在绿色基础设施方面的投资拨款似乎在增加，但占比不到其预算的5%（秘鲁一些城市可能例外）（Echavarria et al.，2015；Bennett和Ruef，2016）。在英格兰，流域管理活动通常占水务公司支出的不到1%。最近的一份报告估计，2015—2030年间将花费1 000亿英镑用于英国的集水区“以解决包括继续供水和污水处理服务、水质、农业以及防洪和维护”等问题，其中“将在英格兰投入超过300亿英镑用于满足欧盟《水框架指令》（WFD）的要求，并维持当前的水和废水处理标准”。在这个300亿英镑的欧盟《水框架指令》中，该报告估计“水资源部门采用更广泛的集水方法可以节约3亿～10亿英镑的成本”（Indepen，2014，第1页）。

由于报告中没有考虑到的生物多样性、洪水风险降低和碳管理所带来的更广泛的协同效益，流域管理的财务收益实际上将会进一步提高。

英国和拉丁美洲国家的情况说明，城市、公司和水务部门可以在基于自然的解决方案中投资更多。越来越多的证据表明，这种投资具有成本效益，并具有良好的商业意义，同时产生生物多样性保护、社区效益、气候变化适应以及就业和培训等协同效益。显然，即使将绿色基础设施所产生的协同效益包含在内，流域管理和基于自然的解决方案的进一步支出通常也会有一个阈值；一旦超过这一阈值，投资将会停止产生足够的回报。然而，对于灰色基础设施也存在同样的情况。因此，确定这些阈值以及“绿＋灰”的最佳组合，需要一个共同的分析框架（即共同性能指标），用于评估灰色和绿色基础设施在相关水资源管理和其他目标方面的成本效益。

设计流域层面的土地管理计划和实施环境服务付费，需要明确建立上游水土利用实践和为下游用户提供流域服务之间的因果关系，识别和组织利益相关方有效控制这些实践，在不断变化的市场以及政治和社会条件下达成可持续的协议。总有这么一个问题，那就是是否要对遵守法律和执行良好做法的人进行奖励，以及在多大程度上予以奖励。

这反过来又需要一个共同的概念框架，用来评估绿色和灰色基础设施投资的价值和收益。对于水务公司和服务提供商尤其是中小城市的服务提供商来说尤其困难，因为他们仍然无法完全回收提供服务的成本，因此取决于政府的投资预算，在有些情况下，甚至取决于运行和维护费用的预算。对基于自然的解决方案（及其长期可持续性）的经验不足和掌握知识有限，加上许多工程师和政治家对人造或灰色基础设施的偏好——可能会带来额外的挑战。由于对水资源管理和土地使用控制的管控、监督和执法能力极其欠缺，流域活动的水电支出普遍较低——即使存在这种情况也不足为奇。所以，让更广泛的利益相关方接受、支持和参与基于自然的解决方案和为环境服务付费计划是必要的，但仍然不够。

在饮用水供应和公共卫生部门，基于自然的解决方案与灰色基础设施相比，似乎资金严重不足。

例如，土地所有者需要长期的财务支持。为在多个政策目标（农业、气候变化、绿色能源等）中评估、整合和实施基于自然的解决方案，提供强有力的法律支持可能同等重要（例如，专栏5.6）。

专栏5.6　城市地区的基于自然的解决方案：纽约市

在纽约市（NYC），自20世纪90年代以来，为了响应有关水质、可持续发展的公众利益以及城市土地管理演变模式的规定，部署绿色基础设施的各种基于自然的方法得到了实施。1972年正式实施的《清洁水法案》（CWA）制定了关于向美国地表水体排放污染物的规定。根据《清洁水法案》，未经国家污染物排放系统计划许可排放污染物已成为非法行为。对《清洁水法案》的修正案要求纽约等城市制定长期计划控制城市径流进入污水管道系统（US EPA，日期不详）而引发的合流制管网溢流（CSO）。

纽约市环境保护局（DEP）在纽约市首个全面可持续发展计划PlaNYC中进行自然资源、土地和基础设施管理方面的新战略，并于2010年发布了绿色基础设施计划。该计划将自然和传统的灰色方法结合起来，用于捕获和处理城市径流（DEP，2010）。该计划基于成本效益计算，于2008年在制定“城市可持续雨水管理计划”期间执行。这些计算将绿色和灰色方法在雨水管理，即每单位体积的雨水被滞留或保留在设施中的建筑成本进行了比较。与传统的合流制管网溢流滞留设施相比，绿色基础设施的成本更低，基于此纽约市在雨水花园、生物洼地、绿色屋顶、人工湿地和其他基于自然的方法相结合的污水管理所提供的不透水区域中，有10%以上产生了25mm的径流（The City of New York，2008）。

绿色基础设施计划主要由纽约市环境保护局实施，由水费支付者提供资金，同时也利用其他城市机构的其他资本的基础设施投资，并向私人业主提供赠款，以最大限度地在不同城市的土地利用中应用绿色基础设施。实施的主要挑战与选址要适当远离低渗透性土壤、地下基础设施和街道建筑物，并长期确保系统的性能有关。

由公共资金资助的雨水绿色基础设施系统如Bioswales和Stormwater Capture Greenstreets，它们规格通常适合容纳大约90%的潮湿天气事件（例如日降水量25～30mm）在其支流地区内产生的所有径流。但是，正在进行的现场监测表明，这些系统可能提供重要的协同效益。绿色基础设施被认为可以增强生物多样性，通过遮蔽降低气温，美化社区并为生态管理创造机会。在某些情况下，这些相同的系统也可能降低洪水风险。利用四年的实地数据，De Sousa 等（2016）发现，位于纽约皇后区洪水易发区的125m^2的生物截留设施分别在所有事件平均（$n=92$）、非极端事件（$n=78$）和极端事件（$n=14$）中滞蓄了相当于其自身尺寸四倍的支流区域内产生的全部径流的70%、77%和60%。

因为蒸发水汽化产生潜伏热，为雨水收集而设计的绿色基础设施系统还可以提供热效益。位于美国纽约曼哈顿的2.7hm^2的Jacob K. Javits会议中心的绿色屋顶（照片）截留了生长季节一半以上的降水，按平均每天蒸发3.2mm的水（同期）计算，那么与传统的黑膜屋顶相比，绿色屋顶减少了城市热岛强度，并大大降低了屋顶的外表面温度（Alvizuri et al.，2017；Smalls-Mantey，2017）。

供稿：Franco A. Montalto（德雷塞尔大学）。

摄影：© Felix Lipov/Shutterstock.com。

在海外投资方面，金融机构和企业可以在支持和资助基于自然的解决方案和为环境服务付费计划方面发挥重要而有影响力的作用。从事海外投资的企业不仅有责任遵守东道国的环境法律、法规和标准，还应遵守"联合国负责任投资原则"，其中包括充分考虑环境、社会和管理因素（PRI，2006）。中国海外管理倡议提出的环境风险管理倡议同样支持整个供应链的"绿色"贸易融资，通过鼓励金融机构和企业"量化海外投资项目的环境成本和效益，包括不同类型的污染物排放、能源消耗和水的使用，作为决策的基础……为确保定量分析的适用性，环境成本和效益的计算应考虑到东道国的技术发展水平和环境状况等因素，而国际标准应酌情用作基准标准"，进一步推进这些原则（GFC/IAC/CBA/AMAC/IAMAC/CTA/FECO，2017，第3页）。

5.3 在城市地区实施基于自然的解决方案

加速的城市化进程正在加剧大部分地区许多城市的水资源管理挑战。在拉丁美洲和加勒比地区，发展中国家中城市化程度最高的地区，近80%的人口居住在城市（2014），预计到2050年这一比例将增长到86%。虽然亚洲和非洲大部分地区仍然主要是农村，但这些地区正在经历最快的城市化增长速度，分别为每年1.5%和1.1%（UNDESA，2015）。

如上所述，流域管理为这些不断增长的城市居住区提供了广泛的潜在利益。在城市内实施本地化的基于自然的解决方案，为满足多个水资源管理目标提供了额外的机会。以纽约市为例，采用绿色基础设施增强灰色基础设施的措施显示出成本效益，同时贡献了实质性的协同效益（专栏5.6）。

中国的"海绵城市"项目（见专栏2.6）表明，城市绿色基础设施从不透水地面的重新种植植被到绿色屋顶和人工湿地，都可以在水资源可利用量、水质和减少洪水灾害方面取得积极成果。

在水与卫生设施方面，用于废水处理的人工湿地可能是一个具有成本效益的基于自然的解决方案，为包括灌溉在内的几种非饮用用途提供足够质量的水，并提供额外的效益，包括能源生产（专栏5.7）。在全球范围内，超过80%的废水未经处理就排放到环境中，在一些发展中国家超过95%（WWAP，2017），人工湿地可以为各种规模的社区提供巨大的机会。世界上几乎每个地区都有这种体系，包括阿拉伯地区（专栏5.8）和非洲——而在东非比较常见。

专栏5.7 超越污水处理——人工湿地的多功能性

生活污水由水、碳和养分三个基本组成部分组成。这些污水成分对于粮食种植或生物能源是有用组分（WWAP，2017）。

处理生活污水的一种基于自然的解决方案是使用人工湿地。和大多数处理系统一样，人工湿地旨在将有机物和病原体减少到最低限度，但在减少氮和磷方面效率有所不同。由于每人每年产生约4.5kg氮和0.6kg磷（Mateo-Sagasta et al.，2015)，人工湿地排出的污水包含上述营养素的水平相对较高，非常适合用作灌溉水源。

人工湿地也是世界上生产力最高的生态系统之一，能够生产相对大量的生物量，这取决于所使用的植物类型（最常见的是芦苇或香蒲）和该地区的气候（Vymazal，2013；Zhang et al.，2014；Mekonnen et al.，2015)，可以定期收获这些生物质用作生物燃料。大多数这些植物的热值与传统的燃烧燃料类似，如金合欢属（Morrison et al.，2014)。人类对它们的沼气生产潜力的探索则更少，但一些研究的初步成果是积极的。特别是，当使用芦竹（也称为巨型芦苇）时，在某些情况下，甲烷产量超过玉米或高粱的产量（Corno et al.，2016)。据估计，撒哈拉以南非洲一个60人村庄中约有12%的生活燃料需求可由来自人工湿地的生物量满足（Avellán et al.，2017)。

因此，使用这些基于自然的解决方案适用于多种目的，并间接影响其他方面，例如通过减少对木材燃料的依赖和增强的能源安全来加强对森林的保护。

供稿：Tamara Avellán（联合国大学流动物质与资源综合管理研究所）。

专栏5.8 埃及和黎巴嫩的人工湿地

埃及有使用人工湿地进行废水处理的历史。在开罗以北55km处的比勒拜斯开展了一个试点项目，测试了建造人工湿地的有效性。人工湿地产生的二级处理后的废水，用于灌溉制造包装盒的桉树。由此可知，该项目有助于节约用水和保护地下水资源。

由于建造和运营成本均低于传统的废水处理系统，并且经时间考验后被证明具有成本效益。因此，人工湿地计划被推广到市内的其他地区。

由于排放未经处理的农业、工业和生活污水，黎巴嫩的利塔尼河受到严重污染。该地区的污水处理厂要么不起作用，要么只能部分运行。因此，河流中营养物和病原体的浓度飙升。设计的人工湿地系统设内用于处理利塔尼河的水，并去除30%～90%的污染物质量，使湿地流出水的水质在国际环境标准允许的范围。处理后的废水通过排水沟道返回利塔尼河*。

供稿：Carol Chouchani Cherfane（联合国西亚经济社会委员会）。

*根据美国国际开发署支持的项目，Difaf（黎巴嫩）提供案例。

5.4 基于自然的解决方案的区域和国家框架

尽管通常由当地利益相关方（如大型用水户和市政当局）推动实现具体的水资源管理成果，但国家和地区层面的更广泛框架和伙伴关系在促进基于自然的解决方案的实施方面发挥着关键作用。促进和监督基于自然的解决方案实施，国家立法尤为关键。

城市绿色基础设施，从不透水表面的植被恢复到绿色屋顶和人工湿地，在可用水量、水质和减少洪水灾害方面可以产生积极的效果。

欧盟《水框架指令》（WFD）（指令2000/60/EC）为许多其他立法、治理乃至以非政府组织为重点的活动提供了一个总体框架，并发挥带头作用。欧洲一直在朝着全面、可持续、以风险为基础的全流域方式迈进。其特点是越来越多地考虑各种生态系统服务的价值和影响，同时认识到：在国家、区域和地方各级提供多种利益，并且与利益相关方充分接触，都十分重要（专栏5.9）。水质，特别是扩散污染，是通常与改善饮用水集水区的需求有关的关键目标。第二个主要重点领域是洪水。欧盟洪水指令（指令2007/60/EC）增加了基于自然的解决方案的潜力，其通过沿海防御（盐沼、滩涂养殖、有管理的退避等），农村流域“自然洪水管理”以及可持续城市排水系统（SUDS）来降低洪涝风险。另一个主要关注领域是抵制生物多样性丧失。2020年欧盟生物多样性战略已经认识到了这一点，呼吁“将生态系统服务纳入决策”（EC，2017b，第6页）。

专栏5.9 基于自然的解决方案和欧盟《水框架指令》：北海地区试点项目的经验

欧盟《水框架指令》旨在通过保护和加强水生生态系统来促进可持续的水资源利用。自2013年以来，欧盟委员会积极推动应用基于自然的解决方案恢复退化的生态系统，确保水资源的长期可用水量并保护水生生态系统的利益。尽管《水框架指令》支持基于自然的解决方案的应用，但由于缺乏证据、方法和指导，其实际应用受到阻碍。需要一个广泛适用的跨国证据作为基础来证明投资的合理性，并优化基于自然的解决方案的成效（EC，2015）。2016年和2017年，委员会发起了一项有针对性的研究和创新议程，并发布公告征集大型基于自然的解决方案示范项目的建议书。

基于自然的解决方案在欧盟几个成员国中取得了进展。重点强调其在城市的应用所取得的成效，特别是在城市复兴中，提高了欧盟公民的生活质量，并降低了欧盟城市的灾害风险。在促进基于自然的解决方案在城市领域的更广泛应用方面，《地平线2020框架计划》尤为重要（Faivre et al.，2017）。《水框架指令》为成员国提供了共同的可持续用水总体立法框架。尽管政策制定者和从业者努力就其目的和用途进行沟通，但基于自然的解决方案仍然不为大众所知，并且经常处于实验阶段（Voulvoulis et al.，2017）。此外，对于在何种程度上以何种方式将基于自然的解决方案纳入立法，以及不同组织在促进和实施的过程中发挥了哪些作用和承担了哪些责任，各国情况有所不同。

“建设大自然”项目是2014—2020年Interreg Vb项目“可持续北海地区”的一部分*，旨在通过交流试点测试结果和开发指南或工具，支持基于自然的解决方案在欧盟自然流域和沿海地区的实际实施。从这些试点中得出的一些初步结论是：1）与传统的基础设施系统相反，基于自然的解决方案的表现随时间而变化，并且取决于当地的物理和生态条件——因此，基于自然的解决方案要求采用因地制宜的方法来详细了解当地条件；2）事实证明，当地社区和利益相关方在规划、设计和维护阶段的持续参与是试点成功启动和实施试点的条件；3）监测基于自然的解决方案的性能和评估正在进行的试点对于建立证据基础以支持被更广泛的采用至关重要。然而，仍然缺乏一套实用而有意义的性能指标（Di Giovanni和Zevenbergen，2017）。

供稿：Chris Zevenbergen（代尔夫特国际水教育学院）。

* 更多相关信息，请见 archive.northsearegion.eu/ivb/project-ideas/和 www.northsearegion.eu/sustainable-nsr/。

从跨界角度来看，基于生态系统的干预措施可能极为有利。它们很少会产生消极的跨界影响，而是可以为整个流域带来众多协同效益，例如，维持和加强对生计和人类福祉至关重要的生态系统服务（包括清洁水源、水资源管理和栖息地、休闲娱乐和食物等）。联合国欧洲经济委员会《保护和使用跨界河道和国际湖泊公约》（《水公约》）为全球提供了一个法律和政府间框架，用于支持跨界合作以促成基于自然的解决方案的实施。自 2016 年 3 月以来，所有联合国会员国都能够加入《水公约》。《水公约》本身提倡采用生态系统的方法，因为它要求缔约方防止、控制和减少跨界影响来确保资源保护，并在适当的情况下恢复生态系统。在《水公约》下实施了若干基于生态系统的活动。

跨界流域组织还可以为促进沿岸国家采纳基于自然的解决方案提供务实的机会。例如，在欧盟《水框架指令》发布之前的数十年，保护莱茵河国际委员会(ICPR) 已经将基于自然的解决方案作为其成员国实施活动和开展规划的核心（专栏 5.10)。

自《水框架指令》发布以来，它推动不断建立最新型的跨国流域组织，基于自然的解决方案在其中发挥核心作用。

东南欧的萨瓦河流域就是其中一个例证，基于自然的解决方案的实施通过生态系统服务产生了若干协同效益，从减灾和保护生物多样性到与生态旅游和改善航运相关的经济增长（专栏 5.11)。

在国家层面，还有一些推动基于自然的解决方案的监管框架的例证，如秘鲁的经验（专栏 5.12)。秘鲁采用了国家法律框架来监管和监测绿色基础设施投资。

基于自然的解决方案具有一个关键优势，这也是该方案为建设系统抵御灾害能力做出贡献的方式。对基于自然的解决方案投资回报的评估，通常未考虑正外部性，正如灰色基础设施有时不考虑对环境和社会的负面影响。事实上，通过中国三峡大坝已经看到，在一个地点建造单一用途的供水基础设施，甚至可能导致其他水文地理位置的供水或水质损失（Zhang et al.，2014)。

在国家层面大规模实施基于自然的解决方案，作为实现特定水资源管理目标的更广泛政策框架的一部分，在本例中是洪水管理，并辅之以空间规划和环境保护等补充目标，例如荷兰的“河道扩容项目（Room for the River)”。该项目于 2009 年启动，预算为 25 亿欧元，旨在沿着某些非脆弱的河段恢复河流的自然洪泛区（一种基于自然的解决方案)，河流改道和建立蓄水区，以保护最发达的河岸地区。恢复的湿地既提供了额外的储水空间，又保护了生物多样性，同时增加了审美并提供了休闲场所。国家和地方当局在项目的规划和实施阶段进行了密切的合作，并将其纳入“多层次治理”中（河道扩容项目，日期不详 a.，日期不详 b.)。

专栏 5.10 在执行欧盟《水框架指令》的背景下，水资源管理和服务中实施基于自然的解决方案：莱茵河流域

莱茵河是欧洲最大的河流之一，在 1950—1970 年间经历了严重的污染，却在过去 40 年中取得了令人印象深刻的恢复。从保护莱茵河国际委员会在 20 世纪 50 年代和 60 年代制定联合监测战略开始，现已发展成为实现可持续发展的全面综合管理战略，其中包括水质、减排、生态恢复和防洪减灾。

自 20 世纪 90 年代以来，保护莱茵河国际委员会的工作引发了欧盟执行综合水政策。流域综合管理在保护莱茵河国际委员会范围内逐步形成：自 1950 年以来，保护莱茵河国际委员会一直在处理减少水污染的问题；自 1987 年以来一直在改善生态系统；自 1995 年以来处理水量问题（洪水行动计划)；自 1999 年以来处理地下水问题。今天，全流域和跨界水资源管理方法以及流域内所有国家之间的必要合作是各国的义务。

欧盟《水框架指令》为欧盟成员国制定了水政策新标准。河流集水区（流域）内的河流、湖泊、沿海水域和过渡水域应被视为一个生态系统，尽可能协调保护和利用其各个方面。《水框架指令》和洪水指令（Directive 2007/60/EC）规定每六年修订一次管理计划。

1998 年在莱茵河洪水行动计划内实施的几项措施说明了基于自然的解决方案“洪水指令”中的关键要素，这些措施被认为是双赢和无悔的措施，不仅对防洪有积极影响，而且还涉及水质和生态。其中包括整个流域的储水、维持和/或扩大洪泛区、堤防搬迁、恢复措施、减少农业用地密集度，以及建立储水区等措施。

“根据保护莱茵河国际委员会的经验和成就，可以说，政治承诺驱动的过程比使用具有法律约束力措施的方法更有效、也更灵活。然而，这两个要素都是必需的，政治承诺和法律可执行性之间的良好平衡是一个连续和反复的过程。”(Schulte-Wülwer-Leidig，日期不详，第 9 页)。

供稿：Anne Schulte-Wülwer-Leidig（保护莱茵河国际委员会)。

专栏 5.11 萨瓦河流域自然资产价值与跨国合作的重要性

波斯尼亚和黑塞哥维那、克罗地亚、塞尔维亚和斯洛文尼亚共同批准的萨瓦河流域框架协定于2004年生效。该协定的关键目标是通过跨界水合作促进该地区的可持续发展，特别是建立国际航行制度以及对水和危险因素的可持续管理，从而将航行和环境保护的发展联系起来。

萨瓦河流域具有独特的生物多样性和景观多样性。它拥有欧洲最大的冲积河岸阔叶林群。这些洪泛区的很大一部分仍然完好无缺，支持防洪和生物多样性，提供各种生态系统服务。萨瓦河流域的大型储水区是欧洲最有效的防洪系统之一。

萨瓦河流域的7个拉姆萨尔湿地被公认为生态旅游发展的焦点。如果得到妥善管理，它们可以促进当地和区域经济，同时保护生态敏感区域。萨瓦河流域的保护区和生态系统服务已被纳入第一个萨瓦河流域管理计划（2014），其主要优势在于它与《水框架指令》的要求非常吻合，包括在处理所有主要水管理问题时全面承认基于自然的解决方案。

萨瓦河流域在保护区内外都有丰富的依赖水资源的生态系统。辽阔的低地和冲积森林具有多种功能，并具有经济意义：提供有价值的木材，大量储存与气候有关的碳并防止水土流失。但是，如果地下水位下降，这些森林及其提供的生态系统服务将恶化。同样，只要为其提供适当的水资源，洪泛平原湿地的突出储水能力能为人们带来许多益处。萨瓦湿地的储水量非常突出，当水位高时削减洪峰，从而对洪水状况产生积极的跨界影响。湿地在干旱期间也是水源，由于气候变化，其发挥的作用越来越重要。萨瓦湿地可以净化水，因为有效的水处理厂供不应求，所以这也是一个不容小觑的好处。用灰色基础设施取代这些功能，成本将会非常高。通过实现《水框架指令》环境目标以及多个水管理目标，有效管理这些领域提供了"双赢"的解决方案。

供稿：Dragana Milovanović（萨瓦河流域国际委员会）。

专栏 5.12 生态系统服务法补偿机制：秘鲁

2014年秘鲁实施的生态系统服务法补偿机制是第一个在拉丁美洲饮用水供应和卫生部门针对绿色基础设施投资的国家级监管框架。制定此法律的主要目的是促进、规范和监督为生态系统服务的报酬机制。该机制被定义为：当生态系统的管理者与为服务付费者，或者为资源的保护、恢复和可持续利用提供资金的机构达成协议后，用于生成经济资源，为其提供渠道，并对经济资源进行转移和投资的系统、工具和激励措施（UNECLAC，2015）。报酬机制的目的是确保在未来能够加强生态系统产生的利益。根据这项法律，生态系统服务的管理者可以获得报酬，这取决于保护、恢复和可持续利用生态系统服务资源措施的实施，可能包括保护自然区域，恢复遭受环境破坏或退化的区域，或采取措施将生态系统服务的来源转变为可持续利用。目前，已有12个城市批准了包含流域投资在内的关税（Bennett 和 Ruef，2016）。

基于自然的解决方案提供了一种机制，用于实现水和土地使用管理中的参与性方法，促进信息交流，并在某些情况下利用传统知识和经过时间验证的自然资源管理方法（例如专栏5.1和专栏5.5）。它们可以协助正式确定和激活社区层面上不同群体之间的伙伴关系，包括国家和地方政府、当地利益相关方和社区组织、私营部门和捐助机构，从而使社区成员能够实施、监测和报告投资、成效和经验教训。

尽管许多相关框架要求或允许考虑基于自然的解决方案，但最终的决定往往取决于对各种选择方案的成本和收益的仔细斟酌。近期法律/监管/框架发展的一个显著特征是：强调（无论是否依法授权）在评估投资选择方案时需要考虑所有收益，而不仅仅局限于一组水文结果。这就需要一种详细的系统方法来评估成本和效益，这种方法被采纳后可能将改善决策制定和整体系统性能（专栏5.13）。

基于自然的解决方案的一个关键优势是对系统抵御灾害能力的贡献。

专栏 5.13 与投资建设基础设施相比较，全面和定量的评估更有利于选择基于自然的解决方案

南非 2013 年国家水资源战略明确地将生态和建设基础设施作为综合管理水资源方法中相互支持的两个要素。

然而，投资于生态基础设施需要全面了解社会从水文循环和流域提供的服务中获得最大收益的方式、时间和地点。为了获得关于各种选择方案更精准的量化信息，在南非两条流域内，对两种生态基础设施方案（移除大型外来入侵植物、种植树木和恢复原生草原和林地）与灰色基础设施的性能进行了比较。

先前的投资目标是恢复山坡上被牲畜放牧破坏的原生亚热带丛林。由于蒸发量的增加，流域内植被覆盖的增加会导致年平均供水量减少。然而，地块范围内的观测表明，修复灌木丛增加了冠层拦截、土壤入渗和传导率以及土壤滞水量，并且还可能对下游产生显著的理想影响，如洪水强度降低，基流可能增加，从而在旱季提供更持久、可靠和有价值的水流。在退化的山坡上修复灌木丛，可以减少一半的地表径流量、坡面泥沙损失减少 6 倍。以上观测结果均可说明，通过具体的干预措施恢复、维护和保护优先生态基础设施，将会产生显著的水文收益。

此方法试图通过获得量化信息，以比较增加供水经济成本的单位参考值的选项。根据所选择的恢复措施及其位置，生态基础设施的成本从 1.17～2.50 南非币不等，相比现有水坝的成本 0.46～3.79 南非币，而新的增加供水的替代灰色基础设施的成本则为 4.56～9.01 南非币。通过生态基础设施实现了供水的显著增加，重要的是，基流量的增加提高了更有价值的旱季供水。

以上只评估了投资生态基础设施的供水量（数量）和减少泥沙量的效益。恢复和保护生态系统功能的一个显著优势是，与单一用途基础设施建设相比，能带来多项额外的效益。改善生态基础设施还可以改善水质，提高邻近农田的授粉服务、放牧价值和获得药用植物，同时减少洪水强度和损害，去除大气中二氧化碳，提高狩猎和牲畜的生产力，提供生态旅游机会并改善休闲和文化空间。

通过对水文基础设施投资方案进行一致的水文和经济比较，所进行的详细评估表明，恢复生态基础设施可以改善水安全，支持人造基础设施并同时提供其他效益，包括尚未意识到的创造就业潜力；它在财务上是可行的，并且具有成本效益。

资料来源：Mander 等（2017 年）。

米兰垂直森林建筑物（意大利）

6 促使基于自然的解决方案加快得到采纳

联合国开发计划署-斯德哥尔摩国际水研究所水治理设施 | Josh Weinberg
联合国开发计划署 | Marianne · Kjellén
世界水评估计划 | David Coates
参加编写❶：Florian Thevenon 和 Lenka Kruckova（水务法律数据库）；Christopher Raymond（瑞典农业大学）；John H. Matthews（全球水适应联盟）；Tatiana Fedotova（世界可持续发展工商理事会）；Maria Teresa Gutierrez（国际劳工组织）；Håkan Tropp 和 Sofia Widforss（斯德哥尔摩国际水研究所）；Aida Karazhanova（联合国亚洲及太平洋经济社会委员会）

收集塔纳河流域雨水信息（肯尼亚）

❶ 作者感谢联合国开发计划署的 Penny Stock，Lisa Farroway 和 Saskia Marijnissen 以及利兹大学的 Neil Coles 提出的宝贵意见。

6.1 引言

本章评估了在实施基于自然的解决方案方面所面临的挑战，这些挑战限制其在可持续水资源管理中充分发挥潜力。在编写本报告第 2 章～第 5 章内容时，撰稿人考虑到了这些挑战，并且保持相当的一致性。本章综合了第 2 章～第 5 章的重要内容，以及引用了各主题下的其他评论信息，包括出自 Davis 等（2015）、Bennett 和 Ruef（2016）以及下文介绍的其他来源。这些挑战包括全球普遍的、区域特定的和基于地方的，并且通常适用于基于自然的解决方案。其中包括：

• 在当前的治理工具中，灰色基础设施解决方案在水资源管理方面占压倒性优势。这种优势源于市场经济导向、服务提供商专业知识的限制等，由此存在于政策制定者和大众的头脑中。这些因素共同导致对开发和使用基于自然的解决方案的普遍惰性以及对基于自然的解决方案的偏见，普遍认为基于自然的解决方案比人造（灰色）系统效率低。这种不平衡很明显。例如，尽管没有准确的数据，但第 5 章中提供的数据表明，虽然在某些国家和地区对基于自然的解决方案的拨款有所增加，但目前直接投资似乎不到 1%（全球），可能仅占水资源基础设施和管理总投资的 0.1%。

• 与“传统”灰色解决方案相比，从社区到地区规划者、国家政策制定者，自下而上各级仍缺乏足够的认识、有效的沟通和知识储备，没有充分认识到基于自然的解决方案能够真正降低水的易变性风险、改善水质和可用水。

基于自然的解决方案不一定需要额外追加资金，但通常需要重新分配和有效利用现有资金。

• 缺乏对大规模整合绿色和灰色基础设施的方法的理解，以及在水资源领域缺乏全面实施基于自然的解决方案的能力。

• 困惑自然基础设施如何运作，不确定性生态系统服务的实际意义。

• 难以对基于自然的解决方案相关项目的性能进行明确评估。有时，还不完全清楚基于自然的解决方案的内容构成以及什么是混合解决方案。缺乏确定综合使用基于自然的解决方案和灰色基础设施方案的技术准则、工具和方法。

• 基于自然的解决方案利用土地时可能引发一些问题或者可能造成紧张局势，甚至与其他土地用途发生冲突，即使灰色基础设施通常也直接消耗土地或可能对土地产生不利影响。为了实现流域范围的影响，一些基于自然的解决方案要求（估算）的流域面积可以忽略不计。这就需要许多利益相关方的共同参与（例如独立的土地所有者），相应地，随之增加了实施的复杂性。

应对确定的挑战所采取的措施基本上包括，为使基于自然的解决方案与水资源管理的其他备选方案一起得到公平考虑而创造有利的条件。需要改善有利条件的领域包括融资、监管和法律环境、跨部门合作，包括协调各发展领域的政策以及充实基于自然的解决方案的知识库。基于自然的解决方案的实施必须符合其实施地点现有的（或新适应的）治理结构。需要强大的扶持环境、支持政策、规划和融资。法律和监管框架应该是支持性的，或者至少是中性的，以便能够采用有发展前景的基于自然的解决方案。国家框架已经可以有鼓励基于生态系统为基础的方法或可持续行动的条款，以支持基于自然的解决方案的实施。跨部门合作（例如，各部委之间的合作）对于任何规模的基于自然的解决方案的实施都是必不可少的。

不断更新的知识库，或者某些情况下更扎实的科学基础，是大多数领域重要的要求。知识需要被翻译成通用语言，并以适当的形式传播到用户中：例如，指导方针有助于使基于自然的解决方案在适用现有法规时能做出必要的解释。制定新的或修订现有政策、法规和规划有助于推进这一进程。

6.2 利用融资

基于自然的解决方案不一定需要额外追加资金，但通常情况下需要重新分配和有效利用现有资金。据估计，2013—2030 年间水资源基础设施将需要约 10 万亿美元（Dobbs et al.，2013）。因此，一个关键问题是，基于自然的解决方案如何通过在投资收益中提高经济、环境和社会效率来降低投资压力。无论如何，有迹象表明，对基于自然的解决方案的投资有所增加（见第 5.2.2 节）。例如，2015 年全球用于与水相关的绿色基础设施的投资约为 250 亿美元，估计投资金额比上一年增长超过 11%（Bennett 和 Ruef，2016）。这一增长的一个触发因素是，人们越来越认识到，可通过优化生态系统服务来部署基于自然的方法，创建系统层面的解决方案，从而使投资更具可持续性和成本效益。因此，正如前几章所阐明的那样，科学界、政界和金融界越来越有兴趣就如何设计基于自然的解决方案和扩大投资资本而完善知识体系，并使其落到实处。实现这一目标的一个基本要素将是，形成完善的、更全面和创新的融资方法。

Davis 等（2015）指出，缺乏对基于自然的解决方案投资的具体融资机制。不管怎样，正在创建各种各样的融资工具和方法，以使对为社会提供价值的基于自然的解决方案进行投资。第 5 章已经介绍了几例基于流域服务付费的融资方式。Bennett 和 Ruef（2016）发现，对流域的投资主要是在本地完成，这些投资中近 90%是通过政府项目直接补贴土地拥有者，支付保护流域所采取的行动。最近兴起的“绿色债券”市场显示出了基于自然的解决方案融资的潜力，尤其也显示出，即便用严格标准化的投资效益标准来衡量，其表现依然出众（专栏 6.1）。在这个领域，气候债券倡议组织（CBI）[1] 已经注意到，在影响、赋予能力以及利用募集资金投资基于自然的解决方案和绿色基础设施方面，全球绿色和气候债券市场可能发挥更大的作用。

专栏 6.1　为提高水的抵御能力融资：水的绿色债券和气候债券的出现

2007 年，欧洲投资银行和世界银行开始发行“绿色债券”（也称为“气候债券”）作为贷款机制，以展示致力于积极环境投资和资产的经济优势。“绿色债券”与普通债券不同，因为它承诺使用专门筹集的资金来资助或再融资有利于环境的项目、资产或业务活动（ICMA，2015），而气候债券更具体地指的是侧重于减缓或适应气候变化的资产或项目。国家和国家以下各级的许多水利基础设施项目都是通过债券融资的。在发达国家，城市供水公司等实体的单一债券可以轻松达到数亿美元。

作为投资类别，绿色债券和气候债券在 2013 年前均保持占有相对小微有限影响力的市场。2013 年，商业金融和企业机构开始进行市场宣传，随后，发行量增至两倍，达到约 100 亿美元。这些趋势在 2014 年加速达到 350 亿美元，2016 年超过 800 亿美元，鉴于《巴黎协定》的《联合国气候变化框架公约》呼吁，到 2020 年为气候融资达到 1 000亿美元，这似乎是有利的（CBI，2017）。虽然市场快速增长，但大多数债券最初都只提供有限的担保证据。此外，与水相关的投资对气候影响的敏感性突出表明，需要这些投资来展现稳健性和气候适应的功效。2014 年，一个非政府组织联盟 ——由色瑞斯认证气候债券倡议组织、世界资源研究所、碳信息披露项目（CDP）* 、斯德哥尔摩国际水研究所（SIWI）和全球水适应联盟（AGWA）组织了一系列技术和行业工作组，工作组 100 多位专家来自水生生态系统、工程、治理、环境经济和水文等领域，为发行人和核查人确定评分标准，增强投资者对气候债券和绿色债券的市场信心。这些标准除了根据最新的证据科学评估稳健灵活的水资源管理解决方案之外，还评估了债券的气候适应潜力以及环境影响（Walton，2016）。

第一阶段的工作针对传统的“灰色”水利基础设施投资，不包括水电；而第二阶段则侧重于使用基于自然的解决方案以及水电标准。在许多方面，这些标准有助于弥合技术水管理界与金融和投资者之间的知识和认识差距。因此，这些标准成为提高水的抵御能力和水资源资产问题的有力沟通工具（Michell，2016）。2016 年成功发行首批违反标准的债券，这标志着投资者意识的明显转变**，开发金融，投资者和水资源管理媒体（Lubber，2016）以及主要公共机构（例如，美国为 2016 年世界水日推广气候债券倡议标准***）都有强烈反应。已根据该标准发行了 10 亿美元以上的债券，其中包括首次从开普敦发行的非洲债券，其中由毕马威会计师事务所支持进行打分。该标准在填补气候变化、水资源和金融界之间的差距方面已经有了一定的成果。

供稿：John H. Matthews（全球水适应联盟）。

* 以前称为碳信息披露项目。

* * www. waterworld. com/articles/2016/05/san-francisco-public-utilities-commission-issues-world-s-first-certified-ggeen-bond-for-water-infrastructure. html。

* * * www. ooskanews. com/story/2016/03/agwa-presents-two-new-initiatives-white-house-water-summit _170615。

---

[1] CBI 是一家以投资者为中心的国际非营利组织。请见 www. climatebonds. net/about。

提高金融部门对实施方式的认识仍然是一项重大挑战，但有证据表明在这方面正在发生转变。

可以进一步激励和指导私营部门，在其运营领域内发展基于自然的解决方案。企业越来越有兴趣投资自然资本和由一个令人信服的商业案例驱动的基于自然的解决方案。基于自然的解决方案的商业驱动因素包括：资源限制、监管要求、气候变化和恶劣天气事件、利益相关方的关注、直接经济利益以及环境和社会协同效益带来的运营、财务和声誉收益（WBCSD，2015a）。基于自然的解决方案将生态系统视为自然资本，自然资本议定书❶将其定义为可再生和不可再生的自然资源（例如植物、动物、空气、水、土壤和矿物）的存量，这些资源相结合，为人类带来益处。自然资本议定书提供了一种标准化但胜任目标的方法，供全球众多公司使用，用于衡量、评估和整合自然资本进入商业流程，以支持其制定投资战略和行动计划。但是，企业内部往往缺乏专业认识，有时可能甚至不了解基于自然的解决方案和这些解决方案的有效性。为了克服这些障碍，企业可以联合独立机构培训员工，也可以使用专为企业开发的指南。例如，世界可持续发展工商理事会（WBCSD）与联合国环境署合作，在湿地国际、阿卡迪斯和壳牌的支持下开发了自然基础设施业务培训课程❷。该课程内容取自与基于自然的解决方案合作的商业经验，内容翔实有用，而且是免费的。企业可以为基于自然的解决方案制定组织架构，应用于不同的业务部门（如运营、财务、投资者关系等部门），从不同层面为基于自然的解决方案做出贡献。这有助于促进对基于自然的解决方案的跨部门职能及其潜在附加价值的理解，包括其直接经济利益。企业还可通过扩大合作伙伴关系，共同开发基于自然的解决方案。与邻近社区和非政府组织的合作可以帮助企业获得从基于自然的解决方案衍生出的运营的社会和环境协同效益。

最近兴起的“绿色债券”市场显示出了基于自然的解决方案融资的潜力，尤其显示出，即使用严格标准化的投资效益标准来衡量，其表现依然出众。

自然资本融资机制是一种金融工具，将欧洲投资银行融资与欧洲委员会资金结合在欧盟环境和气候行动融资工具的“LIFE”方案之下❸。该融资机制提供贷款资金，支持重点关注将会产生收入或节省成本的生物多样性和生态系统服务项目。为此，该融资机制旨在说服市场和潜在投资者关注生物多样性和气候适应行动的吸引力，以促进私营部门的可持续投资。

改善生态系统和自然资源评估方法为基于自然的解决方案成为决策方面的主流提供了必要的工具。例如，生态系统服务的财富核算和估价（WAVES）方法为基础设施和国家核算体系中水质和水量的调节提供了更明智的决策（World Bank，日期不详）。

农业是进一步推动基于自然的解决方案融资的重要领域。然而，很难评估当前和潜在的投资，因为它们通常是改善农业可持续性的更广泛投资的一部分。总的来说，2012—2014年度，仅在经合组织国家每年平均向农业生产者转移6 010亿美元，另外为支持该部门整体运作的综合服务额外拨款1 350亿美元。一些大型新兴经济体已经开始达到经合组织国家提供款项的平均支持水平（OECD，2015b）。然而，绝大多数农业补贴、大部分公共基金和私营部门对农业研发的几乎所有投资，都支持传统农业集约化，从而加剧了水的不安全（FAO，2011b）。将农业生产可持续生态集约化的概念主流化，主要涉及部署基于自然的解决方案（改进土壤和景观管理技术），这不仅是公认的实现粮食安全的前进方向（FAO，2014a），而且也将是基于自然的解决方案融资的重大进展。

---

❶ 有关自然资本和自然资本议定书的更多信息，请参阅 naturalcapitalcoalition. org/protocol/。

❷ 关于自然基础设施业务培训课程的更多信息，请见 www. naturalinfrastructureforbusiness. org/resources/#training。

❸ 关于自然资本融资机制，请见 www. eib. org/products/blending/ncff/index. htm。

金融不仅为投资提供渠道，还可以指导项目的开发方向，使其既能被银行接受，又符合基于自然的解决方案的要求。政府定期为国家投资基金、主权财富基金和类似金融工具提供指导，以创建支持可持续经济的投资滤网。这同样适用于绿色投资。通过实施绿色授权，政策制定者向债券发行人发出信号，表明他们的绿色债券发行需求强劲（CBI，日期不详）。具有绿色债券的市场和混合金融工具的经验对于其他金融部门参与者非常有用，便于他们在全球范围内参与或复制经验、成为先行者，并帮助有效测试不同投资工具的不同方案支持基于自然的解决方案在不同环境中的使用。绿色债券和其他债券或金融工具之间的进一步协调、知识共享和共同开发类似标准，将对加速向基于自然的解决方案提供可用金融资本的流动产生深远的积极影响，并可能帮助这些投资为社会提供更好的回报和产生更大的价值。

评估基于自然的解决方案的协同效益（通过更全面的成本效益分析）是实现有效投资和利用多部门财务资源的关键一步。例如，基于自然的解决方案是通过重新调整现有投资，特别是水资源管理基础设施和农业发展方面的投资来弥补生物多样性保护筹资需求短缺的一个关键解决方案（UNDP/BIOFIN，2016）。评估投资的所有方案时，需要衡量相应产生的效益，而不仅是得到的一小部分水文结果。这需要详细的系统方法，但会显著改善决策机制和系统整体性能。例如，Mander 等（2017）提供了一个有用的工具或方法，可以对投资方案的水文和其他结果进行更全面的评估，从而大大易于投资选择，表明基于自然的解决方案的协同效益往往使投资决策向有利于他们的方向倾斜（见专栏5.13）。

尽管如此，商业和金融界如何评估支持明智投资基于自然的解决方案的重要性，他们目前动员投资的具体项目和发展规划的能力之间，仍存在相当大的差距（CBI，2017）。在国家、区域和全球各个层面也存在巨大的挑战，那就是，在可用的潜在投资资金与有能力的执行机构支持下的可交易项目之间的差距。这种差距的存在，通常部分是由于利益相关方之间的知识和能力不匹配——那些拥有基于自然的解决方案技术知识的人通常不了解可用资和获取融资的要求，或者相反，财务专家通常不承认或者不欣赏基于自然的解决方案。显然，加强这两个群体之间的沟通将是推动进展的关键。

6.3 创造有利的监管和法律环境

6.3.1 国家和地区的法规和框架

Davis 等（2015）指出，目前水资源监管和法律环境主要是基于灰色基础设施思路制定的。这就导致欲将基于自然的解决方案融入这个框架具有挑战性。所以，要想全面部署基于自然的解决方案，就得要求各国政府进行评估，并在必要时修改其法律和监管制度，消除基于自然的解决方案应用的障碍。例如，瑞士巴塞尔市通过投资激励项目为安装绿色屋顶提供补贴，建造了世界上人均拥有量最多的绿色屋顶，并在颁布的《建筑法》中要求新建平顶建筑物需配建绿色屋顶。该法律文件还包括一项修正案，规定了对生物多样性做出最大程度贡献的相关设计准则（Kazmierczak 和 Carter，2010；EEA，2016）。

我们不必对监管体系进行大刀阔斧的改变，在现有法律法规框架下更加有效地使用基于自然的解决方案就可以产生我们所期待的转变。例如，2013年欧盟委员会通过了《绿色基础设施战略》（EC，2013b），以促进欧盟农村和城市地区绿色基础设施的发展。

有些地区目前暂时尚未确立相关立法。对此，第一步可找出基于自然的解决方案在支撑现有各级规划思路方面能够在何处提供支持，以及如何提供支持。这可能是十分有用的一步。例如，欧盟委员会制定了一份关于“天然储水措施”的政策文件（EC，2014），强调了它们对实施多项指令（水、洪水、栖息地等）以及流域管理规划的潜在贡献。虽然没有要求强制使用，但随后在主要流域建立了区域支持网络和新的实践社区。

在某些情况下，直接的政策杠杆可以使基于自然的解决方案更容易被接受或消除直接障碍。Bennett 和 Ruef（2016）提供了例证：2016 年加利福尼亚州引入了一项新法律，允许森林和草地成为水基础设施，这反过来又可以利用现有的水基础设施融资渠道来保护或恢复用于供水的景观。秘鲁直接要求将水费收入投资绿色基础设施和基于自然的气候适应解决方案。在欧盟，共同农业政策包括通过欧盟农场补贴提供直接支付30%的目标，用于改善自然资源的使用（即“绿化”措施，其中包括多个可能的农场级基于自然的解决方案）。这些政策为公共服务机构提供了一个工具，使他们能够利用新的或现有的程序来选择、资助和实施基于自然的解决方案。

对于能够采用广泛的基于自然的解决方案的城市，通常需要将基于自然的解决方案归入特定的计划或战略，或者需要将其纳入总体发展规划（Kremer et al.，2016）。每个城市、地区或国家都会在现有规划和融资机制中找到不同的有意义的选择方案。

例如，巴塞罗那采取的“绿色基础设施和生物多样性计划”中明确了实施计划和包括基于自然的解决方案在内的“潜在行动目录”（Oppla，日期不详）。在中国，国家投资创建“海绵城市”示范城市（参见专栏 2.6）的规划和设计，是在可持续城市排水系统计划内测试和扩展基于自然的解决方案的类似途径（Horn 和 Xu，2017）。

6.3.2 利用国际和全球框架

在全球层面，基于自然的解决方案为会员国提供了回应和落实诸多多边环境协定［特别是《生物多样性公约》《联合国气候变化框架公约》《拉姆萨湿地公约》包括粮食安全在内的《仙台减少灾害风险框架》（详见第 1 章）和《巴黎气候变化协定》］的途径，也有助于解决经济和社会问题。各项协定都应纳入影响省级和地方决策的国家有关规定和政策，并主要考虑基于自然的解决方案。由于许多基于自然的解决方案在地方一级实施，会员国可以审查其总体政策框架，确保在适当的决策层面有正确的激励措施和支持性的决策环境。

《2030 年可持续发展议程》和可持续发展目标是促进基于自然的解决方案的总体框架（第 7 章中有深入讨论）。

6.4 加强部门间合作和协调政策

6.4.1 跨部门合作

相比灰色基础设施，基于自然的解决方案可能需要更高层次的部门间合作，特别是在具体景观层面应用时。这种挑战是有据可查的。基于自然的解决方案经常跨越多个利益相关部门（例如在水资源管理、农业、林业、城市规划、生态保护等领域），不同利益相关方对拟议基于自然的解决方案都有不同的观点和优先事项（Nesshöver et al.，2017）。当然，这也为各利益相关方提供了在同一项目或议程中进行对话的机会。

当讨论集中于明确具体的问题并作为替代或补充方案提出时，基于自然的解决方案可能会对规划者更有用（Barton，2016）。这将有助于加强基于自然的解决方案在政策、措施或行动总体设计中的应用，以应对各种挑战。要成功推动基于自然的解决方案的应用，应该清楚它将提供什么、需要多少成本、如何管理以及谁能够做到。

参与研究的公司收集和评估了一系列涉及企业的“绿色基础设施案例研究”（Dow Chemical Company/Swiss Re/Shell/Unilever/TNC，2013）。案例内容包括：从人工湿地、雨水管理到处理、净化和侵蚀控制。关键的经验教训与长短期的期望有关，其中持长期观点者倾向于基于自然的解决方案，而不是灰色解决方案；持长期观点者同时认为，需要设置包括生态系统服务在内的足够大的边界。更重要的是，高层管理人员与拥护者一起参与推动项目。

在农业部门也取得了进展：例如，农田利用中迅速采纳和拓展了浅耕或保护性农业，比 20 世纪 90 年代估计的 4 500 万 hm^2 农田增加了两倍多，达到今天的约 1.57 亿 hm^2（AQUASTAT，日期不详），占目前永久作物种植面积的 1%以上。

此外，各地区接纳程度的差异很大。与经济或生物地质气候因素相比，差异似乎与促使接纳的环境关系更大。值得注意的是，与可持续解决方案相悖的体制、政治和商业利益偏见的存在似乎是一个决定性因素（Derpsch 和 Friedrich，2009）。保护性农业获得成功，一个关键因素是农民认识到该方法除了提供田外的环境效益外，还提高了农业生产力和可持续性。以上表明，需要更好地确定和推动基于自然的解决方案所获得的双赢成果，以鼓励更广泛的利益相关方参与并促进改善协调。如果有人受到损失，确定后，必要时须予以补偿。

6.4.2 统一多个议程的政策

协调全球、国际、国家、省和地方各级的多个政策领域是可持续发展的关键需要。基于自然的解决方案提供了一种跨规模、跨经济、跨环境和跨社会层面实施政策的手段。从某种意义上说，这也是通过在特定情况下就政策目标达成共识来促进部门间合作的关键手段。

在许多国家，政策格局依然十分分散。在经济、环境和社会议程之间更好地协调政策，本身就是一项总体要求，但对基于自然的解决方案而言尤其重要，因为它们能够提供多种、而且往往是重要的协同效益，而不仅仅是水文结果。例如，绿色空间管理战略的社会影响促成了一系列公共健康和福祉结果，这些结果也可以推动公共利益或为其实施提供政治支持。其中包括绿色空间可提供放松身心、缓解压力、增加体育锻炼的机会、减少抑郁以及改善心理和身体健康，对居民产生积极影响（Raymond et al.，2017）。欧盟委员会的自然保水措施（EC，2014）也提供了建议，以协调《水框架指令》和洪水指令等其他政策领域的规划和融资。在德国，评估确定了政府制定的确切政策目标，可以以此指导基于自然的解决方案的投资，实现减缓气候变化的目标，以及国家适应、生物多样性和森林保护战略（Naumann et al.，2014）。在中国，四个部委以不同的主题为重点开展密切的合作，以确保"海绵城市"模式的成功实施（见专栏 2.6）。国家发展和改革委员会为海绵城市建设提供专项拨款，财政部推动公私伙伴关系并进行直接财政支持，城市和住房建设部提供有关目标、技术标准和评估的系统指导，水利部提供水资源保护方面的功能指导和监督（Embassy of the Kingdom of the Netherlands in China，2016；Xu 和 Horn，2017）。

从最高政策层面明确授权可以显著加快基于自然的解决方案的应用并促进部门间的协调。例如，在美国，2015 年总统备忘录（The White House，2015）要求联邦机构在决策中考虑绿色基础设施，并成立自然资源投资中心。作为回应，华盛顿特区能源和环境部提供有关使用绿色基础设施削减洪水的培训和指导，包括一般合规培训、雨水储存信用以及雨水防渗费折扣的产生和认证、绿色区域比例以及绿色基础设施建设和检查的最佳管理实践❶。美国环境保护署（US EPA）通过一系列的情况说明书描述了"环境保护署以及州许可和执法专业人员如何将绿色基础设施实践和方法纳入'国家污染物排放消除体系'潮湿天气计划，包括雨水许可证、日最大负载总量、合流式下水道溢流长期控制计划和执法行动。"（US EPA，2015，第 2 页）。

土地综合利用规划和水资源综合管理是两个常用的关键工具，用于协助更加综合的水资源管理方法，包括协调多个利益相关方群体利益。然而，在实践中，两者往往不能充分考虑水生态系统维度：土地利用规划往往不能充分考虑土地利用对水资源的影响，而水资源综合管理往往过于关注管理地表水和地下水的分配，忽视对生态系统的影响，包括对土地利用变化的影响。这两种工具也常常不能将生态系统服务视为评估框架，导致对管理方式选择重要性的严重忽视。因此，将生态系统和生态系统服务全面纳入土地利用和用水规划是非常重要的应对方式。

6.5 更新知识库

6.5.1 更新知识和消除神话

自然环境与水相互作用的议题受到神话、误解和过于草率定义的干扰（Bullock 和 Acreman，2003；Andréssian，2004；Chappell，2005；Tognetti et al.，2005）。这无助于建立对基于自然的解决方案应用的信心。对生态系统发挥的水文功能，以及它们如何有效地改变水文循环并造福人类，有一些推断或假设，但这些经常是错误的。如第 1 章所述，不同生态系统类型提供的水文结果和其他服务存在很大差异。这意味着对基于自然的解决方案的应用需要更少基于通用的假设，而更需要针对本地应用进行评估和设计。撇开误解不谈，出现上述问题的原因往往是对发挥作用的精确水文路径以及它们如何受到（或者不受）生态管理干预措施影响，缺乏严格慎密的了解。Raymond 等（2017）总结了评估基于自然的解决方案（主要针对城市地区）影响的关键知识差距。他指出，人们已经充分了解了基于自然的解决方案对环境的影响，但对其成本效益和持续提供的不同效益往往不明确。更新后的知识库，包括在某些情况下更严谨的科学知识，是一个基本的首要需求。已有案例有助于说服决策者相信基于自然的解决方案的可行性。关于基于自然的解决方

❶ 更多信息，请参阅 doee.dc.gov/node/619262。

案性能和成本效益方面不确定性的认识、掌握的有限信息以及对其设计、实施、监测和评估的指导不足，和对高投入成本的恐惧，都是实施基于自然的解决方案的制约因素（Davis et al.，2015）。最根本的要求是使人相信基于自然的解决方案能够实现其预定的水服务目标和非水文协同效益，有利于决策的制订（Mander et al.，2017）。此外，当基于自然的解决方案因为设计上的问题遭遇失败时，会出现抑制效应，反而会加深对灰色解决方案的偏好。

当讨论焦点集中于具体的问题并作为其他选择方案的替代或补充提出来时，基于自然的解决方案可能会对规划者更有用。

然而，对基于自然的解决方案论证基础的批评，正是对待绿色和灰色方案不同态度的一个例证。例如，用于支撑一些灰色基础设施的水文和社会经济证据为判断基于自然的解决方案设置了很低的门槛。例如，传统认为，大型基础设施项目始终建立在坚实的科学、经济和技术基础之上，大型大坝项目在预期效益方面表现出高度的可变性，往往达不到物理和经济目标，并且成本严重超支。而它们的真正盈利能力仍然难以捉摸，因为从经济角度来看，其环境和社会成本往往被低估。世界大坝委员会（2000）消除了这样的看法。委员会“不安地发现，对已完成项目的实质性评估数量很少，范围狭窄，影响类别和规模的整合程度很低，而且与业务决策没有充分的联系”（The World Commission on Dams，2000，第 xxxi 页）。世界大坝委员会针对印度的国家研究得出，一个世纪或更长时间的大规模水资源开发造成了重大的社会和生态影响，包括大量人口流离失所、土壤侵蚀和广泛的水涝，与预定的目标严重不符，仅在粮食安全效益方面实现了有限的目标（Rangachari et al.，2000）。尽管如此，基于自然的解决方案还需要加强科学研究和更新知识库，为加速推广提供支持。基于自然的解决方案通常不像传统的灰色基础设施解决方案那样可以预测。虽然有大量关于水资源管理基础设施的历史成本效益数据，但对于基于自然的解决方案通常并非如此（UNEP-DHI/IUCN/TNC，2014）。最好的做法是，在实施过程中持续创新并且开展研究，以科学严谨的方式适应性管理基于自然的解决方案，承认生态系统的动态和复杂性（Mills et al.，2015）。

对基于自然的解决方案的应用需要更少基于通用的假设，而更需要针对本地应用进行评估和设计。

另一个引人关注的问题是，人们往往认为，基于自然的解决方案需要假以时日才能展现其效果，而灰色基础设施见效更快。情况并非一定如此。例如，适合地方特色的可持续城市排水设施或绿色屋顶可以在几天内完工，并立即产生效果。大规模应用可能确实需要更长时间，但不一定比灰色替代方案更长。将农田管理转变为更可持续的浅耕（“保护性农业”）可在 2～3 年内带来收益（Derpsch 和 Friedrich，2009）。例如，通过生态系统恢复，基于自然的解决方案的景观规模部署可能需要较长的时间，但在 10 年左右可以产生重大影响（见专栏 2.2）。相比之下，大型大坝的平均建造时间为 8.6 年（不包括设计、规划和融资所需的时间），而 10 座大型大坝中有 8 座的建造进度超出预期（Ansar et al.，2014）。

基于自然的解决方案经常被夸大成为“具有成本效益”的方案，而这一点应当是在评估期间考量了所产生的协同效益后被确定的。另外，虽然一些小规模的基于自然的解决方案的实施可能成本低或是免费，但某些应用（特别是大规模应用）可能需要大量投资：例如，生态系统恢复成本差别很大，从每公顷土地几百到几百万美元不等（Russi et al.，2012）。

毋庸置疑，人类已从生态系统中获得了宝贵的服务，并且高度依赖于这些服务。但是，识别和评估这些服务并将估值纳入规划和决策过程仍然是一项巨大的管理挑战（Kremer et al.，2016）。不同形式的多标准分析法，可以更好地为基于自然的解决方案项目的决策提供信息（Liquete et al.，2016）。当人们进行对比评估基于自然的解决方案和其他备选方案（可能包括灰色或混合灰绿色基础设施或维持现状）时，这些方法是非常有用的。

当然，在水的易变性和变化的背景下，基于自然的解决方案与传统和地方知识密切配合，包括土著和部落民族所掌握的知识。土著和部落民族保护着地球表面22%的土地，并保护全球剩余生物多样性中的近80%，但他们仅占全球人口的近5%（ILO，2017）。为了使基于自然的解决方案充分受益于土著和部落民族的贡献以及其他知识来源，必须解决他们的社会经济和环境脆弱性问题，并尊重他们的权利。国际劳工组织（ILO，1989）的《土著和部落人民公约169》是一项国际公约，为确保土著人民的权利和促进其传统知识、文化和生活方式提供指导。越来越多的全球国际进程，例如《仙台减少灾害风险框架》和《巴黎气候变化协定》，正在认识到土著人及其传统知识在建设复原型社会方面所发挥的宝贵作用。

关于生态系统功能和自然—社会相互作用的传统生态或当地社区的知识可能是非常宝贵的，但将其纳入评估和决策过程中经常受到种种制约。

传统知识也受到自然资源的商业用途冲突以及某些社会的微妙社会结构的威胁（Tinoco et al.，2014）。对此的一个回应是确保掌握这些知识的人能充分有效地参与评估、决策、实施和管理。更一般地说，提倡社区驱动的基于自然的解决方案是强调这些解决方案如何适应当地可持续发展的一种有效方式（专栏6.2）。

专栏6.2 赤道倡议：推动土著社区基于自然的解决方案

“赤道倡议”是一个伙伴关系，包括从国际非政府组织到基层和土著人民组织，汇集了联合国、各国政府、学术界和民间组织，以加强能力建设和提高基于自然的解决方案在若干国家促进当地可持续发展为努力方向。相关的赤道奖每两年颁发一次，以表彰社区为通过保护和可持续利用生物多样性来减少贫困而做出的突出贡献。赤道倡议的知识中心拥有基于自然的解决方案的数据库和交互式地图。

一些项目涉及重新发现祖辈传承的水资源管理系统以及传统的雨水收集技术，用以改善饮用水的质量。由于厄瓜多尔的石油泄漏和废水倾倒等新压力，抑制了一些河流的使用，或者因为孟加拉国滨海城市巴里萨尔的咸水入侵，新的压力下可能需要重新进行雨水收集。

更广层面的雨水收集对于维持生计和栖息地也很重要。印度发展中心支持社区教育，普及关于祖辈传承的生存系统。为此，开发了一个包含村委会重建和维护的社区治理结构的示范项目，结合增加的收入和生计保障，可供复制，以改善人与自然之间的平衡。

流域管理还涉及保护和恢复原生植被，如尼日利亚的埃里奥普河。此类举措有助于减轻上游河流侵蚀和渠道淤积的影响，并重新连接碎片化的河段和本地植被保护区。

未来，由于污染或其他水文情势变化会导致水源不可靠，与土著居民合作的社区项目展示了解决这些挑战的可行方法。社区驱动的水项目可以为水和自然资源管理培育一套更加多样化和适应当地情况的解决方案，并利用当地环境现有的和日益消失的知识，以及如何通过固有的以自然为基础的解决方案可持续地利用其资源。

资料来源：赤道倡议（日期不详）。

供稿：Marianne Kjellén（联合国开发计划署）。

与知识本身同等重要的是沟通的手段。例如，可将测试基于自然的解决方案提供水服务的方法翻译成手册，便于工程师和生态学家理解，其最终目的是为政策制定者、当地管理人员以及将在实践中实施特定基于自然的解决方案的分包商提供指南（Hulsman，2011）。在许多发展中国家，由于实施替代方法的技术能力往往低于发达国家，所以知识挑战更为重要（Narayan，2015；Jupiter，2015）。

不管怎样，学习的资源和模仿的路径是存在的。例如，在湄公河地区，亚洲开发银行和国际环境管理中心创建了一个7卷的工具包，以支持市政机构、基础设施工程师、环境评估专家、决策者、城市规划者、洪水和干旱专家以及当地社区代表更好地了解他们将基于自然的解决方案纳入可持续和有抵御灾害能力的城镇规划的地点和方式（ADB，2015）。

以性能指标为参照得出的不同数据，可以为基于自然的解决方案提供更有力的证据基础，使其更具有说服力。需要针对利益相关方需求而量身定制信息，可能必须包括所提供的经济价值、可能减少的风险、所产生的利益等，以及跨越不同空间尺度与生态系统及其相关的、广泛的社会和文化价值(Brown 和 Fagerholm，2015；Plieninger et al.，2015；Raymond 和 Kenter，2016)。除了对潜在价值主张的诊断以及对特定基于自然的解决方案的投资和实施的障碍之外，对社区参与基于自然的解决方案的估值、设计和交付的关注也是这一过程中的重要组成部分。

6.5.2 信息和研究差距

编写本报告时，我们已经发现了明显缺失的信息和研究需求。需补充以下内容。

• 了解不同生态系统类型和子类型（包括不同管理制度下）的水文表现，以完善对基于自然的解决方案在当地特定地点表现的预测；

• 关于土地利用和土地利用变化对水文影响的知识，特别是其规模影响；

• 了解生态系统损失和退化对水文的影响；

• 了解生态系统、水和生态系统服务之间的联系，以更好地支持（正面或负面）生态系统变化对人类福祉影响的预测；

• 评估基于自然的解决方案应用的水文和社会经济性能，并分享这些知识，包括其失败案例。Raymond 等（2017）提出了可评估基于自然的解决方案性能的潜在路线图；

• 基于自然的解决方案有效性和效率的指标，特别是使生态系统、水文和经济社会成果相互关联的指标；

• 进行整体成本效益分析的指南，包括与水无关的协同效益；

• 基于自然的解决方案的沟通工具；

• 将生态系统纳入土地利用规划和水资源综合管理；

• 了解水资源政策和管理的社会政治驱动因素，以更好地理解和识别刺激转型变革的有效触发因素。

正如《联合国世界水发展报告》以前的所有版本所述，需要全面完善有关水资源可利用量、水质和与水相关的风险的数据，至今同样如此，因为这些数据与基于自然的解决方案及其利益有关。所有与水有关的生态系统的状况和趋势都需要更多更准确的数据支撑。然而，特别值得注意的是，与其他生态系统类型相比，无论是土壤对水文影响的数据，还是土壤对粮食安全的重要性数据，尤其是土壤的形成以及后续得以补充的长期时间框架（有些可能跨越几个世纪），我们所知甚少（FAO/ITPS，2015a）。然而，改善水资源管理、监管和政策的科学依据，并不仅仅来自于获取更多指标的更多数据和信息，而是认识到对更大时间、空间和组织尺度的观念转变同样必要（Bedford 和 Preston，1988）。

6.6 评估各选择方案的通用框架和标准

采纳基于自然的解决方案，公认的挑战是各个水行业或子行业倾向于使用自己特定的个体方法进行评估、监测和评价，包括评估长期投资回报。制定和实施通行标准，基于自然的解决方案和其他水资源管理的方案都可以据此进行评估，这是公平考虑备选方案的费用和效益的优先要求。

Cohen-Shacham 等（2016）为评估基于自然的解决方案的可行性提供了标准建议，而 Raymond 等（2017）详细审查了基于自然的解决方案评估和监测指标，其中许多指标也与其他水资源管理方案相关。在第 6.2 节中简要讨论了与灰色基础设施方案相比，正在制定评估潜在的基于自然的解决方案的共同指标和标准（另见专栏 6.1）。

水资源管理方案评估的通行标准（如绿色和灰色方案）可通过具体案例进行制定。

该标准关键在于，要将所有水文效益、其他相关效益、（任何方案的）生态系统服务的成本和效益全部纳入考量。这也就要求各利益相关方达成共识。

但是，也可能需要在关键领域（例如城市基础设施、农业和减少灾害风险）应用更详细的标准。这需要在各个利益相关方群体间达成共识，因此，这里不提供进一步的细节。评估任何方案的共同框架和标准，将对实现水资源管理成果的可持续性和公平性形成重要贡献。

荷兰圩景

7 认识基于自然的解决方案对水和可持续发展的潜力

世界水评估计划 | David Coates，Richard Connor，Angela Renata Cordeiro Ortigara，Stefan Uhlenbrook 和 Engin Koncagül

悉尼绿色摩天大楼（澳大利亚）

本期《世界水发展报告》的结论是，基于自然的解决方案有很大的潜力，可以为实现水资源的可持续性和实现各种水资源管理目标做出重要的贡献，并且在许多领域是独一无二且必不可少的。这个事实目前普遍受到低估。

本章对基于自然的解决方案的三个关键问题得出结论：

・基于自然的解决方案应用的当前状态如何?

・进一步应用基于自然的解决方案的潜力怎样?

・需要改变什么以实现这种潜力?

根据前几章得出的结论和经验教训，介绍基于自然的解决方案当前如何为水资源管理做出贡献的现状概述，然后评估它们对解决当前和未来水资源管理挑战的潜在贡献。接下来是描述为实现基于自然的解决方案的全部潜力所需的关键改变。本章最后展示了基于自然的水资源解决方案如何为实现《2030 年可持续发展议程》和可持续发展目标做出贡献。

虽然本报告在分章节（分别为第 2 章、第 3 章和第 4 章）评估基于自然的解决方案在提高水资源可利用量、改善水质和减少与水相关的风险的同时，认识到了它们之间的联系，但关键的一点是，大多数基于自然的解决方案同时对这三个领域提供帮助。基于自然的解决方案很少为单一目的进行部署，由于它们可以提高整体系统性能，包括提高抵御灾害能力，因而通常备受青睐。此外，之前的所有章节都强调了基于自然的解决方案通常提供的重要协同效益，它们超越了与水直接有关的成果，例如改善生物多样性成果、景观价值、社会和经济效益以及系统可持续性。这些协同效益往往会使个体评估的选项倾向于基于自然的解决方案，且必定会支持其强化的整体考量。

7.1 我们现在在哪里?

虽然目前还没有对全球基于自然的解决方案的应用情况进行全面的定量评估，但有两点已经非常明确。

首先，在历史上基于自然的解决方案在水资源管理中被广泛应用，包括所有三个维度——管理水资源开发利用、水质和与水相关的风险。这个话题并不新鲜。许多部门或领域都已拥有知识渊博、经验丰富和热情洋溢的实践社团。在大多数情况下，基于自然的解决方案并不是主要由环境游说集团驱动的。一些值得注意的例子表明，基于自然的解决方案的创新和改进升级都是由部门利益引导的。这些方案所展现的已被公认的功用，也预示着更大规模的应用。

例如：在农业领域，基于自然的解决方案应用广泛且由农民和/或其支持机构领导，而将基于自然的解决方案整合进农业政策框架，显然是由农业机构所主导；基于自然的解决方案为可持续的商业模式做出贡献，因此已经成为一些商业部门采用的方法主流；绿色基础设施的部署具有悠久的历史，由受到启发的土木工程师和传统的基于社区的倡议领导。环境机构，尤其是在国家层面，能独具资格地主动提出基于自然的解决方案，这也解决了其他部门面临的挑战，并且证明合作可以取得双赢的结果。这需要通过规章制度来扩展其保护“自然”环境的历史关注点，同时增加对受管理或高度改进系统中可持续环境发展的支持。

其次，有充分的证据表明，人们对基于自然的解决方案的关注正在增加。例如：通过环境保护和水基金等方式实施的对生态系统服务报酬（PES）计划的投资与日俱增（见第 3 章和第 5 章）；快速增长的对城市绿色基础设施投资，表明方案得到越来越多的采纳；新兴的“绿色债券”市场显示出调动基于自然的解决方案融资的巨大潜力，并且证明基于自然的解决方案在严格的标准化投资性能指标的评估中表现良好（第 5 章和第 6 章）。正如所料，基于自然的解决方案已经成为多边环境协议的主流，因为它们正在更加明确地将环境与可持续发展联系起来，在过去 10 年中尤其如此（第 1 章和第 6 章）。重要的是，基于自然的解决方案正在成为其他相关政策论坛的主流，包括粮食安全和可持续农业（第 2 章）、减少灾害风险（第 4 章）和融资（第 6 章）。

所有章节都有明确的证据表明，基于自然的解决方案在成本和效益方面可以与灰色基础设施方案相媲美，特别是考虑到它们在中期和长期内提供的多种协同效益，尽管第 6 章指出这并不一定很成熟，如果该领域的进展不受到破坏，则需要改进对基于自然的解决方案的评估、监测和评价。

尽管绿色投资和灰色投资之间的最佳平衡并不完善，并且需要具体情况具体分析，但有限的可用数据表明，绿色基础设施投资仅占水资源管理总投资的一小部分（可能低于1%）。此外，在基于自然的解决方案缺席的情况下，仍然有很多政策、融资和管理干预的例子，可以把基于自然的解决方案作为选择。从“传统的”灰色基础设施解决方案的压倒性优势到全面缺乏对基于自然的解决方案所能提供内容的认识和理解改进并升级基于自然的解决方案所面临的重大挑战很多。克服这些问题主要涉及为基于自然的解决方案评估创造正确的有利环境，以及在更公平的竞争环境中进行合适的资助和实施（第6章）。基于自然的解决方案的实践者必须通过改进知识库发挥作用，包括对这些解决方案进行更加健全的评估，以提高对这些解决方案的信心，并提高评估和实施这些解决方案的能力。

7.2 我们还能走多远?

• 本报告得出结论，增加基于自然的解决方案的部署在可以减少与水相关风险的同时，对于应对维持和改善水资源可利用量及水质的当代水资源管理挑战至关重要。科学文献和政策共识都确信，在基于自然的解决方案没有被快速采用的情况下，水安全将会继续下降，并且可能会快速下降。评估绿色和灰色方法的相对潜力不仅可能具有挑战性，还会分散注意力。正如本报告所论证的那样，两者已经是并且也应该是相互支持的。尽管如此，基于自然的解决方案对于在一些水资源挑战领域取得进展至关重要，而且从长期而言，是应对一些重大挑战的唯一可行方案。之前的《世界水发展报告》等都一直认为，通过“一切照旧”的方式不可能实现可持续的水安全。基于自然的解决方案提供了一种关键手段，超越了“一切照旧”的模式。但是，增加基于自然的解决方案部署的必要性目前尚未得到重视。要证明这些主张的正确性，有许多因素，其中包括：

• 生态系统的保护和恢复是逆转当前生态系统退化趋势及其对水的影响的主要措施，这已成为决定当前水资源负面状况的主要因素（绪论）——包括减轻与水相关的灾害风险，而气候变化和其他全球变化加剧了这些风险（第4章）。

• 对基于自然的解决方案解决农业缺水问题的潜力所进行的评估，或许是最能说明其重要性的例子。通过更好地管理土壤—植被界面而获得的潜在收益是巨大的。恢复作物和畜牧生产的生态基础，作为改善农业用水安全和缓和水资源外部影响的手段，被视为将农业纳入可持续限度和实现粮食安全的优先方法（FAO，2011b；2014a）。第2章中引用的评估表明，基于自然的解决方案（主要涉及改良土壤、植被和景观管理）在现有雨养作物系统中的应用扩大，预计收益相当于当前灌溉产量的50%左右。从水足迹的角度来看，这相当于全球目前取水总量的35%。因此，简单地说，仅靠这些基于自然的解决方案，节约的水量可能会超过计划到2050年增加的需水量（绪论），同时（在全球层面）不仅为应对粮食安全挑战解决了水安全问题，而且也为其他用途供水，并有可能减少全球总体需水量。由于发展中国家的大多数农业家庭依赖雨养作物，因此相关的社会经济效益也很大。类似的基于自然的解决方案的方法为进一步提高灌溉系统的作物用水效率提供了机遇。此外，这种基于自然的解决方案的方法通常会改善水质，同时加强系统的适应能力，从而降低风险。雨养作物依赖于很少的（如果有的话）灰色基础设施。因此，这个例子本身就意味着基于自然的解决方案可在某种程度上作为灰色基础设施解决方案的次要补充；仅仅通过更好地管理生态系统构成（在这个案例里，是土壤和土地覆盖物）就能实现这一进展，并在需要的地方——植物根区收集和储存雨水。

• 基于自然的解决方案是解决土地退化和大规模干旱的主要手段（如果不是唯一可行的手段）（第2章和第4章——尽管实际上许多基于自然的解决方案使用类似的方法来改善雨养农业，如上所述）。这使得基于自然的解决方案在维持干旱地区的生计和通过恢复土地生产力来抗击荒漠化等方面至关重要，它是保障可持续发展和应对脱贫挑战的优先选择方案。

• 气候变化对人类的主要影响是通过水作为介质完成的（UN-Water，2010），主要通过由气候引发的与水相关的生态系统的变化发生的（IPCC，2014）。这意味着适应气候变化的关键手段是通过基于生态系统的适应，提高生态系统对这些由气候引发的与水相关的转变的适应能力——也就是部署基于自然的解决方案。因此，基于自然的解决方案在气候变化适应措施方面日益受到重视。第2章、第3章和第4章分别提供了基于自然的解决方案用于解决水资源可利用量、水质和与水相关的风险的实例，其中大部分也是对气候变化的适应性响应。此外，由于许多适应气候变化的基于自然的解决方案涉及恢复景观中的碳（例如土壤碳或森林），它们也有助于减缓气候变化——考虑到土地利用变化导致迄今为止全球人为温室气体排放约25%的占比，这并非是一个无关轻重的效益(FAO，2014b)。

• 现在，部署城市绿色基础设施被认为具有巨大的潜力。扩大绿色基础设施的改造或将其纳入初始规划阶段以及改善城市和城市周边景观管理，实现可持续城市居住区，而且记录显示，可为城市水管理和恢复力做出重大贡献，包括降低风险（第3章、第4章和第6章）。

水、卫生设施和个人卫生（WaSH）是基于自然的解决方案提供重大潜力的另一个领域，尽管主要通过提高水资源的可利用量和获得途径（第2章）、改善水质（第3章）和降低与水相关的风险（第4章）来实现。例如，生态系统退化被认为是实现普遍获得安全饮用水的主要制约因素，因此人们认识到生态系统恢复的范围是一个关键的前进方向（World Bank，2009）。涉及生态卫生方法的基于自然的解决方案，例如干厕，也有望实际消除许多情况下的用水需求。

基于自然的解决方案通过改善水资源管理创造总体直接效益，为改善和更可持续的就业做出贡献，从而在大量部门中创造就业机会，并通过其乘数效应释放间接创造就业机会的潜力（WWAP，2016）。但是，它们也可以直接创造就业机会和生计。例如，环境服务付费（PES）计划使水资源管理的融资能够在更大范围的受益者之间传播和分享—— 特别是农村地区的贫困社区（第5章）。基于自然的解决方案有助于提高农业的盈利能力、恢复能力和可持续性，尤其为改善小规模家庭农业提供了巨大潜力 ——这被广泛认为是大多数发展中国家摆脱贫困的最重要手段之一。

7.3 我们怎么去那里?

如果“一切照旧”是一种可能的选择，我们就不需要系列《世界水发展报告》或《2030年可持续发展议程》。以前的《世界水发展报告》一直在争论我们如何对水资源管理进行转型变革。大多数相关的政策论坛都同意这一点。本年度报告重申了同样的结论，但指出：基于自然的解决方案提供了实现所需转变的主要手段。它认为，缺乏对生态系统在水资源管理中的作用的充分认识是加强转变需求的关键因素。这种转型变革不能再仅仅是宏伟壮志式的——转变需要迅速加速，更重要的是转化为充分运转的政策和行动。这份报告的结论是，虽然为时稍晚，但我们已经有了良好的开始。未来任重道远。

• 这种转型变革需要建立在对水资源管理方式更加全面并基于系统的方法之上。“一切照旧”的观点认为，水是一个线性问题（上游—下游），主要与管理地表水和地下水的供需有关，它通常是独立的，主要是供人类直接使用。人类需要与生态系统进行权衡舍取，这一点已经为大家所接受但仍被认为是次于人类用水的需求。水管理的目的是为其价值中的一部分，而不是体现最大的系统效益。要改善供水提高水质、应对气候变化和减少灾害风险，传统的应对是建设更多的灰色基础设施，但在公认的情况下，基于自然的解决方案被视为具有附带效益，不是核心事情。然而，生态系统方法认识到，在从小范围到区域/全球范围内的一系列相互连接的周期内，水在景观内部及之间流动，其中许多流动挑战了上游—下游视角。例如，它强调了目前在管理土地利用变化对流域内外水循环的影响方面存在差距，从而挑战了将流域作为最合适的管理单位的概念（第1章、第2章和第6章）——尽管流域边界当然比行政单位更为合适，行政单位仍然常用于水资源管理之中。基于自然的解决方案的重点是管理系统，包括整合绿色和灰色基础设施方法，并最大限度地提高全系统的效益。例如：

• 利用生态系统将水引回到最需要和最安全的地方；从源头上减少水质问题；并提供全系统的社会经济效益，包括可持续性和恢复力；

• 景观中满足人类需求的环境水的可利用量不应视为被超出我们影响范围的气候因素所预先确定的，而是可以通过土地覆盖管理来影响水的循环或通过改善土壤管理来进行管理的；

• 这个问题不是简单地在竞争性用水之间进行分配；它可以提高某些用户的水资源可利用量、水质，降低与水相关的风险，同时改善其他用户的利益；

• 灰色基础设施的作用和需求得到了认可，却也看到了其局限性，包括它会如何显著增加风险；基于自然的解决方案的一个作用是解除这些限制，并且提高灰色基础设施的水文和经济运行效果，同时提供增加社会效益的机会；

• 储水不仅仅是将人造工程的性能最大化，而是从农村和城市景观如何最好地管理蓄水的角度出发，侧重于整合自然和人工蓄水的互联系统（如水库、湿地和含水层）——优先考虑将水储存在最安全的地方，并可用于各种用途，重点是系统的抵御灾害能力，而不是过分关注人为的储存容量；

• 提高抵御灾害能力至关重要；应对风险（包括灾害和气候变化导致的风险）的方法应侧重于解决此类风险的系统根本原因：生态系统变化；

• 不应只考虑与水相关的结果，而应考虑整个系统的利益，包括所有备选方案的协同效益；

• 通过多方利益相关方的参与，对系统进行最佳管理，并使用基于自然的解决方案在进行权衡管理的同时达成共赢共识；

• 解决驱动因素是一种治本不治标的方法——了解生态系统退化和丧失的直接和间接驱动因素，对于确定关注生态系统服务有助于改善水资源管理的机会至关重要。

"一切照旧"政策延续了零散且无效的政策，这是对《世界水发展报告》之前大多数版本确定的可持续水资源成果的致命一击。许多政策论坛已经认识到需要将政策纳入多重政策领域和规模，不仅涉及与水有关的议程，而且涉及这些议程与其他社会、经济和环境需求保持一致或相冲突。这一趋势最终导致了《2030 年可持续发展议程》的问世，该议程与其前身《千年发展目标》相比，采取了大大改进的综合方法，认识到需要集体实现相互关联的目标和指标。基于自然的解决方案通过将可持续发展的环境、经济和社会支柱联系起来，向成员国提供一个机制，以实现这种综合方法。这种技术方法是通过使用一种生态系统服务框架来评估和阐明这种相互依赖性的。非常重要的是，政府的回应不仅要协调各政策领域的政策和法规，而且还要大规模地审查政策，以确保政策指导或法规清晰明确，支持而不是制约将改进决策落实到地方一级。

基于自然的解决方案的实施可能涉及许多不同的利益团体的参与，从政府到非政府组织和公民团体（例如当地农民协会、土地所有者团体、私营部门等）。促进部门间对话的制度约束是众所周知的（第 6 章），并且在以前的《世界水发展报告》的许多版本中都得到了公认。要实现所需的制度变革仍然充满挑战，对于基于自然的解决方案来说也是如此。然而，重要的是，基于自然的解决方案提供了一种手段，通过就总体系统目标达成共识并确定多种利益之间的双赢结果来鼓励这种变革。基于自然的解决方案在各部门和他们的利益之间架起一座桥梁。

为了提高投资效率和维持灰色基础设施的性能和投资回报，有必要将投资转向绿色方法。因此，一个机会就是转变投资方式，使基于自然的解决方案能够为提高效率做出全面贡献，包括最大限度地增加协同效益和全系统潜力。第 6 章强调了这方面一些有前景的进展，其中包括对绿色和灰色投资的可比较的财务状况进行严格评估。这些进展很有希望将这些绿色方法确定为可行的投资，这进一步增加了基于自然的解决方案方法有效性的案例。

虽然在各种政策和融资层面都需要进行转变，但关于水管理干预的或迟或早的决策将主要在现场层面进行。目标是将成本和风险最小化，而将系统回报和稳健性最大化，同时提供最优的"适合使用"性能。政策的作用应该是在这些方面做出正确的现场层面决策。对灰色基础设施方法的持续偏见表明，需要认识到绿色和灰色基础设施之间的协同作用，以及需要一个共同框架来评估可供选择的方案（第 1 章和第 6 章）。只有在一个共同的框架下，才能确定某种方案或方案组合最合适。这需要使用共同的标准、指标和方法进行评估、比较和决策。建立这样一个共同框架，以及支持它的工具和能力，是将转型政策转化为地方层面最佳解决方案的优先需求。

由于农业在用水方面的主导地位，水与粮食安全之间的联系，减贫潜力以及基于自然的解决方案进一步部署的机会，农业作为一个重要的转型机会脱颖而出。满足粮食安全的水安全对话需要充分扩展，超出其"一切照旧"模式下过度关注灌溉的范围。通过灰色基础设施方法（例如滴灌）和需求方措施（例如种植更多适合当地的作物，开发食品贸易中解决虚拟水的机会，通过基因改善提高作物水分生产率等）提高灌溉用水效率，以及某些地区扩大灌溉的范围得到了充分认可。但是，如上所述，更大的机会在于通过更广泛地利用基于自然的解决方案来改善可用水量/供水量，特别是在雨养系统中，在改善水质和降低风险方面取得了相辅相成的

奈瓦沙湖（肯尼亚）

成果。虽然一些政策论坛认识到这些机会（FAO，2011b；2014a），但其他政策论坛仍然不重视生态系统的重要性。“水—能源—粮食纽带关系”对话（FAO，2014c）是一个显著的例子，需要更加明确地整合生态系统（作为“水—生态系统—能源—粮食纽带关系”），因为生态系统决定了在水、能源和粮食之间许多关键的相互联系，基于自然的解决方案提供了调和所涉及的潜在竞争利益的关键手段（绪论和第2章）。

情景分析一致表明，在许多领域，既改善可持续性又实现长期经济繁荣的途径是通过充分整合环境的可持续性而取得的。Burek等开展的初步水资源情景分析取得了非常积极的成果（2016）。即可持续发展❶路径不仅可以改善环境、水和粮食安全，而且在经济发展方面具有最高和最快的中期效益，这与一些信念相反。例如，在替代区域竞争❷情景下，到2100年全球国内生产总值将达到220万亿美元，但在中间路线❸情景下为570万亿美元，在可持续发展情景下为650万亿美元，人均国内生产总值的模式也大致如此。这与当前的结论是一致的，即环境可持续性不是对社会和经济发展的制约，而是实现它的必要性。基于自然的解决方案提供了一个可理解和实用的手段使水资源政策和管理得以运转，以实现这一目标。

7.4 通过基于自然的解决方案进行水资源管理，实现2030年可持续发展议程

本报告得出结论，基于自然的解决方案具有很高的潜力来应对当前和未来的水资源管理挑战，正如《2030年可持续发展议程》《可持续发展目标》及其子目标所显示的那样。

表7.1和表7.2综述了第1章～第5章关于基于自然的解决方案促进可持续发展目标实现的可能性。表7.1总结了基于自然的解决方案对可持续发展目标6“水与卫生设施”中每个有关水目标的潜在贡献，以及实现相同目标的非基于自然的解决方

❶ 可持续发展情景描绘了这样的世界，正在可持续发展方面取得了相对良好的进展，持续努力实现发展目标，同时减少资源密集度和化石燃料依赖性。

❷ 在区域竞争情景中，世界被分为极度贫困、中等富裕地区和为强劲增长的人口增长而努力维持生活水平的大批国家。各国侧重于实现本地区的能源和粮食安全目标，包括能源和农业市场在内的国际贸易受到严格限制。

❸ 中间路线情景假设世界发展正在沿着过去的趋势和范式发展，例如社会、经济和技术趋势没有明显地偏离于历史模式（即“一切照旧”）。

案。由于水是支撑可持续发展目标大多数社会和经济方面的基础，所以，普遍认为它贯穿于大部分可持续发展目标。因此，基于自然的解决方案对可持续发展目标 6 的贡献转化为其他可持续发展目标的与水相关的进一步效益，以及非基于自然的解决方案干预措施的贡献。这些联系过于复杂，无法纳入表 7.1，而是由联合国水机制（2016a）和即将出台的关于可持续发展目标 6 的《联合国水机制综合报告》（将于 2018 年年中出版）进一步审核。表 7.2 总结了基于自然的解决方案提供的与水无关的协同效益，以及其协助实现其他可持续发展目标的方式。

基于自然的解决方案为实现可持续发展目标 6（表 7.1）的大多数子目标提供了很大的潜力。这一贡献转化为在其他领域对其他可持续发展目标产生特别显著的积极影响，包括支持可持续农业的水安全（可持续发展目标 2，特别是目标 2.4）、健康生活（可持续发展目标 3）、建设有抵御灾害能力（与水相关）的基础设施（可持续发展目标 9）、可持续城市居住区（可持续发展目标 11）和减少灾害风险（可持续发展目标 11、与气候变化相关 13）。

基于自然的解决方案的一个显著优势是它们提供的协同效益，超越了目前的水资源管理成果。其中包括提高整体系统的恢复能力，与改善景观的经济、文化、娱乐和美学价值以及与自然保护相关的社会和经济效益。这些效益可能很大，需要在评估、成本效益分析以及后续的政策和决策制定中纳入考量。

在实现可持续发展目标方面，这些协同效益带来特别高回报的一些领域（表 7.2）涉及：促进可持续农业的其他方面（可持续发展目标 2）；可持续能源（可持续发展目标 7）；促进持入、包容和可持续的经济增长，充分的生产性就业和人人享有体面的工作（可持续发展目标 8）；使城市和人类居住区具有包容性、安全性、适应性和可持续性的其他方面（目标 11）；确保可持续的消费和生产模式（可持续发展目标 12）；采取紧急行动应对气候变化及其影响（可持续发展目标 13）；特别是通过促进改善总体环境成果，制止和扭转土地退化和生物多样性丧失（可持续发展目标 14 和 15）。基于自然的解决方案还为加强执行手段和振兴全球可持续发展伙伴关系提供了重要机会（可持续发展目标 17）。

表 7.1　基于自然的解决方案对实现可持续发展目标 6 关于水与卫生设施目标的潜在贡献及对实现其他目标的潜在贡献*

可持续发展目标 6：为所有人提供水和环境卫生并对其进行可持续管理	基于自然的解决方案对该目标的潜在贡献	基于自然的解决方案的例子	基于自然的解决方案对其他可持续发展目标 6 的潜在贡献
6.1　人人普遍和公平获得安全和负担得起的饮用水	高	流域管理，包括保护性农业实践；雨水集蓄；城市绿色基础设施	高 6.3，6.4，6.6
6.2　人人享有适当和公平的环境卫生和个人卫生，杜绝露天排便，特别注意满足妇女、女童和弱势群体在此方面的要求	中	干厕、人工湿地	中 6.1，6.3，6.6
6.3　通过以下方式改善水质：减少污染、消除倾倒废物现象，把危险化学品和材料的排放减少到最低限度，将未经处理废水减半，大幅增加全球废物回收和安全再利用	高	人工湿地、城市绿色基础设施、流域管理（包括农业土地管理）、河岸缓冲区、两边覆盖植被的河道和湿地	中 6.1，6.4 （废水再利用）， 6.6
6.4　所有行业大幅提高用水效率，确保可持续取用和供应淡水，以解决缺水问题，大幅减少缺水人数	很高	提高雨养作物土壤水分的基于自然的解决方案（例如保护性农业等）	很高 6.1，6.3，6.6
	高	雨水集蓄、地下水和地表水的联合利用，通过改善土地管理、城市绿色基础设施（如渗透性路面、可持续城市排水系统）增强地下水补给	高 6.1，6.3，6.6

续表

可持续发展目标 6： 为所有人提供水和环境 卫生并对其进行可持续管理	基于自然的解决方案对该目标的潜在贡献	基于自然的解决 方案的例子	基于自然的解决方案对其他可持续发展目标 6 的潜在贡献
6.5 在各级进行水资源综合管理，包括酌情开展跨界合作	高	实施更大规模的基于自然的解决方案，促进利益攸关方之间的合作，例如流域恢复	高 6.1，6.3，6.6
6.6 保护和恢复与水有关的生态系统，包括山地、森林、湿地、河流、地下含水层和湖泊	—	目标 6.6 主要是基于自然的解决方案的应用 可持续发展目标指的是其各自的目标。因此，在这方面，保护和恢复与水有关的生态系统的主要目的是支持所有人获得和可持续管理水和卫生设施。也就是说，目标 6.6 指的是按照本报告中的定义部署基于自然的解决方案。除了水资源成果之外，保护和恢复生态系统以实现其他目标，在表 7.2 中列出了基于自然的解决方案的协同效益	—
6.a 到 2030 年，扩大向发展中国家提供的国际合作和能力建设支持，帮助它们开展与水和卫生有关的活动和方案，包括雨水采集、海水淡化提高用水效率、废水处理、水回收和再利用技术	高	基于自然的解决方案作为能力建设的重点支持和扩大国际合作	—
6.b 支持和加强地方社区参与改进水和环境卫生管理	高		—

* 评估基于自然的解决方案如何为实现同一目标的其他方式做出贡献的潜力。

表 7.2 基于自然的水资源解决方案的协同效益对实现其他可持续发展目标的潜在贡献

可持续发展目标	通过基于自然的解决方案，实现了潜在的协同效益	示 例
SDG 1. 在全世界消除一切形式的贫困 1.5 ……增强穷人和弱势群体的抵御灾害能力，降低其遭受极端天气事件和其他经济、社会、环境冲击和灾害的概率和易受影响程度	高	基于自然的解决方案提供与水无关的生态系统服务，帮助建立穷人的复原力和整体系统的复原力；例如，重新造林减少了山体滑坡，生态系统在危机期间提供了食物来源
SDG 2. 消除饥饿，实现粮食安全，改善营养状况和促进可持续农业 2.4 ……确保建立可持续粮食生产系统并执行具有抗灾能力的农作方法，以提高生产力和产量帮助维护生态系统，加强适应气候变化、极端天气、干旱、洪涝和其他灾害的能力，逐步改善土地和土壤质量	很高	基于自然的解决方案对农业供水的与水无关的协同效益（例如通过保护性农业和景观恢复）具有重要意义，包括病虫害调节、养分循环、土壤调节、授粉等。所有这些都提高了整体系统的抵御灾害能力、可持续性和生产力
SDG 3. 确保健康的生活方式，促进各年龄段人群的福祉 3.3 ……消除……疟疾和……水传播疾病……	尚可	通过基于自然的解决方案推动的健康生态系统，有助于调节人类水传播疾病和寄生虫

续表

可持续发展目标	通过基于自然的解决方案，实现了潜在的协同效益	示　例
SDG 7. 确保人人获得负担得起的、可靠和可持续的现代能源 7.3　……全球能效改善率提高一倍	尚可	基于自然的解决方案改善水质，减少后续水处理的能源需求
SDG 8. 促进持久、包容和可持续的经济增长，促进充分的生产性就业和人人获得体面工作 8.4　到2030年逐步改善全球消费和生产的资源使用效率，努力使经济增长和环境退化脱钩……	高	基于自然的解决方案大规模应用恢复经济增长与环境之间的积极反馈
SDG 9. 建造具备抵御灾害能力的基础设施，促进具有包容性的可持续工业化，推动创新 9.4　……升级基础设施改造工业，使其具有可持续性，提高资源使用效率，更多采用清洁和环保技术和工业流程，所有国家都根据自身能力采取行动	高	基于自然的解决方案推广绿色基础设施，提高资源利用效率和清洁无害环境技术。是一种特别适用于能力较低和财政资源有限的国家的方法
SDG 11. 建设包容、安全、有抵御灾害能力和可持续的城市和人类居住区 11.7　……向所有人普遍提供安全、包容、无障碍、绿色的公共空间…… 11.a　……通过加强国家和区域发展规划，支持在城市、近郊和农村地区之间建立积极的经济、社会和环境联系 11.b　……大幅增加采取和实施综合政策和计划以构建包容、资源使用效率高、减缓和适应气候变化、具有抵御灾害能力的城市和人类住区数量，并根据2015—2030年《仙台减少灾害风险框架》在各级建立和实施全面的灾害风险管理 11.c　……通过财政和技术援助等方式，支持最不发达国家就地取材，建造可持续的，有抵御灾害能力的建筑	高	城市地区的绿色基础设施。在城市集水区部署基于自然的解决方案，将城市和城郊（和集水区）规划安全联系起来以提供有抵御灾害能力和可持续的居住区——特别适合发展中国家
SDG 12. 采用可持续的消费和生产模式 12.1　……落实《可持续消费和生产模式十年方案框架》…… 12.2　……实现自然资源的可持续管理和高效利用 12.5　……通过预防、减排、回收和再利用，大幅减少废物的产生…… 12.7　……根据国家政策和优先事项，推行可持续的公共采购做法	高	基于自然的解决方案是实施十年框架的关键手段。它们在促进农业资源（例如化学品、肥料和土地）的可持续消费方面特别有效
SDG 13. 采取紧急行动应对气候变化及其影响 13.1　加强各国抵御和适应气候相关的灾害和自然灾害的能力 13.2　将应对气候变化的举措纳入国家政策、战略和规划	高	除了对加强与水相关危害的抵御能力做出重大贡献（表7.1中的目标6所涵盖）之外，基于自然的解决方案还帮助提高整体系统的复原力和适应能力。基于自然的解决方案还通过改进来帮助缓解气候变化 通过例如重新造林和土壤有机碳的恢复来隔离碳。它们还有助于整合各个部门的气候变化政策、战略和规划

续表

可持续发展目标	通过基于自然的解决方案，实现了潜在的协同效益	示　例
SDG 14. 保护和可持续利用海洋和海洋资源以促进可持续发展 14.1 ……预防和大幅减少各类海洋污染，特别是陆上活动造成的污染，包括海洋废弃物污染和营养盐污染 14.2 ……可持续管理和保护海洋和沿海生态系统……加强抵御灾害能力，并采取行动帮助它们恢复原状	中到高	基于自然的解决方案用于减少陆地活动造成的污染影响很高，而且这些都是通过水介入的，它们在上面的目标6中有所涉及——减少农业的养分投入是一个值得注意的例子 基于自然的解决方案应用于沿海地区，例如沿海森林和/或湿地恢复，具有提高沿海生态系统恢复能力的巨大潜力
SDG 15. 保护、恢复和促进可持续利用，陆地生态系统可持续管理森林，防治荒漠化，制止和扭转土地退化，遏制生物多样性的丧失 所有目标	很高	基于自然的解决方案最重要的协同效益之一是支持目标15的方式，即支持生态系统的保护、恢复和可持续利用（目标15.1），包括森林（目标15.2）和山区（目标15.4），同时它们是防治荒漠化的主要手段（目标15.3），保护自然栖息地（目标15.5），支持生物多样性价值的整合（目标15.9），是动员资金用于生物多样性保护的主要手段（目标15a和15b）
多利益攸关方伙伴关系 17.16 ……加强全球可持续发展伙伴关系，以多利益攸关方伙伴关系作为补充…… 17.17 ……借鉴伙伴关系的经验和筹资战略，鼓励和推动建立有效的公共、公私和民间社会伙伴关系	中	基于自然的解决方案促进利益相关方利益的整合，从而促进伙伴关系，并帮助确定可持续发展的社会、经济和环境支柱之间相互加强的联系

7.5 结语

生态系统、水文地理和人类福祉之间关系的性质不一定像古代和近代历史的某些案例所证明的那样不稳定。随着人类在历史长河中不断前行发展，采用基于自然的解决方案不仅对改善水管理、提升水安全十分必要，对产生有利于可持续发展的各种效益也至关重要。尽管基于自然的解决方案并非万能灵药，但它将对为全人类创造一个更美好、更光明、更安全、更平等的未来扮演重要角色。

参考文献

Abell, R., Asquith, N., Boccaletti, G., Bremer, L., Chapin, E., Erickson-Quiroz, A., Higgins, J., Johnson, J., Kang, S., Karres, N., Lehner, B., McDonald, R., Raepple, J., Shemie, D., Simmons, E., Sridhar, A., Vigerstøl, K., Vogl, A. and Wood, S. 2017. *Beyond the Source: The Environmental, Economic, and Community Benefits of Source Water Protection*. Arlington, Va., The Nature, USA, The Nature Conservancy (TNC). www.nature.org/beyondthesource.

Aceves-Bueno, E., Adeleye, A. S., Bradley, D., Brandt, W. T., Callery, P., Feraud, M., Garner, K. L., Gentry, R., Huang, Y., McCullough, I., Pearlman, I., Sutherland, S. A., Wilkinson, W., Yang, Y., Zink, T., Anderson, S. E. and Tague, C. 2015. Citizen science as an approach for overcoming insufficient monitoring and inadequate stakeholder buy-in in adaptive management: Criteria and evidence. *Ecosystems*, Vol. 18, No. 3, pp. 493–506. doi.org/10.1007/s10021-015-9842-4.

Acreman, M. 2001. Ethical aspects of water and ecosystems. *Water Policy*, Vol. 3, No. 3, pp. 257–265. doi.org/10.1016/S1366-7017(01)00009-5.

Acreman, M. C. and Mountford, J. O. 2009. Wetland management. R. Ferrier and A. Jenkins (eds.), *Handbook of Catchment Management*. Oxford, UK, Blackwell Publishing.

ADB (Asian Development Bank). 2013. *Asian Water Development Outlook 2013: Measuring Water Security in Asia and the Pacific*. Mandaluyong City, Philippines, ADB. www.adb.org/sites/default/files/publication/30190/asian-water-development-outlook-2013.pdf.

______. 2015. *Nature-Based Solutions for Sustainable and Resilient Mekong Towns, Volume 1 of the Resource Kit for Building Resilience and Sustainability in Mekong Towns*. Prepared by the International Centre for Environmental Management (ICEM) for the Asian Development Bank and Nordic Development Fund. Manila, ADB. www.adb.org/sites/default/files/publication/215721/nature-based-solutions.pdf.

AEDSAW (Association for Environmental and Developmental Studies in the Arab World). 2002. *AEDSAW Activities at WOCMES 2002, Mainz, Germany*. AEDSAW website. almashriq.hiof.no/general/300/360/363/363.7/aedsaw/wocmes-2002.html.

Alexandratos, N. and Bruinsma, J. 2012. *World Agriculture Towards 2030/2050: The 2012 Revision*. ESA Working paper No. 12-03. Rome, Food and Agriculture Organization of the United Nations (FAO). www.fao.org/docrep/016/ap106e/ap106e.pdf.

Allan, J. A. 2003. *IWRM/IWRAM: A New Sanctioned Discourse?* Occasional Paper No. 50. London, School of Oriental and African Studies (SOAS), Water Issues Study Group, University of London.

Alvizuri, J., Cataldo, J., Smalls-Mantey, L. A. and Montalto, F. A. 2017. Green roof thermal buffering: Insights derived from fixed and portable monitoring equipment. *Energy and Buildings*, Vol. 151, pp. 455–468. doi.org/10.1016/j.enbuild.2017.06.020.

ANA (Agência Nacional de Água). 2011. *ANA abre seleção para projetos de conservação de água e solo* [ANA calls for projects on water and soil conservation]. ANA website. www2.ana.gov.br/Paginas/imprensa/noticia.aspx?id_noticia=9304. (In Portuguese.)

Andréssian, V. 2004. Waters and forests: From historical controversy to scientific debate. *Journal of Hydrology*, Vol. 291, No. 1–2, pp. 1–27. doi.org/10.1016/j.jhydrol.2003.12.015.

Ansar, A., Flyvbjerg, B., Budzier, A. and Lunn, D. 2014. Should we build more large dams? The actual costs of hydropower megaproject development. *Energy Policy*, Vol. 69, No. 43–56. doi.org/10.1016/j.enpol.2013.10.069.

AQUASTAT. n.d. AQUASTAT website. FAO. fao.org/nr/water/aquastat/main/index.stm (Accessed July 2017).

Aragão, L. E. O. C. 2012. Environmental Science: The rainforest's water pump. *Nature*, Vol. 489, pp. 217–218. doi.org/10.1038/nature11485.

Atkinson, G. and Pearce, D. 1995. Measuring sustainable development. D. W. Bromley (ed.), *Handbook of Environmental Economics*. Oxford, UK, Wiley-Blackwell

Avellán, C. T., Ardakanian, R. and Gremillion, P. 2017. The role of constructed wetlands for biomass production within the water-soil-waste nexus. *Water Science and Technology*, Vol. 75, No. 10, pp. 2237–2245. doi.org/10.2166/wst.2017.106.

Aylward, B., Bandyopadhyay, J. and Belausteguigotia, J. 2005. Freshwater ecosystem services. Millenium Ecosystem Assessment, *Ecosystems and Human Well-being: Policy Responses*. Washington DC, Island Press. www.millenniumassessment.org/documents/document.312.aspx.pdf.

Badgley, C., Moghtader, J., Quintero, E., Zakem, E., Chappell, M. J., Aviles-Vazquez, K., Samulon, A. and Perfecto, I. 2007. Organic agriculture and the global food supply. *Renewable Agriculture and Food Systems*, Vol. 22, No. 2, pp. 86–108. doi.org/10.1017/S1742170507001640.

Baker, T., Kiptala, J., Olaka, L., Oates, N., Hussain, A. and McCartney, M. 2015. *Baseline Review and Ecosystem Services Assessment of the Tana River Basin, Kenya*. Working Paper No. 165. Colombo, International Water Managmenet Institute (IWMI). doi.org/10.5337/2015.223.

Barton, M. A. 2016. *Nature-Based Solutions in Urban Contexts: A Case Study of Malmö, Sweden*. Master thesis. Lund, Sweden, International Institute for Industrial Environmental Economics (IIIEE). lup.lub.lu.se/luur/download?func=downloadFile&recordOId=8890909&fileOId=8890910.

Batker, D., De la Torre, I., Costanza, R., Swedeen, P., Day, J., Boumans, R. and Bagstad, K. 2010. *Gaining Ground. Wetlands, Hurricanes and the Economy: The Value of Restoring the Mississippi River Delta. Earth Economics Project Report*. Tacoma, Wash., Earth Economics.

Beatley, T. 2011. *Biophilic Cities: Integrating Nature into Urban Design and Planning*. Washington DC, Island Press.

Bedford, B. L. and Preston, E. M. 1988. Developing the scientific basis for assessing cumulative effects of wetland loss and degradation on landscape functions: Status, perspectives, and prospects. *Environmental Management*, Vol. 12, No. 5, pp. 751–771. doi.org/10.1007/BF01867550.

Benedict, M. A. and McMahon, E. T. 2001. *Green Infrastructure: Smart Conservation for the 21st Century*. Washington DC, Sprawl Watch Clearinghouse. www.sprawlwatch.org/greeninfrastructure.pdf.

Bennett, G., Nathaniel, C. and Hamilton, K. 2013. *Charting New Waters: State of Watershed Payments 2012*. Washington DC, Forest Trends. www.forest-trends.org/documents/files/doc_3308.pdf.

Bennett, G. and Ruef, F. 2016. *Alliances for Green Infrastructure: State of Watershed Investment 2016*. Washington DC, Forest Trends' Ecosystem Marketplace. www.forest-trends.org/documents/files/doc_5463.pdf.

Beschta, R. L. and Kauffman, J. B. 2000. Restoration of riparian systems: Taking a broader view. J. P. J. Wigington and R. L. Beschta (eds.), *Riparian Ecology and Management in Multi-Land Use Watersheds*. Middleburg, Va., American Water Resources Association (AWRA), pp. 323–328.

Bezabih, M., Ruhinduka, R. and Sarr, M. 2016. *Climate Change Perception and System of Rice Intensification (SRI) Impact on Dispersion and Downside Risk: A Moment Approximation Approach*. Leeds/London, UK, Centre for Climate Change Economics and Policy/Grantham Research Institute on Climate Change and the Environment. www.lse.ac.uk/GranthamInstitute/wp-content/uploads/2016/11/Working-Paper-256-Bezabih-et-al.pdf.

Bilotta, G. S., Krueger, T., Brazier, R. E., Butler, P., Freer, J., Hawkins, J. M. B., Haygarth, P. M., Macleod, C. J. and Quinton, J. 2010. Assessing catchment-scale erosion and yields of suspended solids from improved temperate grassland. *Journal of Environmental Monitoring*, Vol. 12, No. 3, pp. 731–739. doi.org/10.1039/b921584k.

Bockheim, J. G. and Gennadiyev, A. N. 2010. Soil-factorial models and earth-system science: A review. *Geoderma*, Vol. 159, No. 3-4, pp. 243–51. doi.org/10.1016/j.geoderma.2010.09.005.

Borg, H., Stoneman, G. L. and Ward, C. G. 1988. The effect of logging and regeneration on groundwater, streamflow and stream salinity in the southern forest of Western Australia. *Journal of Hydrology*, Vol. 99, No. 3–4, pp. 253–270. doi.org/10.1016/0022-1694(88)90052-2.

Bossio, D., Geheb, K. and Critchley, W. 2010. Managing water by managing land: Addressing land degradation to improve water productivity and rural livelihoods. *Agricultural Water Management*, Vol. 97, No. 4, pp. 536–542. doi.org/10.1016/j.agwat.2008.12.001.

Bossio, D., Noble, A., Molden, D. and Nangia, V. 2008. Land degradation and water productivity in agricultural landscapes. D. Bossio and K. Geheb (eds.), *Conserving Land, Protecting Water*. Comprehensive Assessment of Water Management in Agriculture Series 6. Wallingford, UK/Colombo, Centre for Agriculture and Bioscience (CAB) International/International Water Management Institute (IWMI). www.iwmi.cgiar.org/Publications/CABI_Publications/CA_CABI_Series/Conserving_Land_Protecting_Water/protected/9781845933876.pdf.

Brix, H., Koottatep, T., Fryd, O. and Laugesen, C. H. 2011. The flower and the butterfly constructed wetland system at Koh Phi Phi: System design and lessons learned during implementation and operation. *Ecological Engineering*, Vol. 37, No. 5, pp. 729 –735. doi.org/10.1016/j.ecoleng.2010.06.035.

Brown, G. and Fagerholm, N. 2015. Empirical PPGIS/PGIS mapping of ecosystem services: A review and evaluation. *Ecosystem Services*, Vol. 13, pp. 119–133. doi.org/10.1016/j.ecoser.2014.10.007.

Bullock, A. and Acreman, M. C. 2003. The role of wetlands in the hydrological cycle. *Hydrology and Earth System Sciences*, Vol. 7, No. 3, pp. 75–86. doi.org/10.5194/hess-7-358-2003.

Bünemann, E. K., Schwenke, G. D. and Van Zwieten, L. 2006. Impact of agricultural inputs on soil organisms: A review. *Australian Journal of Soil Research*, Vol. 44, pp. 379–406. doi.org/10.1071/SR05125.

Burek, P., Mubareka, S., Rojas, R., De Roo, A., Bianchi, A., Baranzelli, C., Lavalle, C. and Vandecasteele, I. 2012. *Evaluation of the Effectiveness of Natural Water Retention Measures: Support to the EU Blueprint to Safeguard Europe's Waters*. JRC Scientific and Policy Reports. Luxembourg, European Commission/Joint Research Centre/Institute for Environment and Sustainability (EC/JRC/IES). ec.europa.eu/environment/water/blueprint/pdf/EUR25551EN_JRC_Blueprint_NWRM.pdf.

Burek, P., Satoh, Y., Fischer, G., Kahil, M. T., Scherzer, A., Tramberend, S., Nava, L. F., Wada, Y., Eisner, S., Flörke, M., Hanasaki, N., Magnuszewski, P., Cosgrove, B. and Wiberg, D. 2016. *Water Futures and Solution: Fast Track Initiative (Final Report)*. IIASA Working Paper. Laxenburg, Austria, International Institute for Applied Systems Analysis (IIASA). pure.iiasa.ac.at/13008/.

Buytaert, W., Zulkafli, Z., Grainger, S., Acosta, L., Alemie, T. C., Bastiaensen, J., De Bièvre, B., Bhusal, J., Clark, J., Dewulf, A., Foggin, M., Hannah, D. M., Hergarten, C., Isaeva, A., Karpouzoglou, T., Pandeya, B., Paudel, D., Sharma, K., Steenhuis, T., Tilahun, S., Van Hecken, G. and Zhumanova, M. 2014. Citizen science in hydrology and water resources: Opportunities for knowledge generation, ecosystem service management, and sustainable development. *Frontiers in Earth Science*, Vol. 2, No. 26. doi.org/10.3389/feart.2014.00026.

Calvache, A., Benítez, S. and Ramos, A. 2012. *Water Funds: Conserving Green Infrastructure. A Guide for Design, Creation and Operation*. Bogotá, Latin American Water Funds Partnership/The Nature Conservancy (TNC)/FEMSA Foundation/Inter-American Development Bank (IDB). www.nature.org/media/freshwater/latin-america-water-funds.pdf.

Cardinale, B. J., Duffy, J. E., Gonzalez, A., Hooper, D. U., Perrings, C., Venail, P., Narwani, A., Mace, G. M., Tilman, D., Wardle, D. A., Kinzing, A. P., Daily, G. C., Loreau, M., Grace, J. B., Larigauderie, A., Srivastava, D. S. and Naeem, S. 2012. Biodiversity loss and its impact on humanity. *Nature*, Vol. 486, pp. 59–67. doi.org/10.1038/nature11148.

Carrão, H., Naumann, G. and Barbosa, P. 2016. Mapping global patterns of drought risk: An empirical framework based on sub-national estimates of hazard, exposure and vulnerability. *Global Environmental Change*, Vol. 39, pp. 108–124. doi.org/10.1016/j.gloenvcha.2016.04.012.

CBD (Convention on Biological Diversity). 1992. *Convention on Biological Diversity*. Rio de Janeiro, Brazil, 5 June 1992. www.cbd.int/convention/text/default.shtml.

_____. 2010. *Decision Adopted by the Conference of the Parties to the Convention on Biological Diversity at its Tenth Meeting*. Nagoya, Japan, 18–29 October 2010. www.cbd.int/doc/decisions/cop-10/cop-10-dec-02-en.pdf.

_____. 2015. *Strategic Scientific and Technical Issues related to the Implementation of the Strategic Plan for Biodiversity 2011-2020: Biodiversity, Food Systems and Agriculture*. Nineteenth meeting of the Subsidiary Body on Scientific, Technical and Tecnological Advice. Montreal, PQ, CBD. www.cbd.int/doc/meetings/sbstta/sbstta-20/information/sbstta-20-inf-49-en.pdf.

CBI (Climate Bonds Initiative). 2017. *Green Bonds Policy: Highlights from 2016*. CBI. www.climatebonds.net/files/reports/cbi-policy-roundup-2016.pdf.

_____. n.d. *Boosting Demand: Mandates for Domestic Funds, Quantitative Easing*. CBI website. www.climatebonds.net/policy/policy-areas/boosting-demand.

CFS (Committee on World Food Security). 2014. *Principles for Responsible Investment in Agriculture and Food Systems*. CFS forty-first session: Making a difference in food security and nutrition. Rome, CFS. www.fao.org/fileadmin/templates/cfs/Docs1314/rai/CFS_Principles_Oct_2014_EN.pdf.

CGIAR WLE (CGIAR Research Program on Water, Land and Ecosystems). 2017. *Re-Conceptualizing Dam Design and Management for Enhanced Water and Food Security*. Towards Sustainable Intensification: Insights and Solutions Brief No. 3. Colombo, International Water Management Institute (IWMI)/CGIAR. doi.org/10.5337/2017.212.

Chappell, N. A. 2005. Water pathways in humid forests: Myths vs. observations. *Suiri Kagaku*, Vol. 48, No. 6, pp. 32–46.

Chaturvedi, V., Hejazi, M., Edmonds, J., Clarke, L., Kyle, P., Davies, E. and Wise, M. 2013. Climate mitigation policy implications for global irrigation water demand. *Mitigation and Adaptation Strategies for Global Change*, pp. 1–16.

Chen, L., Wang, J., Wei, W., Fu, B. and Dongping, W. 2010. Effects of landscape restoration on soil water storage and water use in the Loess Plateau Region, China. *Forest Ecology and Management*, Vol. 259, No. 7, pp. 1291–1298. doi.org/10.1016/j.foreco.2009.10.025.

Chiramba, T., Mogoi, S., Martinez, I. and Jones, T. 2011. *Payment for Environmental Services Pilot Project in Lake Naivasha Basin, Kenya: A Viable Mechanism for Watershed Services that Delivers Sustainable Natural Resource Management and Improved Livelihoods*. Presented at the UN-Water International Conference "Water in the Green Economy in Practice: Towards RIO+20", Zaragoza, Spain, 3–5 October 2011. www.imarisha.le.ac.uk/sites/default/files/PES%20%28UN-WATER%2c2011%29.pdf.

Coates, D. and Smith, M. 2012. Natural infrastructure solutions for water security. R. Ardakanian and D. Jaeger (eds.), *Water and the Green Economy: Capacity Development Aspects*. Bonn, Germany, UN-Water Decade Programme on Capacity Development (UNW-DPC), pp. 167–188.

Coates, D., Pert, P. L., Barron, J., Muthuri C., Nguyen-Khoa, S., Boelee, E. and Jarvis, D. I. 2013. Water-related ecosystem services and food security. E. Boelee (ed.), *Managing Water and Agroecosystems for Food Security*. Comprehensive Assessment of Water Management in Agriculture Series No. 10. Wallingford, UK/Boston, USA, Centre for Agriculture and Bioscience (CAB) International, pp. 29–41.

Cohen-Shacham, E., Walters, G., Janzen, C. and Maginnis, S. (eds.). 2016. *Nature-Based Solutions to Address Global Societal Challenges*. Gland, Switzerland, International Union for Conservation of Nature and Natural Resources (IUCN). portals.iucn.org/library/sites/library/files/documents/2016-036.pdf.

Comprehensive Assessment of Water Management in Agriculture. 2007. *Water for Food, Water for Life: A Comprehensive Assessment of Water Management in Agriculture*. London/Colombo, Earthscan/International Water Management Institute (IWMI).

Conant, R. T. 2012. Grassland soil organic carbon stocks: Status, opportunities, vulnerability. R. Lal, K. Lorenz, R. F. Hüttl, B. U. Schneider and J. von Braun (eds.), *Recarbonization of the Biosphere*. Dordrecht, The Netherlands, Springer, pp. 275–302.

Corno, L., Pilu, R., Cantaluppi, E. and Adani, F. 2016. Giant cane (*Arundo donax L.*) for biogas production: The effect of two ensilage methods on biomass characteristics and biogas potential. *Biomass and Bioenergy*, Vol. 93, pp. 131–136. doi.org/10.1016/j.biombioe.2016.07.017.

CRED (Center for Research on the Epidemiology of Disaster). n.d. EM-DAT The International Disaster Database. Brussels, CRED. www.emdat.be.

CRED/UNISDR (Centre for Research on the Epidemiology of Disaster/United Nations Office for Disaster Risk Reduction). 2015. *The Human Costs of Weather Related Disasters 1995–2015*. Brussels/Geneva, CRED/UNISDR. www.unisdr.org/we/inform/publications/46796.

Critchley, W. and Di Prima, S. (eds.) 2012. *Water Harvesting Technologies Revisited. Deliverable 2.1 of the FP7 Project Water Harvesting Technologies: Potentials for Innovations, Improvements and Upscaling in SubSaharan Africa*. Amsterdam, Vrije Universiteit.

Cullen, H. M., deMenocal, P. B., Hemming, S., Brown, F. H., Guilderson, T., and Sirocko, F. 2000. Climate change and the collapse of the Akkadian empire: Evidence form the deep sea. *Geology*, Vol. 28, No. 4, pp. 379–382. doi.org/10.1130/0091-7613(2000)28<379:CCATCO>2.0.co;2.

Dadson, S. J., Hall, J. W., Murgatroyd, A., Acreman, M., Bates, P., Beven, K., Heathwaite, L., Holden, J., Holman, I. P., Lane, S. N., O'Connell, E., Penning-Rowsell, E., Reynard, N., Sear, D., Thorne, C. and Wilby, R. 2017. A restatement of the natural science evidence concerning catchment-based 'natural' flood management in the UK. *Proceedings of the Royal Society A: Mathematical, Physical and Engineering Sciences*, Vol. 473, No. 2199. doi.org/10.1098/rspa.2016.0706.

Dai, A. 2013. Increasing drought under global warming in observations and models. *Nature Climate Change*, Vol. 3, pp. 52–58. doi.org/10.1038/nclimate1633.

Dalin, C., Wada, Y., Kastner, T. and Puma, M. J. 2017. Groundwater depletion embedded in international food trade. *Nature*, Vol. 543, pp. 700–704. doi.org/10.1038/nature21403.

Davidson, N. C. 2014. How much wetland has the world lost? Long-term and recent trends in global wetland area. *Marine and Freshwater Research*, Vol. 65, No. 10, pp. 934–941. doi.org/10.1071/MF14173.

Davis, M., Krüger, I. and Hinzmann, M. 2015. *Coastal Protection and SUDS: Nature-Based Solutions*. RECREATE Policy Brief No. 4. Berlin, Ecologic Institute. ec.europa.eu/environment/integration/green_semester/pdf/Recreate_PB_2015_NBS_final_druck10-02-2016.pdf.

Dawson, T. E. 1996. Determining water use by trees and forests from isotopic, energy balance and transpiration analyses: The roles of tree size and hydraulic lift. *Tree Physiology*, Vol. 16, No. 1-2, pp. 263–272. doi.org/10.1093/treephys/16.1-2.263.

De, A., Bose, R., Kumar, A. and Mozumdar, S. 2014. *Targeted Delivery of Pesticides Using Biodegradable Polymeric Nanoparticles*. Springer Briefs in Molecular Science. New Delhi, Springer India. doi.org/10.1007/978-81-322-1689-6.

De la Varga, D., Van Oirschot, D., Soto, M., Kilian, R., Arias, C. A., Pascual, A. and Álvarez, J. A. 2017. Constructed wetlands for industrial wastewater treatment and removal of nutrients. Á. Val del Rio, J. L. Campos Gómez and A. M. Corral (eds.), *Technologies for the Treatment and Recovery of Nutrients from Industrial Wastewater*. Advances in Environmental Engineering and Green Technologies (AEEGT) Book Series. Hershey, Pa., IGI Global, pp. 202–230.

Delpla, I., Jung, A.-V., Baures, E., Clement, M. and Thomas, O. 2009. Impacts of climate change on surface water quality in relation to drinking water production. *Environment International*, Vol. 35, No. 8, pp. 1225–1233. doi.org/10.1016/j.envint.2009.07.001.

DEP (New York City Department of Environmental Protection). 2010. *NYC Green Infrastructure Plan: A Sustainable Strategy for Clean Waterways*. New York, DEP. www.nyc.gov/html/dep/pdf/green_infrastructure/NYCGreenInfrastructurePlan_LowRes.pdf.

Derpsch, R. and Friedrich, T. 2009. *Global Overview of Conservation Agriculture Adoption*. Paper presented to the 4th World Congress on Conservation Agriculture, New Delhi, February 2009.

De Sousa, M. R. C., Montalto, F. A. and Gurian, P. 2016. Evaluating green infrastructure stormwater capture performance under extreme precipitation. *Journal of Extreme Events*, Vol. 3, No. 2. doi.org/10.1142/S2345737616500068.

Dickens, C. W. S. and Graham, P. M. 2002. The South African Scoring System (SASS) Version 5: Rapid bioassessment method for rivers. *African Journal of Aquatic Science*, Vol. 27, No. 1, pp. 1–10. doi.org/10.2989/16085914.2002.9626569.

Di Giovanni, G. and Zevenbergen, C. 2017. 'Upscaling': Practice, policy and capacity building. Insights from the partners' experience. *Building with Nature Report, Interreg Vb Programme 2014–2020 for a Sustainable North Sea Region*.

Dill, J., Deichert, G. and Thu, L. T. N. (eds.). 2013. *Promoting the System of Rice Intensification: Lessons Learned from Trà Vinh Province, Viet Nam*. German Agency for International Cooperation/International Fund for Agricultural Development (GIZ/IFAD).

Dillon, P., Kumar, A., Kookana, R., Leijs, R., Reed, D., Parsons, S. and Ingleton, G. 2009. *Managed Aquifer Recharge: Risks to Groundwater Dependent Ecosystems – A Review*. Water for a Healthy Country Flagship Report. Land & Water Australia. Canberra, CSIRO. publications.csiro.au/rpr/download?pid=procite:9701153f-4d82-4e68-a435-e652103c73a9&dsid=DS1.

Dobbs, R., Pohl, H., Lin, D., Mischke, J., Garemo, N., Hexter, J., Matzinger, S., Palter, R. and Nanavatty, R. 2013. *Infrastructure Productivity: How to Save $1 Trillion a Year*. McKinsey Global Institute. www.mckinsey.com/industries/capital-projects-and-infrastructure/our-insights/infrastructure-productivity.

Dow Chemical Company/Swiss Re/Shell/Unilever/TNC (The Nature Conservancy). 2013. *Green Infrastructure Case Studies: Case Studies Evaluated by Participating Companies for Creation of the White Paper "The Case for Green Infrastructure"* www.nature.org/about-us/working-with-companies/case-studies-for-green-infrastructure.pdf.

DWA (Department of Water and Sanitation of South Africa). n.d. *River Eco-status Monitoring Programme*. DWA website. www.dwa.gov.za/IWQS/rhp/default.aspx.

EC (European Commission). 2013a. *Report from the Commission to the Council and the European Parliament on the Implementation of Council Directive 91/676/EEC concerning the Protection of Waters against Pollution caused by Nitrates from Agricultural Sources based on Member State Reports for the Period 2008–2011*. Brussels, EC. eur-lex.europa.eu/legal-content/en/TXT/?uri=CELEX%3A52013DC0683.

_____. 2013b. *Green Infrastructure (GI): Enhancing Europe's Natural Capital*. Communication from the Commission to the European Parliament, The Council, The European Economic and Social Committee and the Committee of the Regions. COM/2013/0249 final. Brussels, EC. eur-lex.europa.eu/legal-content/EN/TXT/?uri=celex%3A52013DC0249.

_____. 2014. *EU Policy Document on Natural Water Retention Measures by the Drafting Team of the WFD CIS Working Group Programme of Measures (WG PoM)*. Technical Report 2014 No. 082. Luxembourg, Office for Official Publications of the European Communities. doi.org/10.2779/227173.

_____. 2015. *Towards an EU Research and Innovation Policy Agenda for Nature-Based Solutions & Re-Naturing Cities. Final Report of the Horizon 2020 Expert Group on 'Nature-Based Solutions and Re-Naturing Cities'*. Brussels, EC. publications.europa.eu/en/publication-detail/-/publication/fb117980-d5aa-46df-8edc-af367cddc202.

_____. 2017a. *Report on the Implementation of Direct Payments [Outside Greening] – Claim Year 2015*. EC.

_____. 2017b. *An Action Plan for Nature, People and the Economy*. Communication from the Commission to the European Parliament, the Council, the European Economic and Social Committee and the Committee of Regions. COM(2017) 198 final. Brussels, EC. ec.europa.eu/environment/nature/legislation/fitness_check/action_plan/communication_en.pdf.

Echavarria, M., Zavala, P., Coronel, L., Montalvo, T. and Aguirre, L. M. 2015. *Green Infrastructure in the Drinking Water Sector in Latin America and the Caribbean: Trends, Challenges, and Opportunities*. EcoDecisión/Forest Trends/The Nature Conservancy (TNC). www.forest-trends.org/documents/files/doc_5134.pdf.

EEA (European Environment Agency). 2016. *Green Roofs in Basel, Switzerland: Combining Mitigation and Adaptation Measures (2015)*. Climate-ADAPT, European Climate Adaptation Platform, EEA. climate-adapt.eea.europa.eu/metadata/case-studies/green-roofs-in-basel-switzerland-combining-mitigation-and-adaptation-measures-1.

Embassy of the Kingdom of the Netherlands in China. 2016. *Factsheet Sponge City Construction in China*. Beijing, Kingdom of the Netherlands. www.nederlandenu.nl/binaries/nl-netherlandsandyou/documenten/publicaties/2016/12/06/2016-factsheet-sponge-cities-pilot-project-china.pdf/2016-factsheet-sponge-cities-pilot-project-china.pdf.

Embid, A. and Martín, M. 2015. *La experiencia legislativa del decenio 2005-2015 en materia de aguas en América Latina* [The Legislative Experience from the Decade 2005–2015 in terms of Water in Latin America]. Santiago, United Nations Economic Commission for Latin America and the Caribbean (UNECLAC). repositorio.cepal.org/bitstream/handle/11362/38947/1/S1500777_es.pdf. (In Spanish.)

Equator Initiative. n.d. Equator Initiative website. www.equatorinitiative.org.

Eriyagama, N., Smakhtin, V. and Gamage, N. 2009. *Mapping Drought Patterns and Impacts: A Global Perspective*. IWMI Research Report No. 133. Colombo, International Water Management Institute (IWMI). www.iwmi.cgiar.org/publications/iwmi-research-reports/iwmi-research-report-133/.

Everard, M. 2015. Community-based groundwater and ecosystem restoration in semi-arid north Rajasthan (1): Socio-economic progress and lessons for groundwater-dependent areas. *Ecosystem Services*, Vol. 16, pp. 125–135. doi.org/10.1016/j.ecoser.2015.10.011.

Faivre, N., Fritz, M., Freitas, T., De Boissezon, B. and Vandewoestijne, S. 2017. Nature-Based Solutions in the EU: Innovating with nature to address social, economic and environmental challenges. *Environmental Research*, Vol. 159, pp. 509–518. doi.org/10.1016/j.envres.2017.08.032.

Falkenmark, M. and Rockström, J. 2004. *Balancing Water for Humans and Nature: The New Approach in Ecohydrology*. London, Earthscan.

FAO (Food and Agriculture Organization of the United Nations). 2010. *Global Forest Resources Assessment 2010: Main report*. FAO Forestry Paper No. 163. Rome, FAO. www.fao.org/docrep/013/i1757e/i1757e.pdf.

_____. 2011a. *The State of the World's Land and Water Resources for Food and Agriculture: Managing Systems at Risk*. Rome/London, FAO/Earthscan. www.fao.org/docrep/017/i1688e/i1688e.pdf.

_____. 2011b. *Save and Grow: A Policy Maker's Guide to the Sustainable Intensification of the Smallholder Crop Production*. Rome, FAO. www.fao.org/docrep/014/i2215e/i2215e.pdf.

_____. 2011c. *Why Invest in Sustainable Mountain Development?* Rome, FAO. www.fao.org/docrep/015/i2370e/i2370e.pdf.

_____. 2013a. *Climate Smart Agriculture Sourcebook*. Rome, FAO. www.fao.org/docrep/018/i3325e/i3325e.pdf.

_____. 2013b. *Reviewed Strategic Framework*. Thirty-eighth session. Rome, 15–22 June 2013. www.fao.org/docrep/meeting/027/mg015e.pdf.

_____. 2014a. *Building a Common Vision for Sustainable Food and Agriculture: Principles and Approaches*. Rome, FAO. www.fao.org/3/a-i3940e.pdf.

_____. 2014b. *Agriculture, Forestry and Other Land Use Emissions by Sources and Removals by Sinks*. FAO Statistics Division Working Paper Series ESS/14-02. Rome, FAO. www.fao.org/docrep/019/i3671e/i3671e.pdf.

_____. 2014c. *The Water–Energy–Food Nexus: A New Approach in Support of Food Security and Sustainable Agriculture*. Rome, FAO. www.fao.org/3/a-bl496e.pdf.

_____. 2015. *The Impact of Natural Hazards and Disasters on Agriculture and Food Security and Nutrition: A Call for Action to Build Resilient Livelihoods*. Rome, FAO. www.fao.org/3/a-i4434e.pdf.

_____. 2016. *Global Forest Resources Assessment 2015: How are the World's Forests Changing?* Second edition. Rome, FAO. www.fao.org/3/a-i4793e.pdf.

FAO/IFAD/UNICEF/WFP/WHO (Food and Agriculture Organization of the United Nations/International Fund for Agricultural Development/United Nations Children's Fund/World Food Programme/World Health Organization). 2017. *The State of Food Security and Nutrition in the World 2017: Building Resilience for Peace and Food Security*. Rome, FAO. www.fao.org/3/a-I7695e.pdf.

FAO/ITPS (Food and Agriculture Organization of the United Nations/Intergovernmental Technical Panel on Soils). 2015a. *Status of the World's Soil Resources (SWSR) – Main Report*. Rome, FAO. www.fao.org/3/a-i5199e.pdf.

_____. 2015b. *Status of the World's Soil Resources (SWSR) – Technical Summary*. Rome, FAO. www.fao.org/3/a-i5126e.pdf.

Finlayson, C. M., Gitay, H., Bellio, M. G., Van Dam, R. A. and Taylor, I. 2006. Climate variability and change and other pressures on wetlands and waterbirds: Impacts and adaptation. G. C. Boere, C. A. Galbraith and D. A. Stroud (eds.), *Waterbirds around the World: A Global Overview of the Conservation, Management and Research of the World's Waterbirds Flyways*. Edinburgh, UK, The Stationery Office. pp. 88–97.

Fischer, J., Lindenmayer, D. B. and Manning, A. D. 2006. Biodiversity, ecosystem function, and resilience: Ten guiding principles for commodity production landscapes. *Frontiers in Ecology and the Environment*, Vol. 4, No. 2, pp. 80–86. doi.org/10.1890/1540-9295(2006)004[0080:BEFART]2.0.CO;2.

FONAG (Fondo para la Protección del Agua). n.d. *Fund for Water Protection — FONAG*. FONAG website. www.fonag.org.ec/?page_id=1580.

Friedrich, T., Kassam, A. H. and Shaxson, F. 2008. *Agriculture for Developing Countries. Annex 2, Case Study Conservation Agriculture*. Science and Technology Options Assessment (STOA) project. Karlsruhe, Germany, European Technology Assessment Group. www.itas.kit.edu/downloads/projekt/projekt_meye08_atdc_annex2.pdf.

Gale, I. N., Macdonald, D. M. J., Calow, R. C., Neumann, I., Moench, M., Kulkarni, H., Mudrakartha, S. and Palanisami, K. 2006. *Managed Aquifer Recharge: An Assessment of its Role and Effectiveness in Watershed Management*. Final report for DFID KAR project R8169, Augmenting groundwater resources by artificial recharge: AGRAR. British Geological Survey Commissioned Report CR/06/107N. Keyworth, UK, British Geological Survey/Department for International Development.

Gartner, T., Mulligan, J., Schmidt, R. and Gunn, J. (eds.). 2013. *Natural Infrastructure: Investing in Forested Landscapes for Source Water Protection in the United States*. Washington DC, World Resources Institute (WRI). www.wri.org/sites/default/files/wri13_report_4c_naturalinfrastructure_v2.pdf.

Gathorne-Hardy, A., Reddy, D. N., Venkatanarayana, M. and Harriss-White, B. 2013. A life cycle assessment (LCA) of greenhouse gas emissions from SRI and flooded rice production in SE India. *Taiwan Water Conservancy*, Vol. 61, No. 4, pp. 110–125.

GEF (Global Environment Facility). 2017. *GEF-6 Program Framework Document (PFD). Amazon Sustainable Landscapes Program*. www.thegef.org/sites/default/files/project_documents/GEF-6_PFD_Amazon_Revised_Sept_10_FINAL.pdf.

GFC/IAC/CBA/AMAC/IAMAC/CTA/FECO (Green Finance Committee of China Society for Finance and Banking/Investment Association of China/China Banking Association/Asset Management Association of China/Insurance Asset Management Association of China/China Trustee Association/Foreign Economic Cooperation Office of the Ministry of Environment Protection). 2017. *Environmental Risk Management Initiative for China's Overseas Investment*. September 5, 2017. unepinquiry.org/wp-content/uploads/2017/09/Environmental-Risk-Management-Initiative-for-China---s-Overseas-Investment.pdf.

Gibson, D. J. 2009. *Grasses and Grassland Ecology*. Oxford, UK, Oxford University Press.

Gleick, P. H. and Palaniappan, M. 2010. Peak water limits to freshwater withdrawal and use. *Proceedings of the National Academy of Sciences*, Vol. 107, No. 25, pp. 11155–11162. doi.org/10.1073/pnas.1004812107.

Goldin, J., Rutherford, R. and Schoch, D. 2008. The place where the sun rises: An application of IWRM at the village level. *International Journal of Water Resource Development*, Vol. 24, No. 3, pp. 345–356. doi.org/10.1080/07900620802127283.

Goren, O. 2009. *Geochemical Evolution and Manganese Mobilization in Organic Enriched Water Recharging Calcareous-Sandstone Aquifer; Clues from the Shafdan Sewage Treatment Plant*. Phd thesis, Jerusalem, Israel, Hebrew University/Ministry of National Infrastructures of Israel/Geological Survey of Israel. www.gsi.gov.il/_uploads/ftp/GsiReport/2009/Goren-Orly-GSI-12-2009.pdf.

Govaerts, B., Verhulst, N., Castellanos-Navarrete, A., Sayre, K. D., Dixon, J. and Dendooven, L. 2009. Conservation agriculture and soil carbon sequestration: Between myth and farmer reality. *Critical Reviews in Plant Science*, Vol. 28, No. 3, pp. 97–122. doi.org/10.1080/07352680902776358.

Graham, P. M., Dickens, C. W. S. and Taylor, R. J. 2004. MiniSASS– miniSASS – A novel technique for community participation in river health monitoring and management. *African Journal of Aquatic Sciences*, Vol. 29, No. 1, pp. 25-35.

Granit, J., Liss Lymer, B., Olsen, S., Tengberg, A., Nõmmann, S. and Clausen, T. J. 2017. A conceptual framework for governing and managing key flows in a source-to-sea continuum. *Water Policy*, Vol. 19, No. 5, pp. 673–691. doi.org/ 10.2166/wp.2017.126.

Gurnell, A., Lee, M. and Souch, C. 2007. Urban rivers: Hydrology, geomorphology, ecology and opportunities for change. *Geography Compass*, Vol. 1, No. 5, pp. 1118–1137. doi.org/10.1111/j.1749-8198.2007.00058.x.

GWPEA (Global Water Partnership Eastern Africa). 2016. *Building Resilience to Drought: Learning from Experience in the Horn of Africa*. Entebbe, Uganda, Integrated Drought Management Programme in the Horn of Africa. www.droughtmanagement.info/literature/GWP_HOA_Building_Resilience_to_Drought_2016.pdf.

Haase, D. 2016. *Nature-Based Solutions for Cities: A New Tool for Sustainable Urban Land Development?* Urbanization and Global Environmental Change (UGEC) Viewpoints. ugecviewpoints.wordpress.com/2016/05/17/nature-based.

Haddaway, N. R., Brown, C., Eggers, S., Josefsson, J., Kronvang, B., Randall, N. and Uusi-Kämppä, J. 2016. The multifunctional roles of vegetated strips around and within agricultural fields. A systematic map protocol. *Environmental Evidence*, Vol. 5, No. 1, pp. 18. doi.org/10.1186/s13750-016-0067-6.

Hahn, C., Prasuhn, V., Stamm, C. and Schulin, R. 2012. Phosphorus losses in runoff from manured grassland of different soil P status at two rainfall intensities. *Agriculture, Ecosystems & Environment*, Vol. 153, pp. 65–74. doi.org/10.1016/j.agee.2012.03.009.

Hall, J. W., Grey, D., Garrick, D., Fung, F., Brown, C., Dadson, S. G. and Sadoff, C. W. 2014. Coping with the curse of freshwater variability: Institutions, infrastructure, and information for adaptation. *Science*, Vol. 346, No. 6208, pp. 429–430. doi.org/10.1126/science.1257890.

Halliday, S. J., Skeffington, R. A., Wade, A. J., Bowes, M. J., Read, D. S., Jarvie, H. P. and Loewenthal, M. 2016. Riparian shading controls instream spring phytoplankton and benthic algal growth. *Environmental Science: Processes & Impacts*, Vol. 18, pp. 677–689. doi.org/10.1039/C6EM00179C.

Hanson, C., Ranganathan, J., Iceland, C. and Finisdore, J. 2012. *The Corporate Ecosystem Services Review: Guidelines for Identifying Business Risks and Opportunities Arising from Ecosystem Change*. Version 2.0. Washington DC, World Resources Institute (WRI). www.wri.org/publication/corporate-ecosystem-services-review.

Herrera Amighetti, C. 2015. *Grupo de Infraestructura Verde* [Green Infrastructure Group]. Lima, Association of Water and Sanitation Regulatory Entities of the Americas (ADERASA). www.sunass.gob.pe/fiar/aderasa/1cherrera.pdf. (In Spanish.)

Hildebrandt, A. and Eltahir, E. A. 2006. Forest on the edge: Seasonal cloud forest in Oman creates its own ecological niche. *Geophysical Research Letters*, Vol. 33, No. 11. doi.org/10.1029/2006GL026022.

Hipsey, M. R. and Arheimer, B. 2013. Challenges for water-quality research in the new IAHS decade on: Hydrology Under Societal and Environmental Change. B. Arheimer et al. (eds.), *Understanding Freshwater Quality Problems in a Changing World*. Wallingford, UK, International Association of Hydrological Sciences (IAHS) Press, pp. 17–29.

Hirabayashi, Y., Kanae, S., Emori, S., Oki, T. and Kimoto, M. 2008. Global projections of changing risks of floods and droughts in a changing climate. *Hydrological Sciences Journal*, Vol. 53, No. 4, pp. 754–772. doi.org/10.1623/hysj.53.4.754.

HLPE (High-Level Panel of Experts on Food Security and Nutrition Committee on World Food Security). 2015. *Water for Food Security and Nutrition: A Report by the High-Level Panel of Experts on Food Security and Nutrition*. Rome, HLPE. www.fao.org/3/a-av045e.pdf.

Hoekstra, A. Y. and Mekonnen, M. M. 2012. The water footprint of humanity. *Proceedings of the National Academy of Sciences*, Vol. 109, No. 9, pp. 3232–3237. doi.org/10.1073/pnas.1109936109.

Hooper, D. U., Chapin III, F. S., Ewel, J. J., Hector, A., Inchausti, P., Lavorel, S., Lawton, J. H., Lodge, D. M., Loreau, M., Naeem, S. and Schmid, B. 2005. Effects of biodiversity on ecosystem functioning: A consensus of current knowledge. *Ecological Monographs*, Vol. 75, No. 1, pp. 3–35. doi.org/10.1890/04-0922.

Horn, O. and Xu, H. 2017. *Nature-Based Solutions for Sustainable Urban Development*. ICLEI Briefing Sheet. Bonn, Germany, ICLEI – Local Governments for Sustainability. unfccc.int/files/parties_observers/submissions_from_observers/application/pdf/778.pdf.

Horwitz, P., Finlayson, C. M. and Weinstein, P. 2012. *Healthy Wetlands, Healthy People: A Review of Wetlands and Human Health Interactions*. Ramsar Technical Report No. 6. Gland/Geneva, Switzerland, Secretariat of the Ramsar Convention on Wetlands/ World Health Organization (WHO). archive.ramsar.org/pdf/lib/rtr6-health.pdf.

Huffaker, R. 2008. Conservation potential of agricultural water conservation subsidies. *Water Resources Research*, Vol. 44, No. 7. doi.org/10.1029/2007WR006183.

Hulsman, H., Van der Meulen, M. and Van Wesenbeeck, B. 2011. *Green Adaptation: Making Use of Ecosystems Services for Infrastructure Solutions in Developing Countries*. Delft, The Netherlands, Deltares. www.solutionsforwater.org/wp-content/uploads/2012/01/Deltares-Report-2011-Green-Adaptation.pdf.

Hunink, J. E. and Droogers, P. 2011. *Physiographical Baseline Survey for the Upper Tana Catchment: Erosion and Sediment Yield Assessment*. Prepared for the Water Resources Management Authority (WRMA) of Kenya. Wageningen, The Netherlands, Future Water. www.futurewater.nl/wp-content/uploads/2013/01/2011_TanaSed_FW-1121.pdf.

Huntington, H. P. 2000. Using traditional ecological knowledge in science: Methods and applications. *Ecological Applications*, Vol. 10, No. 5, pp. 1270–1274. doi.org/10.1890/1051-0761(2000)010[1270:UTEKIS]2.0.CO;2.

Huntington, T. G. 2006. Evidence for intensification of the global water cycle: Review and synthesis. *Journal of Hydrology*, Vol. 319, No. 1–4, pp. 83–95. doi.org/10.1016/j.jhydrol.2005.07.003.

ICMA (International Capital Market Association). 2015. *Green Bond Principles, 2015: Voluntary Process Guidelines for Issuing Green Bonds*, March 27, 2015. www.icmagroup.org/assets/documents/Regulatory/Green-Bonds/GBP_2015_27-March.pdf.

IEA (International Energy Agency). 2012. Chapter 17. Water for energy: Is energy becoming a thirstier resource? *World Energy Outlook 2012*. Paris, IEA. www.iea.org/publications/freepublications/publication/WEO2012_free.pdf.

IFRC (International Federation of Red Cross and Red Crescent Societies). 2016. *World Disasters Report – Resilience: Saving Lives Today, Investing for Tomorrow*. Geneva, IFRC. www.ifrc.org/Global/Documents/Secretariat/201610/WDR%202016-FINAL_web.pdf.

ILO (International Labour Organization). 1989. *Indigenous and Tribal Peoples Convention No. 169. Convention concerning Indigenous and Tribal Peoples in Independent Countries (Entry into force: 05 Sep 1991)*. Geneva, 76th ILC session (27 June 1989). www.ilo.org/dyn/normlex/en/f?p=NORMLEXPUB:12100:0::NO::p12100_instrument_id:312314.

_____. 2017. *Indigenous Peoples and Climate Change: From Victims to Change Agents through Decent Work*. Geneva, ILO. www.ilo.org/global/topics/indigenous-tribal/WCMS_551189/lang--en/index.htm.

Ilstedt, U., Bargués Tobella, A., Bazié, H. R., Bayala, J., Verbeeten, E., Nyberg, G., Sanou, J., Benegas, L., Murdiyarso, D., Laudon, H., Sheil, D. and Malmer, A. 2016. Intermediate tree cover can maximize groundwater recharge in the seasonally dry tropics. *Scientific Reports*, Vol. 6, No. 21930. doi.org/10.1038/srep21930.

Indepen. 2014. *Discussion Paper on the Potential for Catchment Services in England – Wessex Water, Severn Trent Water and South West Water*. London, Indepen Limited.

IPCC (Intergovernmental Panel on Climate Change). 2012. *Managing the Risks of Extreme Events and Disasters to Advance Climate Change Adaptation*. A Special Report of Working Groups I and II of the Intergovernmental Panel on Climate Change. Cambridge, UK/New York, Cambridge University Press. www.ipcc.ch/pdf/special-reports/srex/SREX_Full_Report.pdf.

_____. 2014. *Climate Change 2014: Impacts, Adaptation, and Vulnerability*. Working Group II Contribution to the Fifth Assessment Report of the Intergovernmental Panel on Climate Change. Cambridge, UK/New York, Cambridge University Press. www.ipcc.ch/report/ar5/wg2/.

Itaipu Binacional. n.d. *Cultivando água boa* [Cultivating Good Water]. Itaipu Binacional website. www.itaipu.gov.br/meioambiente/cultivando-agua-boa. (In Portuguese.)

Ito, S. 1997. A framework for comparative study of civilizations. *Comparative Civilizations Review*, Vol. 36, No. 36, Art. 4.

Jackson, B. M., Wheater, H. S., McIntyre, N. R., Chell, J., Francis, O. J., Frogbrook, Z., Marshall, M., Reynolds, B. and Solloway, I. 2008. The impact of upland land management on flooding: Insights from a multiscale experimental and modelling programme. *Journal of Flood Risk Management*, Vol. 1, No. 2, pp. 71–80. doi.org/10.1111/j.1753-318X.2008.00009.x.

Jacob, B., Mawson, A. R., Payton, M. and Grignard, J. C. 2008. Disaster mythology and fact: Hurricane Katrina and social attachment. *Public Health Reports*, Vol. 123, No. 5, pp. 555–566. doi.org/10.1177/003335490812300505.

Jansson, A. M., Hammer, M., Folcke, C. and Costanza, R. (eds.). 1995. *Investing in Natural Capital: The Ecological Economics Approach to Sustainability*. Washington DC, Island Press.

Jønch-Clausen, T. 2004. *"...Integrated Water Resources Management (IWRM) and Water Efficiency Plans by 2005" Why, What and How?* TEC Background Papers No. 10. Stockholm, Global Water Partnership (GWP). www.gwp.org/globalassets/global/toolbox/publications/background-papers/10-iwrm-and-water-efficiency-plans-by-2005.-why-what-and-how-2004.pdf.

Jouravlev, A. 2003. *Los municipios y la gestión de los recursos hídricos* [Municipalities and water resources management]. Serie recursos naturales e infraestructura 66. Santiago, United Nations Economic Commission for Latin America and the Caribbean (UNECLAC). repositorio.cepal.org/bitstream/handle/11362/6429/1/S0310753_es.pdf. (In Spanish.)

Jupiter, S. 2015. *Policy Brief: Valuing Fiji's Ecosystems for Coastal Protection*.

Kassam, A., Friedrich, T. and Derpsch, R. 2017. *Global Spread of Conservation Agriculture: Interim Update 2015/16*. Extended abstract for the 7th World Congress on Conservation Agriculture, 1–4 August 2017, Rosario, Argentina.

Kassam, A., Friedrich, T., Shaxson, F. and Pretty, J. 2009. The spread of Conservation Agriculture: Justification, sustainability and uptake. *International Journal of Agriculture Sustainability*, Vol. 7, No. 4, pp. 292–320.

Kassam, A., Friedrich, T., Shaxson, F., Reeves, R., Pretty, J. and De Moraes Sá, J. C. 2011a. Production systems for sustainable intensification: Integrated productivity with ecosystem services. *Technikfolgenabschatzung – Theorie und Praxis*, Vol. 20, No. 2, pp. 39–45.

Kassam, A., Mello, I., Bartz, H., Goddard, T., Friedrich, T., Laurent, F. and Uphoff, N. T. 2012. *Harnessing Ecosystem Services in Brazil and Canada*. Abstract presented at the Planet Under Pressure Conference, London, 26–29 March 2012.

Kassam, A., Stoop, W. and Uphoff, N. 2011b. Review of SRI modifications in rice crop and water management and research issues for making further improvements in agricultural and water productivity. *Paddy and Water Environment*, Vol. 9, No. 1, pp. 163–180. doi.org/10.1007/s10333-011-0259-1.

Kazmierczak, A. and Carter, J. 2010. *Adaptation to Climate Change using Green and Blue Infrastructure: A Database of Case Studies*. Manchester, UK, University of Manchester.

Keys, P. W., Wang-Erlandsson, L. and Gordon, L. J. 2016. Revealing invisible water: Moisture recycling as an ecosystem service. *PLoS ONE*, Vol. 11, No. 3, e0151993. doi.org/10.1371/journal.pone.0151993.

Keys, P. W., Wang-Erlandson, L., Gordon L. J., Galaz, V. and Ebbesson, J. 2017. Approaching moisture recycling governance. *Global Environmental Change*, Vol. 45, pp. 15–23. doi.org/10.1016/j.gloenvcha.2017.04.007.

Kremer, P., Hamstead, Z., Haase, D., McPhearson, T., Frantzeskaki, N., Andersson, E., Kabish, N., Larondelle, N., Lorance Rall, E., Voigt, A., Baró, F., Bertram, C., Gómez-Baggethum, E., Hansen, R., Kaczorowska, A., Kain, J., Kronenberg, J., Langemeyer, J., Pauleit, S., Rehdanz, K., Schewenius, M., Van Ham, C., Wurster, D. and Elmqvist, T. 2016. Key insights for the future of urban ecosystem services research. *Ecology and Society*, Vol. 21, No. 2, Art. 29. doi.org/10.5751/ES-08445-210229.

Labat, D., Goddéris, Y., Probst, J. L. and Guyot, J. L. 2004. Evidence for global runoff increase related to climate warming. *Advances in Water Resources*, Vol. 27, No. 6, pp. 631–642. doi.org/10.1016/j.advwatres.2004.02.020.

LACC/TNC (Latin America Conservation Council/The Nature Conservancy). 2015. *Natural Infrastructure: An Opportunity for Water Security in 25 Cities in Latin America. Invest in Nature to Increase Water Security*. LACC/TNC. laconservationcouncil.org/publico/files/news/Top-25-Opp-Cities-Report---2015.pdf.

Lacombe, G. and Pierret, A. 2013. Hydrological impact of war-induced deforestation in the Mekong Basin. *Ecohydrology*, Vol. 6, No. 5, pp. 901–903. doi.org/10.1002/eco.1395.

Lansing, J. S. 1987. Balinese 'water temples' and the management of irrigation. *American Anthropologist*, Vol. 89, No. 2, pp. 326–341. doi.org/10.1525/aa.1987.89.2.02a00030.

Lasage, R., Aerts, J., Mutiso, G.-C. M. and De Vries, A. 2008. Potential for community based adaptation to droughts: Sand dams in Kitui, Kenya. *Physics and Chemistry of the Earth*, Vol. 33, No. 1–2, pp. 67–73. doi.org/10.1016/j.pce.2007.04.009.

Laurent, F., Leturcq, G., Mello, I., Corbonnois, J. and Verdum, R. 2011. La diffusion du semis direct au Brésil, diversité des pratiques et logiques territoriales: l'exemple de la región d'Itaipu au Paraná [The spread of direct seeding in Brazil, diversity of practices and territorial approaches: The example of the Itaipu region in Paraná]. *Confins*, Vol. 12. confins.revues.org/7143. (In French.)

Leadley, P. W., Krug, C. B., Alkemade, R., Pereira, H. M., Sumaila, U. R., Walpole, M., Marques, A., Newbold, T., Teh, L. S. L., Van Kolck, J., Bellard, C., Januchowski-Hartley, S. R. and Mumby, P. J. 2014. *Progress towards the Aichi Biodiversity Targets: An Assessment of Biodiversity Trends, Policy Scenarios and Key Actions*. CBD Technical Series No. 78. Montreal, PQ, CBD (Secretariat of the Convention on Biological Diversity). www.cbd.int/doc/publications/cbd-ts-78-en.pdf.

Liebman, M. and Schulte, L. A. 2015. Enhancing agroecosystem performance and resilience through increased diversification of landscapes and cropping systems. *Elementa: Science of the Anthropocene*, Vol. 3, No. 41. doi.org/10.12952/journal.elementa.000041.

Liquete, C., Udias, A., Conte, G., Grizzetti, B. and Masi, F. 2016. Integrated valuation of a nature-based solution for water pollution control: Highlighting hidden benefits. *Ecosystem Services*, Vol. 22 (Part B), pp. 392–401. doi.org/10.1016/j.ecoser.2016.09.011.

Lloret, P. 2009. *FONAG, a Trust Fund as a Financial Instrument for Water Conservation and Protection in Quito, Ecuador*. Network for Cooperation in Integrated Water Resource Management for Sustainable Development in Latin America and the Caribbean, Circular No. 29. Santiago, United Nations Economic Commission for Latin America and the Caribbean (UNECLAC), pp. 5–6. repositorio.cepal.org/bitstream/handle/11362/39403/1/Carta29_en.pdf.

Lloyd, S. D., Wong, T. H. F. and Chesterfield, C. J. 2002. *Water Sensitive Urban Design: A Stormwater Management Perspective*. Victoria, Australia, Cooperative Research Centre for Catchment Hydrology, Monash University.

Love, D., Van der Zaag, P., Uhlenbrook, S. and Owen, R. 2011. A water balance modelling approach to optimising the use of water resources in ephemeral sand rivers. *River Research and Applications*, Vol. 27, No. 7, pp. 908–925. doi.org/10.1002/rra.1408.

Low, P. S. (ed.). 2013. *Economic and Social Impacts of Desertification, Land Degradation and Drought*. White Paper I. UNCCD 2nd Scientific Conference, prepared with the contributions of an international group of scientists. Paris, United Nations Convention to Combat Desertification (UNCCD).

Lubber, M. 2016. Ceres Q&A with Monika Freyman: 'This market will continue to evolve quickly'. *Forbes*, 14 October 2016. www.forbes.com/sites/mindylubber/2016/10/14/ceres-qa-with-monika-freyman-this-market-will-continue-to-evolve-quickly/#eddb6c2339ca.

Lundqvist, J. and Turton, A. R. 2001. Social, institutional and regulatory Issues. Č. Maksimović and J. A. Tejada-Guibert (eds.), *Frontiers in Urban Water Management: Deadlock or Hope?* London, International Water Association (IWA) Publishing.

Maltby, E., 1991. Wetland management goals: Wise use and conservation. *Journal of Landscape and Urban Planning*, Vol. 20, No. 1–3, pp. 9–18. doi.org/10.1016/0169-2046(91)90085-Z.

Mander, M., Jewitt, G., Dini, J., Glenday, J., Blignaut, J., Hughes, C., Marais, C., Maze, K., Van der Waal, B. and Mills, A. 2017. Modelling potential hydrological returns from investing in ecological infrastructure: Case studies from the Baviaanskloof-Tsitsikamma and uMngeni catchments, South Africa. *Ecosystem Services*, Vol. 27 (Part B), pp. 261–271. doi.org/10.1016/j.ecoser.2017.03.003.

Matamoros, V., Arias, C., Brix, H. and Bayona, J. M. 2009. Preliminary screening of small-scale domestic wastewater treatment systems for removal of pharmaceutical and personal care products. *Water Research*, Vol. 43, No. 1, pp. 55–62. doi.org/10.1016/j.watres.2008.10.005.

Mateo-Sagasta, J., Raschid-Sally, L. and Thebo, A. 2015. Global wastewater and sludge production: Treatment and use. P. Drechsel, M. Qadir and D. Wichelns (eds.), *Wastewater: Economic Asset in an Urbanizing World*. Dordrecht, The Netherlands, Springer, pp. 15–38.

Mazdiyasni, O. and AghaKouchak, A. 2015. Substantial increase in concurrent droughts and heatwaves in the United States. *Proceedings of the National Academy of Sciences*, Vol. 112, No. 3, pp. 11484–11489. doi.org/10.1073/pnas.1422945112.

McCartney, M., Cai, X. and Smakhtin, V. 2013. *Evaluating the Flow Regulating Functions of Natural Ecosystems in the Zambezi River Basin*. IWMI Research Reports Series No. 148. Colombo, International Water Management Institute (IWMI). doi.org/10.5337/2013.206.

McCartney, M. and Dalton, J. 2015. *Built or Natural Infrastructure: A False Dichotomy*. Thrive Blog. CGIAR Research Program on Water, Land and Ecosystems (WLE) website. wle.cgiar.org/thrive/2015/03/05/built-or-natural-infrastructure-false-dichotomy.

McCartney, M. P., Neal, C. and Neal, M. 1998. Use of deuterium to understand runoff generation in a headwater catchment containing a dambo. *Hydrology and Earth System Sciences*, Vol. 2, No. 1, pp. 65–76. doi.org/10.5194/hess-2-65-1998.

McCartney, M. and Smakhtin, V. 2010. *Water Storage in an Era of Climate Change: Addressing the Challenge of Increasing Rainfall Variability*. Blue Paper. Colombo, International Water Management Institute (IWMI). doi.org/10.5337/2010.012.

McIntyre, N. and Marshall, M. 2010. Identification of rural land management signals in runoff response. *Hydrological Processes*, Vol. 24, No. 24, pp. 3521–3534. doi.org/10.1002/hyp.7774.

Mekonnen, A., Leta, S. and Njau, K. N. 2015. Wastewater treatment performance efficiency of constructed wetlands in African countries: A review. *Water Science and Technology*, Vol. 71, No. 1, pp. 1–8. doi.org/10.2166/wst.2014.483.

Mello, I. and Van Raij, B. 2006. No-till for sustainable agriculture in Brazil. *Proceedings of the World Association for Soil and Water Conservation*, P1, pp. 49–57.

Michell, N. 2016. *How to Plug the Gap in Water Investments*. Development Finance. news.devfinance.net/how-to-plug-the-gap-in-water-investments?utm_source=160613&utm_medium=newsletter&utm_campaign=devfinance.

Mielke, E., Diaz Anadon, L. and Narayanamurti, V. 2010. *Water Consumption of Energy Resource Extraction, Processing, and Conversion: A Review of the Literature for Estimates of Water Intensity of Energy-Resource Extraction, Processing to Fuels, and Conversion to Electricity*. Energy Technology Innovation Policy Discussion Paper No. 2010–15. Cambridge, Mass., Belfer Center for Science and International Affairs/Harvard Kennedy School, Harvard University. www.belfercenter.org/sites/default/files/legacy/files/ETIP-DP-2010-15-final-4.pdf.

Millennium Ecosystem Assessment, 2005. *Ecosystems and Human Well-being: Synthesis*. Washington DC, Island Press. www.millenniumassessment.org/documents/document.356.aspx.pdf.

Milly, P. C. D., Dunne, K. A. and Vecchia A. V. 2005. Global pattern of trends in streamflow and water availability in a changing climate. *Nature*, Vol. 438, pp. 347–350. doi.org/10.1038/nature04312.

Mills, A. J., Van der Vyver, M., Gordon, I. J., Patwardhan, A., Marais, C., Blignaut, J., Sigwela, A. and Kgope, B. 2015. Prescribing innovation within a large-scale restoration programme in degraded subtropical thicket in South Africa. *Forests*, Vol. 6, No. 11, pp. 4328–4348. doi.org/10.3390/f6114328.

Ministry of Agriculture of Jordan. 2014. *Updated Rangeland Strategy for Jordan*. Amman, Directorate of Rangelands and Badia Development, MOA. moa.gov.jo/Portals/0/pdf/English_Strategy.pdf.

Minkman, E., Van der Sanden, M. and Rutten, M. 2017. Practitioners' viewpoints on citizen science in water management: A case study in Dutch regional water resource management. *Hydrology and Earth System Sciences*, Vol. 21, No. 1, pp. 153–167. doi.org/10.5194/hess-21-153-2017.

Mitsch, W. and Jørgensen, S. 2004. *Ecological Engineering and Ecosystem Restoration*. Hoboken, NJ, John Wiley & Sons.

Montgomery, D. R. 2007. *Dirt: The Erosion of Civilizations*. Berkeley/Los Angeles, Calif., University of California Press.

Morrison, E. H. J., Banzaert, A., Upton, C., Pacini, N., Pokorný, J. and Harper, D. M. 2014. Biomass briquettes: A novel incentive for managing papyrus wetlands sustainably? *Wetlands Ecology and Management*, Vol. 22, No. 2, pp. 129–141. doi.org/10.1007/s11273-013-9310-x.

MRC (Mekong River Commission). 2009. *Annual Mekong Flood Report 2008*. Vientiane, MRC. www.mrcmekong.org/assets/Publications/basin-reports/Annual-Mekong-Flood-Report-2008.pdf.

Muller, M., Biswas, A., Martin-Hurtado, R. and Tortajada, C. 2015. Built infrastructure is essential. *Science*, Vol. 349, No. 6248, pp. 585–586. doi.org/10.1126/science.aac7606.

Munang, R., Thiaw, I., Alverson, K., Liu, J. and Han, Z. 2013. The role of ecosystem services in climate change adaptation and disaster risk reduction. *Current Opinion in Environmental Sustainability*, Vol. 5, No. 1, pp. 47–52. doi.org/10.1016/j.cosust.2013.02.002.

Munich Re. 2013. *Severe Weather in Asia: Perils, Risks, Insurance*. Munich, Germany, Munich Re.

Narayan, S., Cuthbert, R., Neal, E., Humphries, W., Ingram, J. C. 2015. *Protecting against Coastal Hazards in Manus and New Ireland Provinces, Papua New Guinea: An Assessment of Present and Future Options*. WCS PNG Technical Report. Goroka, Papua New Guinea, Wildlife Conservation Society. programs.wcs.org/png/About-Us/News/articleType/ArticleView/articleId/8335/Coastal-Hazards-Assessment-report-released.aspx.

NASA (National Aeronautics and Space Administration). 2017. NASA, NOAA Data Show 2016 Warmest Year on Record Globally. Press release. Washington DC, NASA. www.nasa.gov/press-release/nasa-noaa-data-show-2016-warmest-year-on-record-globally.

Naumann, S., Kaphengst, T., McFarland, K. and Stadler, J. 2014. *Nature-Based Approaches for Climate Change Mitigation and Adaptation: The Challenges of Climate Change – Partnering with Nature*. Bonn, Germany, German Federal Agency for Nature Conservation (BfN).

Nesshöver, C., Assmuth, T., Irvine, K. N., Rusch, G. M., Waylen, K. A., Delbaere, B., Haase, D., Jones-Walters, L., Keune, H., Kovacs, E., Krauze, K., Külvik, M., Rey, F., Van Dijk, J., Vistad, O. I., Wilkinson, M. E. and Wittmer, H. 2017. The science, policy and practice of nature-based solutions: An interdisciplinary perspective. *Science of The Total Environment*, Vol. 579, pp. 1215–1227. doi.org/10.1016/j.scitotenv.2016.11.106.

Newman, P. 2010. Green urbanism and its application to Singapore. *Environment and Urbanization Asia*, Vol. 1, No. 2, pp. 149–170. doi.org/10.1177/097542531000100204.

Newman, J. R., Duenas-Lopez, M., Acreman, M. C., Palmer-Felgate, E. J., Verhoeven, J. T. A., Scholz, M. and Maltby, E. 2015. *Do On-Farm Natural, Restored, Managed and Constructed Wetlands Mitigate Agricultural Pollution in Great Britain and Ireland?: A Systematic Review*. London, UK Department for Environment, Food and Rural Affairs (DEFRA). nora.nerc.ac.uk/509502/1/N509502CR.pdf.

Nobre, A. D. 2014. *The Future Climate of Amazonia: Scientific Assessment Report*. São José dos Campos, Brazil, Articulación Regional Amazónica (ARA)/Earth System Science Center (CCST)/National Institute of Space Research (INPE)/National Institute of Amazonian Research (INPA). www.ccst.inpe.br/wp-content/uploads/2014/11/The_Future_Climate_of_Amazonia_Report.pdf.

OECD (Organisation for Economic Co-operation and Development). 2012. *OECD Environmental Outlook to 2050: The Consequences of Inaction*. Paris, OECD Publishing. doi.org/10.1787/9789264122246-en.

______. 2013. *OECD Compendium of Agri-Environmental Indicators*. Paris, OECD Publishing. doi.org/10.1787/9789264186217-en.

_____. 2015a. *Table 1: Net Official Development Assistance from DAC and Other Donors in 2014*. OECD website. www.oecd.org/dac/stats/documentupload/ODA%202014%20Tables%20and%20Charts.pdf.

_____. 2015b. *Agricultural Policy Monitoring and Evaluation 2015: Highlights*. Paris, OECD Publishing. www.oecd.org/tad/agricultural-policies/monitoring-evaluation-2015-highlights-july-2015.pdf.

_____. 2016. *Mitigating Droughts and Floods in Agriculture: Policy Lessons and Approaches*. Paris, OECD Publishing. doi.org/10.1787/9789264246744-en.

_____. 2017. *Diffuse Pollution, Degraded Waters: Emerging Policy Solutions*. Paris, OECD Publishing. doi.org/10.1787/9789264269064-en.

_____. n.d. *OECD Data: GDP Long-Term Forecast (Indicator)*. data.oecd.org/gdp/gdp-long-term-forecast.htm (Accessed July 2017).

OECD/UNECLAC. 2016. *OECD Environmental Performance Reviews: Chile 2016*. Paris, OECD Publishing. doi.org/10.1787/9789264252615-en.

O'Gorman, P. A. 2015. Precipitation extremes under climate change. *Current Climate Change Reports*, Vol. 1, No. 2, pp. 49–59. doi.org/10.1007/s40641-015-0009-3.

Oki, T. and Kanae, S. 2006. Global hydrological cycles and world water resources. *Science*, Vol. 313, No. 5790, pp. 1068–1072. doi.org/10.1126/science.1128845.

Oppla. n.d. *Barcelona: Nature-Based Solutions (NBS) Enhancing Resilience to Climate Change*. Oppla website, case studies. oppla.eu/casestudy/17283.

Ostrom, E. 2008. The challenge of common-pool resources. *Environment: Science and Policy for Sustainable Development*, Vol. 50, No. 4, pp. 8–21. doi.org/10.3200/ENVT.50.4.8-21.

Palmer, M. A., Liu, J., Matthews, J. H., Mumba, M. and D'Odorico, P. 2015. Water security: Gray or green? *Science*, Vol. 349, No. 6248, pp. 584–585. doi.org/10.1126/science.349.6248.584-a.

Parkyn, S. 2004. *Review of Riparian Buffer Zone Effectiveness*. MAF Technical Paper No. 2004/05. Wellington, Ministry of Agriculture and Forestry (MAF) of New Zealand. www.crc.govt.nz/publications/Consent%20Notifications/upper-waitaki-submitter-evidence-maf-technical-paper-review-riparian-buffer-zone-effectiveness.pdf.

Parish, F., Sirin, A., Charman, D., Joosten, H., Minayeva, T., Silvius, M. and Stringer, L. (eds.). 2008. *Assessment on Peatlands, Biodiversity and Climate Change: Main Report*. Petaling Jaya, Malaysia/Wageningen, The Netherlands, Global Environment Centre/Wetlands International.

Parry, M. L., Canziani, O. F., Palutikof, J. P. and co-authors. 2007. Technical Summary. M. L. Parry, O. F. Canziani, J. P. Palutikof, P. J. van der Linden and C. E. Hanson (eds.). *Climate Change 2007: Impacts, Adaptation and Vulnerability. Contribution of Working Group II to the Fourth Assessment Report of the Intergovernmental Panel on Climate Change*. Cambridge, UK, Cambridge University Press, pp. 23–78. www.ipcc.ch/pdf/assessment-report/ar4/wg2/ar4-wg2-ts.pdf.

Pavelic, P., Brindha, K., Amarnath, G., Eriyagama, N., Muthuwatta, L., Smakhtin, V., Gangopadhyay, P. K., Malik, R. P. S., Mishra, A., Sharma, B. R., Hanjra, M. A., Reddy, R. V., Mishra, V. K., Verma, C. L. and Kant, L. 2015. *Controlling Floods and Droughts through Underground Storage: From Concept to Pilot Implementation in the Ganges River Basin*. IWMI Research Report No. 165. Colombo, International Water Management Institute (IWMI). doi.org/10.5337/2016.200.

Pavelic, P., Srisuk, K., Saraphirom, P., Nadee, S., Pholkern, K., Chusanathas, S., Munyou, S., Tangsutthinon, T., Intarasut, T. and Smakhtin, V. 2012. Balancing-out floods and droughts: Opportunities to utilize floodwater harvesting and groundwater storage for agricultural development in Thailand. *Journal of Hydrology*, Vol. 470–471, pp. 55–64. doi.org/10.1016/j.jhydrol.2012.08.007.

Perrot-Maître, D. and Davis, P. 2001. *Case Studies of Markets and Innovative Financial Mechanisms for Water Services from Forests*. Washington DC, Forest Trends, The Katoomba Group. www.forest-trends.org/documents/files/doc_134.pdf.

Peterson, L. C. and Haug, G. H. 2005. Climate and the collapse of Maya civilization. *American Scientist*, Vol. 93, No. 4, pp. 322–329.

Pittock, J. and Xu, M. 2010. *Controlling Yangtze River Floods: A New Approach*. World Resources Report Case Study. Washington DC, World Resources Institute. www.wri.org/sites/default/files/uploads/wrr_case_study_controlling_yangtze_river_floods.pdf.

Plieninger, T., Bieling, C., Fagerholm, N., Byg, A., Hartel, T., Hurley, P., López-Santiago, C. A., Nagabhatla, N., Oteros-Rozas, E., Raymond, C. M., Van der Horst, D. and Huntsinger, L. 2015. The role of cultural ecosystem services in landscape management and planning. *Current Opinion in Environmental Sustainability*, Vol. 14, pp. 28–33. doi.org/10.1016/j.cosust.2015.02.006.

Power, A. G. 2010. Ecosystem services and agriculture: Tradeoffs and synergies. *Philosophical Transactions of the Royal Society B*, Vol. 365, No. 1554, pp. 2959–2971. doi.org/10.1098/rstb.2010.0143.

Pretty, J. N., Noble, A. D., Bossio, D., Dixon, J., Hine, R. E., Penning de Vries, F. W. and Morison, J. I. 2006. Resource-conserving agriculture increases yields in developing countries. *Environmental Science and Technology*, Vol. 40, No. 4, pp. 1114–9. doi.org/10.1021/es051670d.

PRI (Principles for Responsible Investment). 2006. *Principles for Responsible Investment*. New York, PRI. www.unglobalcompact.org/library/290.

Ramsar Convention on Wetlands. 1971. *Convention on Wetlands of International Importance especially as Waterfowl Habitat*. Ramsar, Iran, 2 February 1971. www.ramsar.org/sites/default/files/documents/library/scan_certified_e.pdf.

Rangachari, R., Sengupta, N., Iyer, R., Baneri, P. and Singh, S. 2000. *Large Dams: India's Experience*. Cape Town, World Commission on Dams.

Raymond, C. M., Berry, P., Breil, M., Nita, M. R., Kabisch, N., De Bel, M., Enzi, V., Frantzeskaki, N., Geneletti, D., Cardinaletti, M., Lovinger, L., Basnou, C., Monteiro, A., Robrecht, H., Sgrigna, G., Muhari, L. and Calfapietra, C. 2017. *An Impact Evaluation Framework to Support Planning and Evaluation of Nature-Based Solutions Projects*. Report prepared by the EKLIPSE Expert Working Group on Nature-based Solutions to Promote Climate Resilience in Urban Areas. Wallingford, UK, Centre for Ecology and Hydrology (CEH). www.eklipse-mechanism.eu/apps/Eklipse_data/website/EKLIPSE_Report1-NBS_FINAL_Complete-08022017_LowRes_4Web.pdf.

Raymond, C. M. and Kenter, J. O. 2016. Transcendental values and the valuation and management of ecosystem services. *Ecosystem Services*, Vol. 21 (Part B), pp. 241–257. doi.org/10.1016/j.ecoser.2016.07.018.

Renaud, F. G., Sudmeier-Rieux, K. and Estrella, M. (eds.). 2013. *The Role of Ecosystems in Disaster Risk Reduction*. Tokyo, United Nations University Press.

Richey, A. S., Thomas, B. F., Lo, M. H., Reager, J. T., Famiglietti, J. S., Voss, K., Swenson, S. and Rodell, M. 2015. Quantifying renewable groundwater stress with GRACE. *Water Resources Research*, Vol. 51, No. 7, pp. 5217–5238. doi.org/10.1002/2015WR017349.

Rogers, J. D., Kemp, G. P., Bosworth, H. J. and Seed, R. B. 2015. Interaction between the U.S. Army Corps of Engineers and the Orleans Levee Board preceding the drainage canal wall failures and catastrophic flooding of New Orleans in 2005. *Water Policy*, Vol. 17, No. 4, pp. 707–723. doi.org/10.2166/wp.2015.077.

Room for the River. n.d.a. *Dutch Water Programme Room for the River. Factsheets*. The Netherlands, Room for the River. www.ruimtevoorderivier.nl/english/.

_____. n.d.b. *Making room for the Dutch approach. Factsheets*. The Netherlands, Room for the River. www.ruimtevoorderivier.nl/english/.

Rosegrant, M. W., Cai, X. and Cline, S. A. 2002. *World Water and Food to 2025: Dealing with Scarcity*. Washington DC, International Food Policy Research Institute (IFPRI). ebrary.ifpri.org/cdm/ref/collection/p15738coll2/id/92523.

Rost, S., Gerten, D., Hoff, H., Lucht, W., Falkenmark, M. and Rockström, J. 2009. Global potential to increase crop production through water management in rainfed agriculture. *Environmental Research Letters*, Vol. 4, No. 4. doi.org/10.1088/1748-9326/4/4/044002.

Russi, D., Ten Brink, P., Farmer, A., Badura, T., Coates, D., Förster, J., Kumar, R. and Davidson, N. 2012. *The Economics of Ecosystems and Biodiversity for Water and Wetlands*. London/Brussels/Gland, Switzerland, Institute for European Environmental Policy (IEEP)/ Secretariat of the Ramsar Convention. www.teebweb.org/publication/the-economics-of-ecosystems-and-biodiversity-teeb-for-water-and-wetlands/.

Sadoff, C. W., Hall, J. W., Grey, D., Aerts, J. C. J. H., Ait-Kadi, M., Brown, C., Cox, A., Dadson, S., Garrick, D., Kelman, J., McCornick, P., Ringler, C., Rosegrant, M., Whittington, D. and Wiberg, D. 2015. *Securing Water, Sustaining Growth: Report of the GWP/OECD Task Force on Water Security and Sustainable Growth*. Oxford, UK, University of Oxford. www.water.ox.ac.uk/wp-content/uploads/2015/04/SCHOOL-OF-GEOGRAPHY-SECURING-WATER-SUSTAINING-GROWTH-DOWNLOADABLE.pdf.

Sakalauskas, K. M., Costa, J. L., Laterra, P., Hidalgo, L. and Aguirrezabal, L. A. N. 2001. Effects of burning on soil-water content and water use in a *Paspalum quadrifarium grassland. Agricultural Water Management*, Vol. 50, No. 2, pp. 97–108. doi.org/10.1016/S0378-3774(01)00095-6.

Sato, T., Qadir, M., Yamamoto, S., Endo., T. and Zahoor, M. 2013. Global, regional, and country level need for data on wastewater generation, treatment, and use. *Agricultural Water Management*, Vol. 130, pp. 1–13. doi.org/10.1016/j.agwat.2013.08.007.

Sauvé, S. and Desrosiers, M. 2014. A review of what is an emerging contaminant. *Chemistry Central Journal*, Vol. 8, No. 15. doi.org/10.1186/1752-153X-8-15.

Sayers, P., Galloway, G., Penning-Rowsell, E., Yuanyuan, L., Fuxin, S., Yiwei, C., Kang, W., Le Quesne, T., Wang. L. and Guan, Y. 2014. Strategic flood management: Ten 'golden rules' to guide a sound approach. *International Journal of River Basin Management*, Vol. 13, No. 2, pp. 137–151. doi.org/10.1080/15715124.2014.902378.

SCBD (Secretariat of the Convention on Biological Diversity). 2014. *Global Biodiversity Outlook 4: A Mid-Term Assessment of Progress towards the Implementation of the Strategic Plan for Biodiversity 2011–2020*. Montreal, PQ, SCBD. www.cbd.int/gbo4/.

Schilling, K. E. and Libra, R. D. 2003. Increased baseflow in Iowa over the second half of the 20th century. *Journal of the American Water Resources Association*, Vol. 39, No. 4, pp. 851–860. doi.org/10.1111/j.1752-1688.2003.tb04410.x.

Scholes, R. J. and Biggs, R. 2004. *Ecosystem Services in Southern Africa: A Regional Assessment*. Pretoria, Council for Scientific and Industrial Research (CSIR).

Scholes, R. J., Scholes, M. and Lucas, M. 2015. *Climate Change: Briefings from Southern Africa*. Johannesburg, South Africa, Wits University Press.

Scholz, M. 2006. *Wetland Systems to Control Urban Runoff*. Amsterdam, Elsevier Science.

Schulte-Wülwer-Leidig, A. n.d. *From an Open Sewer to a Living Rhine River*. Koblenz, Germany, ICPR (International Commission for the Protection of the Rhine).

SEG (Scientific Expert Group on Climate Change). 2007. *Confronting Climate Change: Avoiding the Unmanageable and Managing the Unavoidable*. Report prepared for the United Nations Commission on Sustainable Development (UNCSD). Research Triangle Park (NC)/Washington DC, Sigma XI/United Nations Foundation. www.globalproblems-globalsolutions-files.org/unf_website/PDF/climate%20_change_avoid_unmanagable_manage_unavoidable.pdf.

Shah, T. 2009. *Taming the Anarchy: Groundwater Governance in South Asia*. Washington DC/Colombo, Resources for the Future/ International Water Management Institute (IWMI).

Singh, R. 2016. *Water Security and Climate Change: Challenges and Opportunities in Asia*. Keynote speech at the Asian Institute of Technology, Bangkok, 29 November–1 December 2016.

SIWI (Stockholm International Water Institute). 2015. *Rajendra Singh – The Water Man of India Wins 2015 Stockholm Water Prize*. SIWI website. www.siwi.org/prizes/stockholmwaterprize/laureates/2015-2/.

Simons, G., Buitink, J., Droogers, P. and Hunink, J. 2017. *Impacts of Climate Change on Water and Sediment Flows in the Upper Tana Basin, Kenya*. Wageningen, The Netherlands, Future Water. www.futurewater.nl/wp-content/uploads/2017/04/Tana_CC_FW161.pdf.

Skov, H.. 2015. UN Convention on Wetlands (RAMSAR): Implications for Human Health. S. A. Elias (ed.), *Reference Module in Earth Systems and Environmental Sciences*. Amsterdam, Elsevier. doi.org/10.1016/B978-0-12-409548-9.09347-7.[1]

[1] Despite of the title of this published work, RAMSAR is not a UN Convention. RAMSAR is an intergovernmental treaty that provides the framework for national action and international cooperation for the conservation and wise use of wetlands and their resources.

Smakhtin, V. U. and Schipper, E. L. 2008. Droughts: the impact of semantics and perceptions. *Water Policy*, Vol. 10, No. 2, pp. 131–143. doi.org/10.2166/wp.2008.036.

Smalls-Mantey, L. 2017. *The Potential Role of Green Infrastructure in the Mitigation of the Urban Heat Island*. PhD dissertation. Philadelphia, Pa., Drexel University. idea.library.drexel.edu/islandora/object/idea%3A7596.

Squires, V. R. and Glenn, E. P. 2011. Salination, desertification and soil erosion. V. R. Squires (ed.), *The Role of Food, Agriculture, Forestry and Fisheries in Human Nutrition*. Paris/Oxford, UK, United Nations Educational, Scientific and Cultural Organization (UNESCO)/Encyclopedia of Life Support Systems (EOLSS).

Stagnari, F., Ramazzotti, S. and Pisante, M. 2009. Conservation Agriculture: A different approach for crop production through sustainable soil and water management: A review. E. Lichtfouse (ed.), *Organic Farming, Pest Control and Remediation of Soil Pollutants. Sustainable Agriculture Reviews*, Vol. 1. Dordrecht, The Netherlands, Springer, pp. 55–83.

Stanton, T., Echavarria, M., Hamilton, K. and Ott, C. 2010. *State of Watershed Payments: An Emerging Marketplace*. Ecosystem Marketplace. www.forest-trends.org/documents/files/doc_2438.pdf.

Steffen, W., Broadgate, W., Deutsch, L., Gaffney, O. and Ludwig, C. 2015. The trajectory of the Anthropocene: The great acceleration. *The Anthropocene Review*, Vol. 2, No. 1, pp. 81–98. doi.org/10.1177/2053019614564785.

Sun, G., Zhou, G. Y., Zhang, Z. Q., Wei, X. H., McNulty, S. G. and Vose, J. M. 2006. Potential water yield reduction due to forestation across China. *Journal of Hydrology*, Vol. 328, No. 3–4, pp. 548–558. doi.org/10.1016/j.jhydrol.2005.12.013.

Tacconi, L. 2015. *Regional Synthesis of Payments for Environmental Services (PES) in the Greater Mekong Region*. Working Paper No. 175. Bogor, Indonesia, Center for International Forestry Research (CIFOR). doi.org/10.17528/cifor/005510.

Taylor, B. R. (ed.). 2005. *Encyclopedia of Religion and Nature*. Two volumes. London, Theommes.

TEEB (The Economics of Ecosystems and Biodiversity). 2009. *TEEB in National and International Policy Making*. London/Washington DC, Routledge. img.teebweb.org/wp-content/uploads/2017/03/TEEB-for-Policy-Makers_Website.pdf.

______. 2011. *TEEB Manual for Cities: Ecosystem Services in Urban Management*. www.teebweb.org/publication/teeb-manual-for-cities-ecosystem-services-in-urban-management/.

Thakur, A. K., Kassam, A., Stoop, W. A. and Uphoff, N. 2016. Modifying rice crop management to ease water constraints with increased productivity, environmental benefits, and climate-resilience. *Agriculture, Ecosystems & Environment*, Vol. 235, pp. 101–104. doi.org/10.1016/j.agee.2016.10.011.

The City of New York. 2008. *PlanNYC: Sustainable Stormwater Management Plan 2008. A Greener, Greater New York*. New York, Mayor's Office of Long-Term Planning and Sustainability. www.nyc.gov/html/planyc/downloads/pdf/publications/nyc_sustainable_stormwater_management_plan_final.pdf.

The White House. 2015. *Presidential Memorandum: Mitigating Impacts on Natural Resources from Development and Encouraging Related Private Investment*. Washington DC, The White House. Office of the Press Secretary. obamawhitehouse.archives.gov/the-press-office/2015/11/03/mitigating-impacts-natural-resources-development-and-encouraging-related.

Tidball, K. G. 2012. Urgent biophilia: Human-nature interactions and biological attractions in disaster resilience. *Ecology and Society*, Vol. 17, No. 2, Art. 5. doi.org/10.5751/ES-04596-170205.

Tinoco, M., Cortobius, M., Doughty Grajales, M. and Kjellén, M. 2014. Water co-operation between cultures: Partnerships with indigenous peoples for sustainable water and sanitation services. *Aquatic Procedia*, Vol. 2, pp. 255–62. doi.org/10.1016/j.aqpro.2014.07.009.

TNC (The Nature Conservancy). 2015. *Upper Tana-Nairobi Water Fund: A Business Case*. Version 2. Nairobi, TNC. www.nature.org/ourinitiatives/regions/africa/upper-tana-nairobi-water-fund-business-case.pdf.

To, P. X., Dressler, W. H., Mahanty, S., Pham, T. T. and Zingerli, C. 2012. The prospects for Payment for Ecosystem Services (PES) in Vietnam: A look at three payment schemes. *Human Ecology Interdisciplinary Journal*, Vol. 40, No. 2, pp. 237–249. doi.org/10.1007/s10745-012-9480-9.

Tognetti, S. S., Aylward, B. and Mendoza, G. F. 2005. Markets for watershed services. M. G. Anderson (ed.), *Encyclopaedia of Hydrological Sciences*. Chichester, UK, Wiley.

Turton, A.R. and Botha, F. S. 2013. Anthropocenic aquifer: New thinking. S. Eslamien (ed.), *Handbook for Engineering Hydrology (Volume 3): Environmental Hydrology and Water Management*. London, CRC Press.

UNCCD (United Nations Convention to Combat Desertification). 1994. *United Nations Convention to Combat Desertification in those Countries Experiencing Serious Drought and/or Desertification, particularly in Africa*. Paris, 17 June 1994. www2.unccd.int/sites/default/files/relevant-links/2017-01/UNCCD_Convention_ENG_0.pdf.

UNCCD Science-Policy Interface. 2016. *Land in Balance: The Scientific Conceptual Framework for Land Degradation Neutrality (LND)*. Science-Policy Brief No. 2. Bonn, Germany, UNCCD. www.uncclearn.org/sites/default/files/inventory/18102016_spi_pb_multipage_eng_1.pdf.

UNCSD (United Nations Conference on Sustainable Development). 2012. The Future We Want. Outcome of the Conference, Agenda item 10. Rio de Janeiro, Brazil, 20–22 June 2012. rio20.un.org/sites/rio20.un.org/files/a-conf.216l-1_english.pdf.pdf.

UNDESA (United Nations Department of Economic and Social Affairs). 2015. *World Urbanization Prospects: The 2014 Revision*. ST/ESA/SER.A/366. New York, UNDESA, Population Division. esa.un.org/unpd/wup/Publications/Files/WUP2014-Report.pdf.

_____. 2017. *World Population Prospects: Key Findings and Advance Tables – The 2017 Revision*. Working Paper No. ESA/P/WP/248. New York, UNDESA, Population Division. esa.un.org/unpd/wpp/Publications/Files/WPP2017_KeyFindings.pdf.

UNDP/BIOFIN (United Nations Development Programme/Global Biodiversity Finance Initiative). 2016. *BIOFIN Workbook: Mobilizing Resources for Biodiversity and Sustainable Development*. New York, UNDP. www.undp.org/content/undp/en/home/librarypage/environment-energy/ecosystems_and_biodiversity/biofin-workbook.html.

UNECLAC (United Nations Economic Commission for Latin America and the Caribbean). 2015. *Peru's Compensation Mechanisms for Ecosystem Services Act*. Network for Cooperation in Integrated Water Resource Management for Sustainable Development in Latin America and the Caribbean, Circular No. 41. Santiago, UNECLAC. repositorio.cepal.org/bitstream/handle/11362/37850/S1421023_es.pdf.

UNEP (United Nations Environment Programme). 2015. *Promoting Ecosystems for Disaster Risk Reduction and Climate Change Adaptation: Opportunities for Integration*. Discussion Paper. Geneva, UNEP, Post-Conflict and Disaster Management Branch. postconflict.unep.ch/publications/Eco-DRR/Eco-DRR_Discussion_paper_2015.pdf.

_____. 2016a. *A Snapshot of the World's Water Quality: Towards a Global Assessment*. Nairobi, UNEP. uneplive.unep.org/media/docs/assessments/unep_wwqa_report_web.pdf.

_____. 2016b. *River Partners: Applying Ecosystem-Based Disaster Risk Reduction (Eco-DRR) in Integrated Water Resource Management (IWRM) in the Lukaya Basin, Democratic Republic of the Congo*. Nairobi, UNEP. postconflict.unep.ch/publications/DRCongo/DR_Congo_Eco_DRR_case_study_2016.pdf.

UNEP-DHI/IUCN/TNC (United Nations Environment Programme–DHI Partnership/International Union for Conservation of Nature/The Nature Conservancy). 2014. *Green Infrastructure Guide for Water Management: Ecosystem-Based Management Approaches for Water-Related Infrastructure Projects*. UNEP. web.unep.org/ecosystems/resources/publications/green-infrastructure-guide-water-management.

UNESCAP (United Nations Economic and Social Commission for Asia and the Pacific). 2017. *Shifting towards Water-Resilient Infrastructure and Sustainable Cities*. ESCAP Knowledge Hub for Sustainable Development. E-learning course. sustdev.unescap.org/course/detail/9 (Accessed July 2017).

UNESCAP/UNISDR (United Nations Economic and Social Commission for Asia and the Pacific/United Nations Office for Disaster Risk Reduction). 2012. *Reducing Vulnerability and Exposure to Disasters. The Asia-Pacific Disaster Report 2012*. UNESCAP/UNISDR. www.unisdr.org/files/29288_apdr2012finallowres.pdf.

UNESCO. 2015a. *International Initiative on Water Quality: Promoting Scientific Research, Knowledge Sharing, Effective Technology and Policy Approaches to Improve Water Quality for Sustainable Development*. Paris, UNESCO. unesdoc.unesco.org/images/0024/002436/243651e.pdf.

_____. 2015b. *Emerging Pollutants in Wastewater Reuse in Developing Countries*. UNESCO-IHP International Initiative on Water Quality (IIWQ) 2014–2018. Paris, UNESCO. unesdoc.unesco.org/images/0023/002352/235241E.pdf.

_____. 2016. *Ecohydrology as an Integrative Science from Molecular to Basin Scale: Historical Evolution, Advancements and Implementation Activities*. Paris, UNESCO. unesdoc.unesco.org/images/0024/002455/245512e.pdf.

_____. Forthcoming. *Emerging Pollutants in Water and Wastewater of East Ukraine: Occurrence, Fate and Regulation*. UNESCO Emerging Pollutants in Water Series. Paris, UNESCO.

UNESCO/HELCOM (United Nations Educational, Scientific and Cultural Organization/Baltic Marine Environment Protection Commission – Helsinki Commission). 2017. *Pharmaceuticals in the Aquatic Environment in the Baltic Sea Region: A Status Report*. UNESCO Emerging Pollutants in Water Series, Vol. 1. Paris, UNESCO. unesdoc.unesco.org/images/0024/002478/247889E.pdf.

UNFCCC (United Nations Framework Convention on Climate Change). 1992. *United Nations Framework Convention on Climate Change*. United Nations. unfccc.int/files/essential_background/background_publications_htmlpdf/application/pdf/conveng.pdf.

_____. 2015. *Adoption of the Paris Agreement. Proposal by the President*. Conference of the Parties, Twenty-first session, Paris, 30 November–11 December 2015. unfccc.int/resource/docs/2015/cop21/eng/l09r01.pdf.

UNGA (United Nations General Assembly). 2016. *Draft Outcome Document of the United Nations Conference on Housing and Sustainable Urban Development (Habitat III)*. United Nations Conference on Housing and Sustainable Urban Development (Habitat III), Quito, 17–20 October 2016. nua.unhabitat.org/uploads/DraftOutcomeDocumentofHabitatIII_en.pdf.

_____. 2017. *Report of the Special Rapporteur on the Right to Food*. Human Rights Council Thirty-fourth session, 27 February–24 March 2017. Document A/HRC/34/48. United Nations. documents-dds-ny.un.org/doc/UNDOC/GEN/G17/017/85/PDF/G1701785.pdf?OpenElement.

UNIDO (United Nations Industrial Development Organization). 2013. *Lima Declaration: Towards Inclusive and Sustainable Industrial Development*. Adopted by the 15th Session of the General Conference of the United Nations Industrial Development Organization, Lima, 2 December 2013. www.unido.org/fileadmin/Lima_Declaration.pdf.

UNISDR (United Nations Office for Disaster Risk Reduction). 2015. *Sendai Framework for Disaster Risk Reduction 2015-2030*. Geneva, UNISDR. www.unisdr.org/we/inform/publications/43291.

University of Łódź/City of Łódź Office. 2011. *Implementation of the Blue-Green Network Concept: Final Demonstration Activity Report WP – The City of Łódź 2006-2011 – Annex 4*. Łódź, Poland, University of Łódź/City of Łódź Office.

UN-Water. 2010. *Climate Change Adaptation: The Pivotal Role of Water*. Policy Brief. www.unwater.org/publications/climate-change-adaptation-pivotal-role-water/.

_____. 2013. *Analytical Brief on Water Security and the Global Water Agenda*. Hamilton, Ont., United Nations University (UNU). www.unwater.org/publications/water-security-global-water-agenda/.

_____. 2016a. *Towards a Worldwide Assessment of Freshwater Quality: A UN-Water Analytical Brief*. UN-Water. www.unwater.org/app/uploads/2017/05/UN_Water_Analytical_Brief_20161111_02_web_pages.pdf.

_____. 2016b. *Water and Sanitation Interlinkages across the 2030 Agenda for Sustainable Development*. Geneva, UN-Water. www.unwater.org/app/uploads/2016/08/Water-and-Sanitation-Interlinkages.pdf.

Uphoff, N. 2008. The system of rice intensification (SRI) as a system of agricultural innovation. *Jurnal Tanah dan Lingkungan*, Vol. 10, No. 1, pp. 27–40. journal.ipb.ac.id/index.php/jtanah/article/view/2397/1403.

Uphoff, N. and Dazzo, F. B. 2016. Making rice production more environmentally-friendly. *Environments*, Vol. 3, No. 2, Art. 12. doi.org/10.3390/environments3020012.

Uphoff, N., Kassam, A. and Harwood, R. 2011. SRI as a methodology for raising crop and water productivity: Productive adaptations in rice agronomy and irrigation water management. *Paddy and Water Environment*, Vol. 9, No. 1, pp. 3–11. doi.org/10.1007/s10333-010-0224-4.

USDA (United States Department of Agriculture) Farm Service Agency. 2008. *Conservation Reserve Program (CRP) Benefits: Water Quality, Soil Productivity and Wildlife Estimates*. Fact Sheet. Washington DC, USDA. www.fsa.usda.gov/Internet/FSA_File/crpbennies.pdf.

_____. 2016. *The Conservation Reserve Program: 49th Signup Results*. Washington DC, USDA. www.fsa.usda.gov/Assets/USDA-FSA-Public/usdafiles/Conservation/PDF/SU49Book_State_final1.pdf.

US EPA (United States Environmental Protection Agency). 2015. *General Accountability Considerations for Green Infrastructure*. Green Infrastructure Permitting and Enforcement Series: Fact Sheet No. 1. US EPA. www.epa.gov/sites/production/files/2015-10/documents/epa-green-infrastructure-factsheet-1-061212-pj-2.pdf.

_____. n.d. *Summary of the Clean Water Act*. US EPA website. www.epa.gov/laws-regulations/summary-clean-water-act.

Van der Ent, R. J., Savenije, H. H. G., Schaefli, B. and Steele-Dunne, S. C. 2010. Origin and fate of atmospheric moisture over continents. *Water Resources Research*, Vol. 49, No. 9, W09525. doi.org/10.1029/2010WR009127.

Van der Ent, R. J., Wang-Erlandsson, L., Keys, P. W. and Savenije, H. H. G. 2014. Contrasting roles of interception and transpiration in the hydrological cycle – Part 2: Moisture recycling. *Earth System Dynamics*, Vol. 5, pp. 471–489. doi.org/10.5194/esd-5-471-2014.

Van der Putten, W. H., Anderson, J. M., Bardgett, R. D., Behan-Pelletier, V., Bignell, D. E., Brown, G. G., Brown, V. K., Brussaard, L., Hunt, H. W., Ineson, P., Jones, T. H., Lavelle, P., Paul, E. A., St. John, M., Wardle, D. A., Wojtowicz, T. and Wall, D.H. 2004. The sustainable delivery of goods and services provided by soil biota. D.H. Wall (ed.), *Sustaining Biodiversity and Ecosystem Services in Soils and Sediments*. San Francisco, Calif., Island Press, pp. 15–43.

Veldkamp, T. I. E., Wada, Y., Aerts, J. C. J. H., Döll, P., Gosling, S. N., Liu, J., Masaki, Y., Oki, T., Ostberg, S., Pokhrel, Y., Satoh, Y. and Ward, P. J. 2017. Water scarcity hotspots travel downstream due to human interventions in the 20th and 21st century. *Nature Communications*, No. 15697. doi.org/10.1038/ncomms15697.

Veolia/IFPRI (International Food Policy Research Institute). 2015. *The Murky Future of Global Water Quality: New Global Study Projects Rapid Deterioration in Water Quality*. Washington DC/Chicago, Ill., IFPRI/Veolia. www.ifpri.org/publication/murky-future-global-water-quality-new-global-study-projects-rapid-deterioration-water.

Viste, E. and Sorteberg, A. 2013. The effect of moisture transport variability on Ethiopian summer precipitation. *International Journal of Climatology*, Vol. 33, No. 15, pp. 3106–3123. doi.org/10.1002/joc.3566.

Voulvoulis, N., Arpon, K. D. and Giakoumis, T. 2017. The EU Water Framework Directive: From great expectations to problems with implementation. *Science of the Total Environment*, Vol. 575, pp. 358–366. doi.org/10.1016/j.scitotenv.2016.09.228.

Vymazal, J. 2013. Emergent plants used in free water surface constructed wetlands: A review. *Ecological Engineering*, Vol. 61 (Part B), pp. 582–592. doi.org/10.1016/j.ecoleng.2013.06.023.

_____. 2014. Constructed wetlands for treatment of industrial wastewaters: A review. *Ecological Engineering*, Vol. 73, pp. 724 –751. doi.org/10.1016/j.ecoleng.2014.09.034.

Vymazal, J., Březinova, T. D., Koželuh, M. and Kule, L. 2017. Occurrence and removal of pharmaceuticals in four full-scale constructed wetlands in the Czech Republic – the first year of monitoring. *Ecological Engineering*, Vol. 98, pp. 354–364. doi.org/10.1016/j.ecoleng.2016.08.010.

Vystavna, Y., Frkova, Z., Marchand, L., Vergeles, Y. and Stolberg, F. 2017. Removal efficiency of pharmaceuticals in a full scale constructed wetland in East Ukraine. *Ecological Engineering*, Vol. 108 (Part A), pp. 50–58. doi.org/10.1016/j.ecoleng.2017.08.009.

Wada, Y., Flörke, M., Hanasaki, N., Eisner, S., Fischer, G., Tramberend, S., Satoh, Y., Van Vliet, M. T. H., Yillia, P., Ringler, C., Burek, P. and Wiberg. D. 2016. Modelling global water use for the 21st century: The Water Futures and Solutions (WFaS) initiative and its approaches. *Geoscientific Model Development*, Vol. 9, pp. 175–222. doi.org/10.5194/gmd-9-175-2016.

Wagenaar, D. J., De Bruijn, K. M., Bouwer, L. M. and De Moel, H. 2016. Uncertainty in flood damage estimates and its potential effect on investment decisions. *Natural Hazards Earth System Science*, Vol. 16, pp. 1–14. doi.org/10.5194/nhess-16-1-2016.

Walton, B. 2016. *Investors will see a Tighter Connection between Water and Climate*. Circle of Blue. www.circleofblue.org/2016/world/2016-preview-investors-will-see-tighter-connection-between-water-and-climate/.

Wang, Y., Li, L., Wang, X., Yu, X. and Wang, Y. 2007. *Taking Stock of Integrated River Basin Management in China*. Beijing, Science Press.

Ward, F. A. and Pulido-Velazquez, M. 2008. Water conservation in irrigation can increase water use. *Proceedings of the National Academy of Sciences of the United States of America*, Vol., 105, No. 47, pp. 18215–18220. doi.org/10.1073/pnas.0805554105.

WBCSD (World Business Council for Sustainable Development). 2015a. *The Business Case for Natural Infrastructure*.Geneva/New York/New Delhi, WBCSD. www.naturalinfrastructureforbusiness.org/wp-content/uploads/2016/02/WBCSD_BusinessCase_jan2016.pdf.

_____. 2015b. Iztia-Popo – Replenishing Groundwater through Reforestation in Mexico. WBCSD Natural Infrastructure Case Study. Geneva/New York/New Delhi, WBCSD. www.naturalinfrastructureforbusiness.org/wp-content/uploads/2015/11/Volkswagen_NI4BizCaseStudy_Itza-Popo.pdf

_____. 2015c. *Water Management and Flood Prevention in France*. WBCSD Natural Infrastructure Case Study. Geneva/New York/New Delhi, WBCSD. www.naturalinfrastructureforbusiness.org/wp-content/uploads/2015/11/LafargeHolcim_NI4BizCaseStudy_WaterManagementFloodPrevention.pdf.

WEF (World Economic Forum). 2015. *Global Risks Report 2015*. 10th edition. Geneva, WEF. reports.weforum.org/global-risks-2015/.

Weiss, H. and Bradley, R. S. 2001. What drives societal collapse? *Science*, Vol. 291, No. 3304, pp. 606-610. doi.org/10.1126/science.1058775.

Weiss, H., Courty, M. A., Wetterstrom, W., Guichard, F., Senior, L., Meadow, R. and Curnow, A. 1993. The genesis and collapse of Third Millenium North Mesopotamian Civilization. *Science*, Vol. 261, No. 5124, pp. 995–1004. doi.org/10.1126/science.261.5124.995.

Wilhite, D. A., Svoboda, M. D. and Hayes, M. J. 2007. Understanding the complex impacts of drought: A key to enhancing drought mitigation and preparedness. *Water Resources Management*, Vol. 21, No. 5, pp. 763–774. doi.org/10.1007/s11269-006-9076-5.

Wisner, B., Gaillard, J. C. and Kelman, I. (eds.). 2012. *Handbook of Hazards and Disaster Risk Reduction and Management*. London, Routledge.

WMO (World Meteorological Organization). 2006: *Social Aspects and Stakeholder Involvement in Integrated Flood Management*. WMO/Global Water Partnership (GWP) Associated Programme on Flood Management (APFM) Technical Document No. 4, WMO No. 1008. Geneva, WMO. www.floodmanagement.info/publications/policy/ifm_social_aspects/Social_Aspects_and_Stakeholder_Involvement_in_IFM_En.pdf.

_____. 2007. *Economic Aspects of Integrated Flood Management*, WMO/Global Water Partnership (GWP) Associated Programme on Flood Management (APFM) Technical Document No. 5, WMO No. 1010. Geneva, WMO. www.floodmanagement.info/publications/policy/ifm_economic_aspects/Economic_Aspects_of_IFM_En.pdf.

_____. 2009. *Integrated Flood Management: Concept Paper*. WMO/Global Water Partnership (GWP) Associated Programme on Flood Management (APFM), WMO No. 1047. Geneva, WMO. www.floodmanagement.info/publications//concept_paper_e.pdf.

_____. 2017. *Selecting Measures and Designing Strategies for Integrated Flood Management: A Guidance Document*. Geneva, WMO. www.floodmanagement.info/publications/guidance%20-%20selecting%20measures%20and%20designing%20strategies_e_web.pdf.

WOCAT (World Overview of Conservation Approach and Technologies). 2007. *Where the Land is Greener: Case Studies and Analysis of Soil and Water Conservation Initiatives Worldwide*. CTA/FAO/UNEP/CDE on behalf of WOCAT.

Woods Ballard, B., Kellagher, R., Martin, P., Jefferies, C., Bray, R. and Shaffer, P. 2007. *The SUDS Manual*. London, Construction Industry Research and Information Association (CIRIA).

World Bank. 2009. *Convenient Solutions to an Inconvenient Truth: Ecosystem-Based Approaches to Climate Change*. Washington DC, World Bank. siteresources.worldbank.org/ENVIRONMENT/Resources/ESW_EcosystemBasedApp.pdf.

_____. n.d. WAVES (Wealth Accounting and the Valuation of Ecosystem Services) website. www.wavespartnership.org (Accessed July 2017).

World Commission on Dams. 2000. *Dams and Development: A New Framework for Decision-Making*. The Report of the World Commission on Dams. London/Sterling, Va., Earthscan. www.internationalrivers.org/sites/default/files/attached-files/world_commission_on_dams_final_report.pdf.

WWAP (United Nations World Water Assessment Programme). 2014. *The United Nations World Water Development Report 2014: Water and Energy*. Paris, UNESCO. unesdoc.unesco.org/images/0022/002257/225741E.pdf.

_____. 2015. *The United Nations World Water Development Report 2015: Water for a Sustainable World*. Paris, UNESCO. unesdoc.unesco.org/images/0023/002318/231823E.pdf.

_____. 2016. *The United Nations World Water Development Report 2016: Water and Jobs*. Paris, UNESCO. unesdoc.unesco.org/images/0024/002439/243938e.pdf.

_____. 2017. *The United Nations World Water Development Report 2017. Wastewater: The Untapped Resource*. Paris, UNESCO. www.unesco.org/new/en/natural-sciences/environment/water/wwap/wwdr/2017-wastewater-the-untapped-resource/.

WWF (World Wide Fund for Nature). 2017. *Natural and Nature-Based Flood Management: A Green Guide*. Washington DC, WWF. www.worldwildlife.org/publications/natural-and-nature-based-flood-management-a-green-guide.

Xu, H. and Horn, O. 2017. *China's Sponge City concept: Restoring the Urban Water Cycle through Nature-Based Solutions*. ICLEI Briefing Sheet. Bonn, Germany, ICLEI. www.iclei.org/fileadmin/PUBLICATIONS/Briefing_Sheets/Nature_Based_Solutions/ICLEI_Sponge_City_ENG.pdf.

You, L., Ringler, C., Nelson, G. C., Wood-Sichra, U., Robertson, R. D., Wood, S., Guo, Z., Zhu, T. and Sun, Y. 2010. *What is the Irrigation Potential for Africa? A Combined Biophysical and Socioeconomic Approach*. IFPRI Discussion Paper. Washington DC, International Food Policy Research Institute (IFPRI). www.ifpri.org/publication/what-irrigation-potential-africa.

Zalewski, M. (ed.). 2002. *Guidelines for the Integrated Management of the Watershed: Phytotechnology and Ecohydrology*. Freshwater Management Series No. 5. UNEP. www.unep.or.jp/ietc/Publications/Freshwater/FMS5/.

_____. 2014. Ecohydrology and hydrologic engineering: Regulation of hydrology-biota interactions for sustainability. *Journal of Hydrologic Engineering*, Vol. 20, No. 1. doi.org/10.1061/(ASCE)HE.1943-5584.0000999.

Zalewski, M., Janauer, G. and Jolánkai, G. (eds.). 1997. *Ecohydrology: A New Paradigm for the Sustainable Use of Aquatic Resources*. Paris, United Nations Educational, Scientific and Cultural Organization, International Hydrological Programme (UNESCO-IHP). unesdoc.unesco.org/images/0010/001062/106296e.pdf.

Zhang, D. Q., Jinadasa, K. B. S. N., Gersberg, R. M., Liu, Y., Ng, W. J. and Tan, S. K. 2014. Application of constructed wetlands for wastewater treatment in developing countries: A review of recent developments (2000–2013). *Journal of Environmental Management*, Vol. 141, pp. 116–131. doi.org/10.1016/j.jenvman.2014.03.015.

Zhang, D. Q., Tan, S. K., Gersberg, R. M., Sadreddini, S., Zhu, J. and Tuan, N. A. 2011. Removal of pharmaceutical compounds in tropical constructed wetlands. *Ecological Engineering*, Vol. 37, No. 3, pp. 460–464. doi.org/10.1016/j.ecoleng.2010.11.002.

Zhang, L., Dawes, W. R. and Walker, G. R. 2001. Response of mean annual evapotranspiration to vegetation changes at catchment scale. *Water Resources Research*, Vol. 37, No. 3, pp. 701–708. doi.org/10.1029/2000WR900325.

Zhang, L., Podlasly, C., Feger, K. H., Wang, Y. and Schwärzel, K. 2015. Different land management measures and climate change impacts on the discharge: A simple empirical method derived in a mesoscale catchment on the Loess Plateau. *Journal of Arid Environment*, Vol. 120, pp. 42–50. doi.org/10.1016/j.jaridenv.2015.04.005.

Zhang, Y. K. and Schilling, K. E. 2006. Increasing streamflow and baseflow in Mississippi River since the 1940s: Effect of land use change. *Journal of Hydrology*, Vol. 324, No. 1–4, pp. 412–422. doi.org/10.1016/j.jhydrol.2005.09.033.

Zhao, L., Wu, L., Li, Y., Lu, X., Zhu, D. and Uphoff, N. 2009. Influence of the system of rice intensification on rice yield and nitrogen and water use efficiency with different N application rate. *Experimental Agriculture*, Vol. 45, No. 3, pp. 275–286. doi.org/10.1017/S0014479709007583.

缩写和缩略词

ACWFS-VU	阿姆斯特丹自由大学世界粮食研究中心
AGWA	全球水适应联盟
CBD	生物多样性公约
CRED	灾害传染病学研究中心
CRP	保护水质储备计划（美国）
CSO	合流制管网溢流
CWA	清洁水法案（美国）
DEP	环境保护局（纽约市）
DRR	减少灾害风险
EC	欧盟委员会
EPMAPS	市政饮用水和卫生公共公司（基多）
EU	欧盟
FAO	联合国粮食及农业组织
FONAG	水资源保护基金（厄瓜多尔）
GDP	国内生产总值
GPA	全球行动纲领
GWD	用于灌溉的地下水水量消耗
HIV	人类免疫缺陷病毒
IAHS	国际水文科学协会
ICPR	保护莱茵河国际委员会
IHE Delft	代尔夫特国际水教育学院
IHP	国际水文计划
IIASA	国际应用系统分析研究所
ILO	国际劳工组织
IUCN	世界自然保护联盟
ISRBC	萨瓦河流域国际委员会
IWMI	国际水资源管理研究所
IWRM	水资源综合管理
LAC	拉丁美洲和加勒比地区
LULUC	土地利用和土地利用变化
MAR	管控下的地下含水层回补
MoU	谅解备忘录
NBS	基于自然的解决方案
NGO	非政府组织
NUA	新城市议程
NYC	纽约市
NWRM	自然保水措施
OECD	经济合作与发展组织
PES	环境服务付费
SASS	河流评估评分系统

S2S	从源头到海洋
SDGs	可持续发展目标
SIWI	斯德哥尔摩国际水研究所
SPR	来源—途径—受体
SRI	水稻强化栽培技术
SUDS	可持续城市排水系统
TNC	大自然保护协会
UK	英国
UN	联合国
UNCCD	《联合国防治荒漠化公约》
UNECE	联合国欧洲经济委员会
UNECLAC	联合国拉丁美洲和加勒比经济委员会
UNEP	联合国环境规划署
UNESCAP	联合国亚洲及太平洋经济社会委员会
UNESCO	联合国教育、科学及文化组织
UNESCWA	联合国西亚经济社会委员会
UNFCCC	《联合国气候变化框架公约》
UNIDO	联合国工业发展组织（联合国工发组织）
UNU	联合国大学
USA	美利坚合众国
USAID	美国国际开发署
US EPA	美国环境保护局
UTFI	用于灌溉的洪水地下驯化
WaSH	水、卫生设施和个人卫生
WBCSD	世界可持续发展工商理事会
WFD	欧盟《水框架指令》
WMO	世界气象组织
WWAP	世界水评估计划
WWDR	世界水发展报告
WWF	世界自然基金会

专栏、图片和表目录

专栏目录

专栏 1.1　生态水文学 …… 24
专栏 2.1　非洲干旱河流中以自然为基础的水存储 …… 41
专栏 2.2　基于自然的解决方案的规模效益——印度拉贾斯坦邦为提高水安全恢复景观 …… 42
专栏 2.3　保护性农业——可持续生产集约化的一种方法 …… 44
专栏 2.4　水稻强化栽培技术（用最少的水生产最多的粮食） …… 45
专栏 2.5　肯尼亚塔纳河的景观恢复改善了多种水资源成果 …… 46
专栏 2.6　中国“海绵城市”的概念 …… 47
专栏 2.7　流域服务使伊泰普水电站运营寿命比预期提高了五倍 …… 48
专栏 2.8　从源头到海洋方法 …… 51
专栏 3.1　美国保护水质储备计划 …… 56
专栏 3.2　欧洲农田使用缓冲带改善水质 …… 58
专栏 3.3　乌克兰利用人工湿地去除水中药物 …… 60
专栏 3.4　以色列利用土壤对废水进行三级处理，增加地下水供应并提高水质 …… 60
专栏 3.5　利用水蚤和藻类监测水体毒性，及早发现污染浪潮——德国沃尔姆斯莱茵河水质监测站 …… 61
专栏 3.6　水基金作为水源水域保护实施基于自然的解决方案的手段 …… 63
专栏 4.1　法国水资源管理和防洪——LafargeHolcim …… 76
专栏 4.2　泰国湄南河流域用于灌溉的洪水地下驯化概念评估 …… 79
专栏 5.1　恢复约旦 hima 系统 …… 83
专栏 5.2　亚太地区环境服务付费经验 …… 85
专栏 5.3　肯尼亚奈瓦沙湖环境服务付费计划 …… 85
专栏 5.4　上塔纳—内罗毕水基金 …… 86
专栏 5.5　基多水资源保护基金（厄瓜多尔）水资源保护基金 …… 87
专栏 5.6　城市地区的基于自然的解决方案：纽约市 …… 88
专栏 5.7　超越污水处理——人工湿地的多功能性 …… 90
专栏 5.8　埃及和黎巴嫩的人工湿地 …… 90
专栏 5.9　基于自然的解决方案和欧盟《水框架指令》：北海地区试点项目的经验 …… 91
专栏 5.10　在执行欧盟《水框架指令》的背景下，水资源管理和服务中实施基于自然的解决方案：莱茵河流域 …… 92
专栏 5.11　萨瓦河流域自然资产价值与跨国合作的重要性 …… 93
专栏 5.12　生态系统服务法补偿机制：秘鲁 …… 93
专栏 5.13　与投资建设基础设施相比较，全面和定量的评估更有利于选择基于自然的解决方案 …… 94
专栏 6.1　为提高水的抵御能力融资：水的绿色债券和气候债券的出现 …… 100
专栏 6.2　赤道倡议：推动土著社区基于自然的解决方案 …… 106

图片目录

图 1　2010 年实际水资源短缺和 2010—2050 年水资源短缺的预测变化——基于中间路线情景 … 12
图 2　2010 年全球作物对地下水的消耗 …… 13
图 3　2010 年地下水抽取量和 2010—2050 年地下水取水增加量将超过 2010 年水平——基于中间路线情景 …… 14
图 4　2000—2005 年基本周期与 2050 年主要流域的水质风险指数对照图（CSIRO 预测中等情景下的氮指数） …… 15
图 5　2000—2009 年经济合作与发展组织国家农业在硝酸盐和磷排放总量中所占的百分比 …… 16
图 6　1980—1999 年和预测 2080—2099 年 10cm 地层土壤含水量变化情况 …… 18
图 1.1　自然景观和城市环境中的广义水文途径 …… 26
图 1.2　1999—2008 年陆地降水再循环 …… 28
图 1.3　萨赫勒地区的降水来源 …… 29
图 1.4　天然或绿色基础设施解决方案——用于整个景观的水资源管理 …… 33
图 1.5　不断演变的水生态系统连接方法（重点已从对生态系统的影响转向管理生态系统以实现水管理目标） …… 34
图 1.6　1980—2014 年研究论文中提及基于自然的解决方案及相关方法的数量趋势图 …… 35
图 2.1　基础设施与生态系统服务之间的关系 …… 43
图 4.1　2006—2015 年全球干旱和洪涝的年均影响 …… 67
图 4.2　生态系统变化带来的效益流量变化 …… 69
图 4.3　世界气象组织“来源—途径—受体”概念图 …… 70
图 4.4　最有效削减 20 年一遇洪水的区域性基于自然的解决方案措施 …… 71
图 4.5　不同的基于自然的解决方案干预措施对削减洪峰的影响以及流域干预措施与洪水强度的综合影响 …… 72
图 4.6　全球范围内干旱造成的危害和发生旱灾的风险 …… 73
图 4.7　储水连续体 …… 77
图 4.8　用于灌溉的洪水地下驯化（UTFI）概念示意图 …… 78
图 5.1　典型的流域环境服务付费方案 …… 84

表目录

表 1　土壤受威胁的全球状况和趋势（除南极以外） …… 19
表 1.1　生态系统服务及其执行的一些功能示例 …… 30
表 1.2　绿色基础设施对于水资源管理的解决方案 …… 31
表 3.1　常见的水源保护活动分类 …… 56
表 3.2　可持续发展目标中的水质 …… 64
表 4.1　有助于洪水管理的基于流域的措施 …… 72
表 4.2　利用基于自然的解决方案管理非洲之角的干旱风险 …… 74
表 7.1　基于自然的解决方案对实现可持续发展目标 6 关于水与卫生设施目标的潜在贡献及对实现其他目标的潜在贡献* …… 116
表 7.2　基于自然的水资源解决方案的协同效益对实现其他可持续发展目标的潜在贡献 …… 117

图片来源

执行摘要

第 1 页　© Sundry Photography/Shutterstock. com

绪论

第 9 页　© Komjomo/Shutterstock. com

第 1 章

第 21 页　© Phanuwat Nandee/Shutterstock. com

第 2 章

第 39 页　© Uwe Bergwitz/Shutterstock. com

第 3 章

第 53 页　© Leoni Meleca/Shutterstock. com

第 4 章

第 65 页　© DIIMSA Researcher/Shutterstock. com

第 5 章

第 81 页　© Trabantos/Shutterstock. com

第 95 页　© Naeblys/Shutterstock. com

第 6 章

第 97 页　© Georgina Smith/CIAT，www. fickr. com CC BY-NC-SA 2. 0

第 108 页　© Ruud Morijn Photographer/Shutterstock. com

第 7 章

第 109 页　© Olga Kashubin/Shutterstock. com

第 115 页　© Anna Om/Shutterstock. com